Martin Lindauer · Botschaft ohne Worte

Martin Lindauer

BOTSCHAFT OHNE WORTE

Wie Tiere sich verständigen

Mit 66 Abbildungen, davon 5 in Farbe

Piper
München Zürich

Zum Umschlagbild: Eine Bienenkönigin mit ihrem Hofstaat. Die Honigbienen pflegen und füttern die Stockmutter, die dadurch für die Eiablage vollkommen entlastet wird – in der Hochsaison legt sie täglich bis zu 1500 Eier!
Den Hofstaatbienen obliegt aber noch eine weitere Funktion: Die Königin gibt im gegenseitigen Futteraustausch ständig ein Sekret aus der Oberkieferdrüse ab, die sogenannte »Königinsubstanz«, die in kleinsten Portionen an sämtliche Bienen des Volkes bis in die letzte Wabengasse verteilt wird. Diese Substanz enthält eine wichtige Botschaft: »Im Volk ist eine gesunde, legetüchtige Königin«. Auf diese Botschaft hin ist jede der 60000 Arbeitsbienen gehalten, ihrer eigenen Arbeit nachzugehen und nicht als »Afterweisel« Drohneneier abzulegen.

ISBN 3-492-03120-X

Gesetzt aus der Sabon-Antiqua
Gesamtherstellung: Clausen & Bosse, Leck
Printed in Germany

Inhalt

Teil II: Die einzelnen Sinnesgebiete im Dienste einer Biokommunikation 137

Vorwort

Verstehen und gegenseitige Verständigung bilden die Grundlage für ein harmonisches Zusammenleben sowohl unter Tieren als auch in der menschlichen Gesellschaft. Verstehen setzt voraus, den Partner als solchen wahrzunehmen – als Artgenossen, als Geschlechtspartner, als Nachkommen, als Verbandsgenossen, als Rivalen. Zusätzlich muß man aber auch seine Stimmung, seine Triebe, seine Motivation, d. h. seine momentane Bereitschaft zu einer bestimmten Handlung erkennen.

Verstehen allein genügt jedoch noch nicht für ein harmonisches Zusammenleben. Zusammenleben erfordert gemeinsames Handeln, es erfordert, daß die Partner miteinander kooperieren. Kooperation wiederum setzt voraus, daß man sich über das Was und Wie verständigt, daß man sich über das Handlungsziel einig ist.

Wenn der unbefangene Laie erfährt, daß die hochorganisierten Verbände der Bienen, Ameisen und Termiten, der Vögel und Säugetiere sich bereits seit vielen Millionen Jahren bewährt haben, wird er mit Recht die Frage stellen, ob denn diese tierischen Verbände sich nicht mit ähnlichen Problemen in der Gemeinschaft auseinanderzusetzen haben wie der Mensch. Zu seiner Beruhigung sei gesagt, daß durchaus ähnliche Probleme im sozialen Tierverband auftreten: Da gibt es Grenzstreitigkeiten, Rivalität und Konkurrenz um den Revierbesitz, bei der Werbung der Weibchen; Fragen der Arbeitsteilung treten auf.

Was jedoch den Homo sapiens auf eine höhere soziale Stufe stellt, ist, daß er nach freiem Willen Entscheidungen treffen kann, während das Tier dem Kommando seiner Erbanlagen zu folgen hat. Ferner: Nur der Mensch als Kulturwesen kann seinen Nachkommen über Tausende von Generationen hinweg gute und schlechte

Erfahrung als *Tradition* mit auf den Weg geben; er allein kann humane und ethische Werte des Zusammenlebens setzen. Leider ist diese Chance in der Menschheitsgeschichte nur spärlich genutzt worden. Der Eigennutz als Gegenspieler hat allzuoft die Oberhand behalten.

Wir wären im öffentlichen Leben gut beraten, wenn wir uns in kritischen Entscheidungen auf die elementaren biologischen Gesetze des Zusammenlebens besinnen würden. Dazu möchte dieses Buch anregen. Es richtet sich nicht nur an den Fachmann und an Biologiestudenten, die ihre Kenntnisse auf diesem sehr aktuellen Gebiet der Soziobiologie vertiefen wollen, es soll auch Lehrer, Psychologen und Politiker, letzten Endes alle Familienangehörigen, die nach Harmonie in ihrem kleinen sozialen Verband streben, ansprechen.

Zum Inhalt: Zunächst werden allgemeine Grundlagen einer Biokommunikation dargestellt. Um dem Leser ein solides Rüstzeug für den speziellen zweiten Teil mitzugeben, wird versucht, aus der Informationstheorie Grundbegriffe wie Nachricht, Information, digitale und analoge Signale, Redundanz, Entropie zu erklären. Hierfür müssen allerdings einige Grundkenntnisse in Biochemie und Biophysik vorausgesetzt werden. Ich habe versucht, diese an sich etwas trockenen Abschnitte durch konkrete Beispiele der gegenseitigen Verständigung unter Tieren verständlicher zu machen.

Lebendiger und anschaulicher wird dann der zweite Teil mit den einzelnen Sinnesgebieten: Geruch, Vibration, Gehör, Auge und ihrer imponierenden vielfältigen Leistung als Nachrichtenempfänger. Ich bin sicher, daß sich dabei dem einen oder anderen Leser neue Welten auftun werden.

Der dritte Abschnitt beschreibt einige Formen der Vergesellschaftung im Tierreich sowie die Organisation dieser sozialen Verbände und deren hochorganisierte Biokommunikation.

Vielleicht ist es mir gelungen, Staunen zu wecken. Wie sagte doch der Nobelpreisträger Niels Bohr am Ende seines erfüllten Lebens: »Das Staunen bleibt unverändert, nur der Mut wächst, das Erstaunliche zu begreifen.«

Würzburg, im März 1990 *Martin Lindauer*

Einführung

Jedes Jahr, wenn die warme Märzsonne den vom Frost erstarrten Boden aufgetaut und die Eisdecke über Tümpel und Weiher weggeschmolzen hat, bietet sich das faszinierende Schauspiel der Krötenwanderung. Während die Tiere den Sommer über, jedes für sich allein, im feuchten Moos der Wälder oder in den moorigen Wiesen herumstreunen und als eine Art »Gesundheitspolizei« allerlei Kleingetier nachjagen, Würmern, Insektenlarven, Asseln, Fliegen usw., während sie sich bei Wintereinbruch in Erdspalten und Höhlen verkriechen, werden sie jetzt von einem seltsamen Trieb geweckt, einem Trieb, der Hunderte und Tausende von Artgenossen zu jenem Weiher zieht, in dem sie als Kaulquappen ihre Jugend verbracht haben. Jahr für Jahr treffen sie sich dort zu einem »Rendezvous«, das schließlich dazu führt, daß Männchen und Weibchen gemeinsam ablaichen und der nächsten Generation als Kaulquappen gute Lebensmöglichkeiten geben. Nachdem die Eier befruchtet und der Krötenlaich in langen Schnüren zwischen den Wasserpflanzen aufgehängt ist, zerstreut man sich wieder und führt weiterhin ein Einsiedlerleben. Die geschlüpften Kaulquappen aber bleiben noch in den ersten Wochen in Schwärmen beisammen, erst nach der Verwandlung verlassen sie das Wasser, wandern allein in die weite Welt, um dann als geschlechtsreife Tiere wieder ihren Weiher aufzusuchen.

Eine Reihe von Fragen drängt sich bei dieser Krötenwanderung auf:

Wie ist jenes Phänomen zu erklären, daß sich da Hunderte von Männchen zu einem gemeinsamen Konzert zusammenfinden, mit dem ihre Aussicht, ein Weibchen anzulocken, wesentlich größer wird, als wenn sie das Konzert allein anstimmen würden? Dabei muß man bedenken, daß diese Männchen zwar zunächst gemeinsame Sache machen, dann aber doch Rivalen sind, weil ja die Weibchen immer in der Minderzahl sich anbieten.

Woher und wie werden die Tiere informiert, wann und wo man sich mit dem Geschlechtspartner trifft? Wie erkennen die Weibchen ihren männlichen Partner an seinem artgemäßen Quaken?

Welche Bedeutung kommt der Schwarmbildung der Kaulquappen zu?

Mit diesen und weiteren Fragen, die das Zusammenleben der Tiere allgemein betreffen, soll sich dieses Buch auseinandersetzen. Da das Zusammenleben eine Verständigung unter den Partnern zur Grundlage hat, werden wir immer wieder auf mögliche Formen einer Kommunikation zurückgreifen müssen. Wie hat die Evolution es fertiggebracht, daß die Nachricht eines Senders von dem zuständigen Empfänger verstanden wird, daß sie mit einer passenden Antwort oder mit der aufgeforderten Handlung erwidert wird? Dies alles gehört zu den Meisterleistungen, die die lebendige Natur aufzuweisen hat.

Teil I:
Allgemeine Grundlagen einer Biokommunikation

1. Biozönose – Das Problem des Zusammenlebens verschiedener Arten

Seit es Leben auf dieser Erde gibt, finden sich Tiere und Pflanzen zu Lebensgemeinschaften zusammen. Bei der Besiedlung eines neuen Lebensraumes, eines »Biotopes«, sind dies zunächst sehr lockere Gemeinschaften, wobei jede Art, je nach ihren Lebensgewohnheiten und Fähigkeiten, ihre »ökologische Nische« sucht. Mit der Vermehrung und Ausbreitung der einzelnen Arten kommt es dann aber mit der Zeit zu Konkurrenz, sowohl unter den Artgenossen wie auch zwischen den einzelnen Arten. Die gesamte Lebensgemeinschaft, die »Biozönose«, muß in ein Gleichgewicht des »Nebeneinanderduldens« kommen. Dieses Gleichgewicht des Zusammenlebens bildet dann das »Ökosystem«, das keineswegs für alle Zeiten stabil bleiben muß, sondern sich den gegebenen Verhältnissen – dem Klima, dem Nahrungsangebot, der vermehrten Ausbreitung einer bestimmten Pflanze oder Tierart – anpaßt.

Wenn wir uns auf die Tierwelt beschränken, so ist zum Beispiel in einem Eichenmischwald auf 1 m^2 der Boden bis in eine Tiefe von 5 cm mit etwa zehn Millionen Fadenwürmern besetzt, die sich von Bakterien, Hefen, Pilzhyphen ernähren und die wiederum Milben und Insektenlarven als Nahrung dienen. Zusätzlich finden wir im Moos, im Laub und im Grasbewuchs viele Tausend Arten von Insekten, von Laufkäfern, Mistkäfern, Heuschrecken, Ameisen, die da alle ihren Tisch reichlich gedeckt finden und als Humusbildner große ökologische Bedeutung haben. Die Borkenkäfer hausen in der Rinde der Nadelbäume. Man kennt eine große Zahl von Schmetterlings- und Käferlarven, von Blattläusen, die die Baumkronen besiedeln und die als Waldschädlinge ganze Landstriche kahl fressen – wenn nicht ihre natürlichen Feinde, die Vögel und

Waldameisen als Gesundheitspolizei das natürliche Gleichgewicht wiederherstellen.

Die ungeheure Mannigfaltigkeit der Lebewesen – man kennt bis heute weit über eine Million verschiedene Tierarten – ermöglicht jeder einzelnen Art, sich aufgrund ihrer Spezialisierung an »ihre« ökologische Nische anzupassen. Solch lockeres Zusammenleben erfordert in der Regel keine Verständigung untereinander; man lebt für sich dahin, ohne sich um den artfremden Nachbarn weiter zu kümmern.

Aber es gibt doch Fälle, wo sich Artfremde zu einer festeren Bindung zusammenfinden, indem sich beispielsweise im Ameisenstaat allerlei Gäste einschmuggeln und sich da am Überfluß gütlich tun.

Die Symbiose wäre hier zu nennen, ein sehr enges Bündnis, aus der beide Partner Nutzen ziehen. Die Parasiten schließlich, die ihren Wirt an einer schwachen Stelle befallen und ihn ausbeuten, wären einer gesonderten Abhandlung wert.

Derlei Bindungen erfordern bereits einen Informationsaustausch zwischen den Partnern – man muß den Wirt erkennen, seinen Code ausspionieren, ihn eventuell sogar zu einer Handlung auffordern. Solche »Spionage« im Tierreich gibt uns einen besonders klaren und tiefen Einblick in die Grundregeln einer Biokommunikation, die ja primär nur unter Artgenossen nötig ist.

Artgenossen unter sich

Verständigung unter Artgenossen ist Biokommunikation im engeren Sinn. Sie ist zunächst erforderlich, um die Geschlechtspartner bzw. ihre Keimzellen zur Befruchtung zusammenzuführen. Das Weibchen der Kreuzspinne mag stundenlang, ja tagelang einsam in ihrem Netz auf Beute lauern; zwischendurch erwartet es aber einen männlichen Freier, der ihm die Spermatophore überbringt und damit bisexuelle Fortpflanzung durch weibliche und männliche Gameten sichert. Auch der »solitär« lebende Seeigel, der sich da wochen-, ja monatelang allein am Meeresboden festsaugt und für sich allein die herabsinkenden Nahrungspartikel aufnimmt, nimmt zu bestimmter Zeit Kontakt mit dem Geschlechtspartner auf. Das ist in diesem Fall keine dramatische Angelegenheit, keine Balz, keine Vereinigung im üblichen Sinn, nein: da gibt das Weibchen, wenn seine Eierstöcke zum Ablaichen gereift sind, ein »Pheromon«, d. h. einen chemischen Stoff, als Signal für das Männchen ins Wasser ab; irgendwie werden einige Moleküle dieses Pheromons einem Männchen in der Nähe zugeschwemmt; das Männchen versteht die Botschaft, es entläßt seine Spermien, während das Weibchen zu gleicher Zeit ablaicht. Durch solche *zeitlich und räumlich koordinierte*

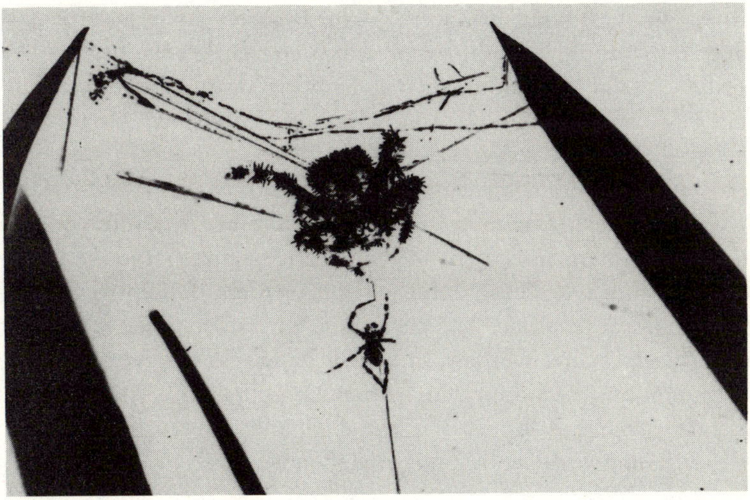

Bild 1: *Das kleine Männchen der Kreuzspinne nähert sich auf einem sog. »Signalfaden« dem Weibchen. Es beginnt ein gegenseitiges Zupfkonzert, das stundenlang andauern kann und die Partner zur Übertragung der Spermatophore motiviert.*

Signalübermittlung ist die Vereinigung der Geschlechtsprodukte gesichert.

Damit ist bereits eine erste Funktion der Biokommunikation erfüllt: Zusammenführung der Geschlechtspartner; Sicherung der Vereinigung von Ei- und Samenzellen. Oft schließt sich dann noch eine Brutpflege an, wobei die Pflege der schlüpfenden Jungen neue Verständigungsformen nötig macht. Gar nicht selten finden sich solche Familienverbände zu Sippenverbänden zusammen, in denen man durch zusätzliche Signale Feindwarnung, gemeinsame Verteidigung, gemeinsame Nahrungssuche, gemeinsame Jagd effektiv organisieren kann. Dieses Zusammenleben – schon in der Familie und erst recht in einer Sippe – ist keineswegs problemlos. Man muß teilen. Wer bestimmt, was wem gehört? Noch schwieriger für das Einzelindividuum muß die Kunst sein, sich richtig einzuordnen. Es verdient unsere Bewunderung, daß die Natur dafür gesorgt hat, daß sich jedes Mitglied einer Gemeinschaft, etwa in einem Affenrudel, nicht beliebig dem Verband zugesellt, sondern sich richtig, zur rechten Zeit, am rechten Platz einordnet. Da aber die Nachkommenzahl erfahrungsgemäß immer um ein Vielfaches höher ist als Individuen in einem Territorium, d. h. in einem abgegrenzten Biotop leben können, muß rechtzeitig dafür gesorgt werden, daß entweder die Fruchtbarkeit der Weibchen gemindert wird oder (und) Schwächlinge ausgeschaltet werden. In beiden Fällen ist eine vorsorgliche Verständigung zwischen den Verbandsmitgliedern das Regulativ. *Sozialer Streß* und *Aggression* sind die beiden Zauberformeln, die wir noch eingehend zu besprechen haben werden (s. S. 131).

Rangordnung im Verband

Hier sei nur vorausgeschickt, daß Auseinandersetzungen unter Tieren in der Regel unblutig, d. h. durch einen sogenannten Kommentkampf zu einer Entscheidung führen; es ist keine Entscheidung über

Leben und Tod; der Überlegene wird lediglich in eine höhere *Rangordnung* eingewiesen, als α-, β-, γ-Genosse, der jeweils gewisse Privilegien hat. Das α-Tier hat ersten Zutritt zum Futter, er hat die erste Wahl des Geschlechtspartners, des Ruheplatzes usw. Gleichzeitig übernimmt es auch gewisse Pflichten: vorderster Platz bei einem Verteidigungskampf, Führungsrolle bei Wanderungen, Vermittler beim Streit unter Nachrangigen. Diese höhere Rangstellung wirkt sich auch auf die Nachkommenzahl aus, der Ranghöchste ist in der Regel der fruchtbarste. Wir werden diese wichtigen Regulationsprozesse der Siedlungsdichte in einem Biotop nur verstehen, wenn wir die zugrundeliegenden Kommunikationssysteme kennenlernen.

Arbeitsteilung im Insektenstaat

Völlig neue Probleme der Kommunikation treten in einem Insektenstaat auf, wo Tausende, ja Millionen von Artgenossen sich zu einer riesigen Gemeinschaft, einem Termitenvolk, einem Ameisenvolk, einem Bienenvolk vereinen und auf engstem Raum zusammenleben. Wir sehen da in der Regel nur die Vorteile solcher großer Individuenzahl: Ausbildung von *Spezialisten*, z. B. von Bauarbeitern, Brutammen, Wächtern, Fouragieren, macht die Arbeit im Volk besonders erfolgreich, insbesondere was den Nahrungserwerb und die Fortpflanzung angeht. Aber dieser Erfolg einer *Arbeitsteilung* setzt wiederum wohlorganisierte Kommunikationssysteme voraus: Wer bestimmt, daß Tag für Tag die rechte Zahl von Spezialisten am richtigen Arbeitsplatz sich einfindet, nicht zu viele und nicht zu wenige? Man muß bedenken, daß solche Ordnung auf dem Arbeitsmarkt nicht mit einem beliebigen, kurzfristig ausgegebenen Tagesbefehl gesichert werden kann. Brutammen und Baubienen müssen ihre entsprechenden Drüsen Tage im voraus in Tätigkeit setzen; bei Termiten und Ameisen sind für die bestimmten Kasten, etwa für die

Soldaten, schon Wochen im voraus spezielle morphologische Strukturen anzusetzen. Man braucht also *vorausschauende* Entscheidungen, eine Zukunftsplanung, die aber kein Despot festlegt. Es sind wiederum Mechanismen gegenseitiger Abstimmung und Anpassung, die durch entsprechende Informationen in die richtigen Bahnen geleitet werden.

1. *Biozönose*, eine Lebensgemeinschaft von Pflanzen und Tieren in einem *Biotop*, in dem jede Art gemäß ihrer Lebensweise ihre eigene *ökologische Nische* besetzt. Als *Ökosystem* steht diese Biozönose in einem Fließgleichgewicht mit der Siedlungsdichte und den äußeren Bedingungen.
2. *Population* ist eine Fortpflanzungsgemeinschaft von Artgenossen in einem abgegrenzten Habitat. Das Zusammenleben dieser Artgenossen sichert in der *Paarung* die Vereinigung von Ei- und Samenzelle. Im Familienverband erfährt die Brutpflege besondere Förderung. Im Insektenstaat führt die Spezialisierung der Einzelindividuen zu einer hohen Effektivität aller Tätigkeiten durch Arbeitsteilung.

2. Was ist »Kommunikation«?

Versuch einer Definition

Noch einmal sei betont: Das Finden von Männchen und Weibchen, das harmonische Zusammenleben in einem Sozialverband, die Arbeitsteilung im Insektenstaat sind nur auf der Grundlage eines Kommunikationssystems möglich. Ehe wir jetzt fragen, welche Voraussetzungen für eine sinnvolle Kommunikation gegeben sein müssen, wie diese Kommunikation im einzelnen aufgebaut ist, wie sie abläuft, sollten wir uns darüber klarwerden, was wir denn unter Kommunikation verstehen. Es wird gut sein, eine Definition zu versuchen.

Diese Definition ist keineswegs von den zuständigen Fachgelehrten eindeutig festgelegt. Es kommt darauf an, von welchem Standpunkt aus das Wesentliche der Kommunikation gesehen wird. Daher finden wir beim Kybernetiker, beim Informationstheoretiker, beim Psychologen, beim Soziologen, beim Biologen unterschiedliche Definitionen. Letztlich wird erst eine Kombination der Teilaspekte und der Kriterien den wahren Sachverhalt darlegen können.

a) Am weitesten wird der Begriff Kommunikation in der Informationstheorie gefaßt; C. E. SHANNON und W. WEAVER (1949), die Begründer der Informationstheorie, definieren wie folgt:

Kommunikation liegt immer dann vor, wenn Information von einem Träger auf einen anderen weitergegeben wird. In der Kybernetik heißt dies »Information Transfer«. Was wir unter Information verstehen, müssen wir in einem späteren Kapitel noch ausführlich darlegen. Wir können sie vorläufig mit dem Begriff

»Nachricht« ersetzen. Für eine Biokommunikation ist die oben genannte Definition zweifellos zu eng gefaßt. Ein Wassergraben, den ein Reh auf der Flucht überspringt, überträgt zwar die Information: »Hier ist eine tiefe Mulde mit einem Wasserlauf!« auf einen zweiten Träger, das Reh. Die Information ist aber einseitig; sie ist rein passiver Art und nicht wandelbar. Sie enthält keine Aufforderung; das Reh nutzt lediglich die gegebene Umweltsituation für seine eigene Handlung aus. Es ist die Antwort eines Organismus auf einen Auslösereiz, der von der leblosen wie der lebendigen Umwelt geboten wird. Wenn eine Taube ein Weizenkorn aufpickt, ist das zwar eine differenzierte Antwort auf einen Auslösereiz, aber noch keine echte Kommunikation.

b) Kommunikation ist die Übertragung von Informationen von einem *Organismus* auf einen anderen. Wir kommen damit dem Wesen einer echten Biokommunikation schon näher; aber die Definition ist immer noch zu eng gefaßt. Auch Tiere und Pflanzen können Informationen gegenseitig austauschen. Ist die Anlockung einer Biene an eine Blüte und die nachfolgende Fremdbestäubung echte Kommunikation? Wenn wir schließlich Kommunikation auf den Informationsaustausch unter Tieren beschränken, kommen wir erneut in ein Dilemma:

Auch zwischen Parasit und Wirt, z. B. zwischen Hund und Floh, werden Informationen ausgetauscht. Ist das schon echte Kommunikation? Hier sind die Meinungen bereits geteilt. Das Parasit-Wirtverhältnis, die Symbiose, also das enge Zusammenleben zweier artfremder Partner und das Gast-Wirtverhältnis (Kommensalismus) werden von einigen Wissenschaftlern, z. B. von P. R. MARLER (1967), als Kommunikation bezeichnet. Diese Forscher meinen, eine Kommunikation liege immer dann vor, wenn ein Reiz von einem Tier abgegeben wird und eine Antwort bei einem anderen hervorruft. In einem späteren Kapitel werden wir auf diese Randgebiete der interspezifischen Kommunikation, d. h. einer Verständigung unter artfremden Partnern, noch näher eingehen (s. S. 168).

c) Unser Hauptinteresse in diesem Buch wird sich aber auf eine Biokommunikation im engeren Sinn beschränken. Demgemäß können wir formulieren: Biokommunikation ist Übertragung von Information zwischen *Artgenossen* –intraspezifische Kommunikation.

Aber schon geraten wir wieder in ein neues Dilemma: Es gibt auch eine intraspezifische Kommunikation, die nebenher – sozusagen unbeabsichtigt – auch Mitgliedern einer fremden Art eine Meldung überbringt. Da wären Warn- und Drohsignale von Vögeln, von einem Stinktier, von einer Warneidechse zu nennen, die Gefahrenalarm eben auch bei artfremden Mitbewohnern eines Biotops auslösen. Das sind also breitgestreute Signale, die auch von fremden Artgenossen verstanden und beantwortet werden. Es ist eine Antwort, eine Reaktion, die wir durchaus einer Kommunikation zuschreiben müssen.

d) Kommunikation kann auch innerhalb eines Organismus erfolgen. Als Beispiel hat man hierfür die Echoortung der Fledermäuse und der Delphine angeführt. Der von einem Individuum ausgesandte Orientierungslaut wird als Echo nach Zeitverzug und Frequenzmodulation, d.h. Änderung der Tonhöhe, entziffert und so das Beuteobjekt oder das Hindernis erkannt. D. R. GRIFFIN (1981) sieht diesen Vorgang jedoch nicht als eine echte Kommunikation, da die Information vom Objekt *passiv* zurückkommt und nicht von einem anderen Individuum *beantwortet* wird.

e) Versuchen wir also noch einmal den Begriff Biokommunikation enger zu fassen, und zwar so, wie er heute allgemein unter Biologen akzeptiert wird.

Biokommunikation erfordert eine Nachrichtenübertragung zwischen einem Sender und einem Empfänger, wobei der Empfänger eine reziproke Antwort gibt. Individuum A antwortet auf Individuum B, B antwortet auf die neuerliche Erwiderung von A usw. Der »Sender« wirkt als Anweiser für einen anderen Organismus, den »Empfänger«. Die Antwort des Empfängers kann dann wiederum Anweisung für eine weitere Reaktion des Senders sein.

Hier darf ich darauf hinweisen, wie in der menschlichen Gesellschaft mit dem technischen Fortschritt unserer Nachrichtenübermittlung der normale Ablauf einer biologischen Kommunikation eingeschränkt wird. Während in früheren Zeiten eine Botschaft immer persönlich oder durch eine Mittelsperson, einen Kurier, überbracht wurde, der auch die Antwort wieder zurücktrug, ermöglicht die moderne Technik einen *unpersönlichen* Informationsaustausch, wobei eine Antwort nicht mehr unbedingt und unmittelbar nötig wird. Auf einen Brief, auf eine Reklame, auf das Fernsehen muß nicht auf jeden Fall eine Antwort folgen. Unsere »Kommunikation« ist einseitig geworden, wir begeben uns damit außerhalb des naturgegebenen Ablaufs einer Verständigung mit allen nachteiligen Konsequenzen und Unsicherheitsfaktoren: Ist der Brief nicht angekommen? Ist der Adressat böse oder faul? Hat er einen besonderen Grund, nicht zu antworten? Genügen schon die wenigen Leserbriefe oder die millionenfache Auflage der Tagespresse und die Einschaltquoten des Fernsehens, um den Medien die Sicherheit zu geben, daß hier wirklich eine echte Kommunikation zwischen Sender und Empfänger stattgefunden hat?

f) Wir werden Kommunikation besser verstehen, wenn wir noch einige wesentliche Kriterien anfügen: Kommunikation ist stets mit einer *Intention* des Senders verbunden; d. h. der Sender fordert den Empfänger zu einer Handlung oder zumindest zu einer Verhaltensänderung auf. Als Beispiel: Der Werbegesang eines Heuschreckenmännchens soll ein Weibchen in der näheren Umgebung anlocken und die Kopula einleiten.

Weiterhin: Kommunikation gereicht dem Sender oder dem sozialen Verband, dem er angehört, zum Vorteil. Sie hat *adaptiven* Wert, d. h. durch die gegenseitige Verständigung ist eine bessere Anpassung an die gegebenen Verhältnisse garantiert. Kommunikation kann das Überleben des Individuum sichern; sie ist für die Erhaltung der Art, d. h. für die Fortpflanzung unentbehrlich. Wir können auch sagen: Biokommunikation hat stets eine *soziale Funktion*. Genaugenommen, können wir jede soziale Bindung und jede soziale Handlung als Teil einer Kommunikation ansehen. Diesen wichtigen Aspekt einer Kommunikation werden wir ausführlich zu behandeln haben (s. S. 213 ff.).

g) Im weitesten Sinn hat E. O. WILSON (1975) Biokommunikation definiert: »Kommunikation ist die Aktion eines Organismus, die die Wahrscheinlichkeit des Verhaltens bei einem anderen Organismus ändert, und zwar in der Weise, daß diese Antwort bzw. Änderung einen adaptiven Wert für Sender oder Empfänger bedeutet.« Ein alltägliches Beispiel: Das Grillenmännchen lockt mit seinem Werbegesang ein Weibchen an. Es kommt zum gegenseitigen Balzspiel, das schließlich zur Kopula und zur Eiablage führt. Beide Partner haben Vorteil von diesem gegenseitigen Informationsaustausch, indem sie ihre eigenen Erbanlagen an die nächste Generation weitergeben.

Definition für Biokommunikation:
Biokommunikation ist Übermittlung von Nachrichten von einem Sender auf einen Empfänger. Dadurch wird das Verhalten eines der beiden oder von beiden zu deren Nutzen verändert. Biokommunikation hat also für Sender und Empfänger adaptiven Wert.

Biokommunikation bedeutet nicht Manipulation des Partners, sondern Mit-Teilung und Aufforderung zur *Kooperation.*

Sie verläuft in einem *Wechselgespräch*, in dem Sender und Empfänger ständig ihre Rollen tauschen.

Die Elemente einer Biokommunikation

a) Zeichen, Signal, Nachricht

Unser Verständnis für das Wesen und die biologische Funktion einer Biokommunikation wird erleichtert, wenn wir nach deren Struktur fragen. Hierzu ist es notwendig, daß wir, wie ein Anatom oder Uhrmachermeister, die einzelnen Bauelemente dieses Systems kennenlernen. Durch die Informationstheorie von SHANNON und WEAVER hat die Biokommunikation eine wesentliche Bereicherung erfahren; mit ihren Gedankengängen können wir im folgenden tiefer in die Struktur einer Biokommunikation vordringen – auch auf die Gefahr hin, daß wir uns eine längere Strecke mit trockener Theorie befassen müssen.

Wir werden Kommunikation zunächst wiederum sehr weit fassen, nämlich als Übermittlung und Austausch von Nachrichten. Um eine Nachricht übermitteln zu können, brauchen wir aber einen *Träger* der Nachricht, einen Postboten, der einen Brief überbringt oder elektrische Energie, die ein Telefongespräch weitergibt. Uns interessiert in erster Linie, wie der Inhalt dieser Nachricht dem Empfänger unverfälscht überbracht wird. Er muß sinngerecht vom *Sender* auf Papier gebracht oder in mündliche Worte gefaßt werden, d. h. der Sender muß die Nachricht aus *Zeichen* zusammensetzen; er muß die Nachricht, wie es in der Fachsprache heißt, aus elementaren Zeichen zu Signalen *transformieren.* Der Empfänger muß dann diese Nachricht wieder aus den Zeichen sinngemäß rückübersetzen, entschlüsseln, rücktransformieren. Dieses Transformieren ist ein wesentlicher Bestandteil jeder Kommunikation. Es müssen dabei vorher neutrale Zeichen *codiert* werden. Damit wird ihnen eine bestimmte Bedeutung, ein *Signalwert*, gegeben. Die jeweilige Bedeutung eines Zeichens, sein »Code«, kann dem Organismus angeboren sein oder erlernt werden; sie kann auch durch *Tradition* festgelegt sein.

Wir können diesen Prozeß der Nachrichtenübermittlung in folgendem Blockschema darstellen:

Bild 2

Die Übertragung der Nachricht erfolgt über einen sogenannten *Nachrichtenkanal.* »Die Schule im Dorf brennt«, kann als Nachricht durch eine Sirene, durch Morsezeichen und durch gesprochene Worte über das Telefon übermittelt werden. Eine Nachricht kann optisch, chemisch, akustisch, auf mechanischem Wege und durch elektrische Energie weitergegeben werden. Damit diese Mitteilung »die Schule im Dorf brennt« wirklich zur Nachricht wird, muß beim Empfänger ein *Nachrichtenbedürfnis* bestehen, d. h. der Empfänger muß an der genannten Mitteilung interessiert sein. »Die Schule brennt, das muß ich gleich der Feuerwehr melden«; damit können wir den gesamten Prozeß der Nachrichtenübermittlung in vier Phasen unterteilen:

1. Nachrichtenbedürfnis.
2. Transformation von geeigneten Zeichen in Signale in der Weise, daß sie der Empfänger versteht.
3. Nachrichtenkanal. Sinnesorgane des Empfängers nehmen die übermittelten Signale auf und geben sie als elektrische Nervenimpulse an die höheren Zentren weiter. Diesen wesentlichen Prozeß der Kommunikation werden wir noch eingehend zu behandeln haben (s. S. 72, 135).
4. Decodierung der Nachricht – Rücktransformation. Der Empfänger hat die Aufgabe, die Signale der Nachricht sinngemäß zu entziffern.

Diese vier Phasen gelten, strenggenommen, nur für eine »aktive« Nachrichtenübertragung. Wenn wir auf dem nächtlichen Heimweg plötzlich Feuer aus dem Dachstuhl der Schule ausbrechen sehen, ist das Signal »Feuer« passiv und unmittelbar zu mir gekommen. Es bedeutet trotzdem für mich eine Nachricht; sie ist ohne Phase 1 und 2, kurzgeschlossen über Phase 3 dem Empfänger zugeleitet worden. Wir haben jetzt unsere Kenntnisse über den Prozeß der Nachrichtenübermittlung wesentlich erweitert und können unser Blockschema wie folgt ergänzen:

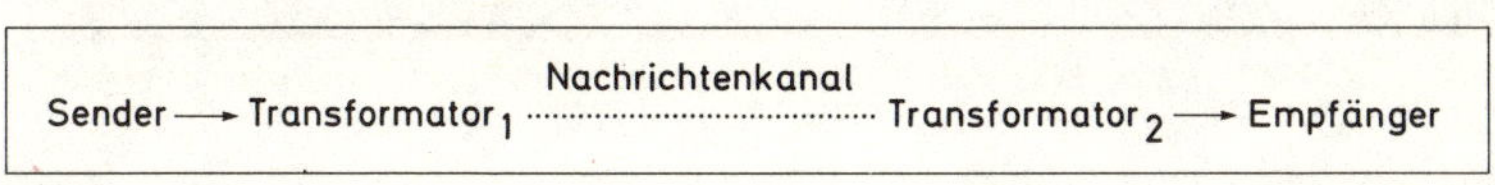

Bild 3

b) Digitale und analoge Nachrichtenübermittlung

Die Informationstheorie unterscheidet streng zwischen digitaler und analoger Nachrichtenübertragung. Analog ist die Nachrichtenübertragung durch Telefon, wobei die Stromstärke durch das

Bild 4: *Die Blinkzeichen der Leuchtkäfermännchen als digitale Signale. Die rhythmische Versfolge und Intensität der Leuchtzeichen sind streng artspezifisch.*

Mikrofon, d. h. durch die gesprochenen Worte laufend *moduliert* wird. Ein kontinuierlich sich änderndes Signal wird durch ein entsprechendes anderes Signal immer wieder, d. h. *analog* umgeformt. Die telegraphische Nachrichtenübertragung ist demgegenüber *digital*; es sind distinkte Zeichen, die zusammengesetzt eine Information enthalten. Analoge und digitiale Nachrichtenübermittlung finden wir auch bei der tierischen Kommunikation. Digitale Signale, diskrete Signale, wurden im Zuge der Evolution zum gegenseitigen Erkennen des Art- und Verbandsgenossen entwickelt, sowie zur se-

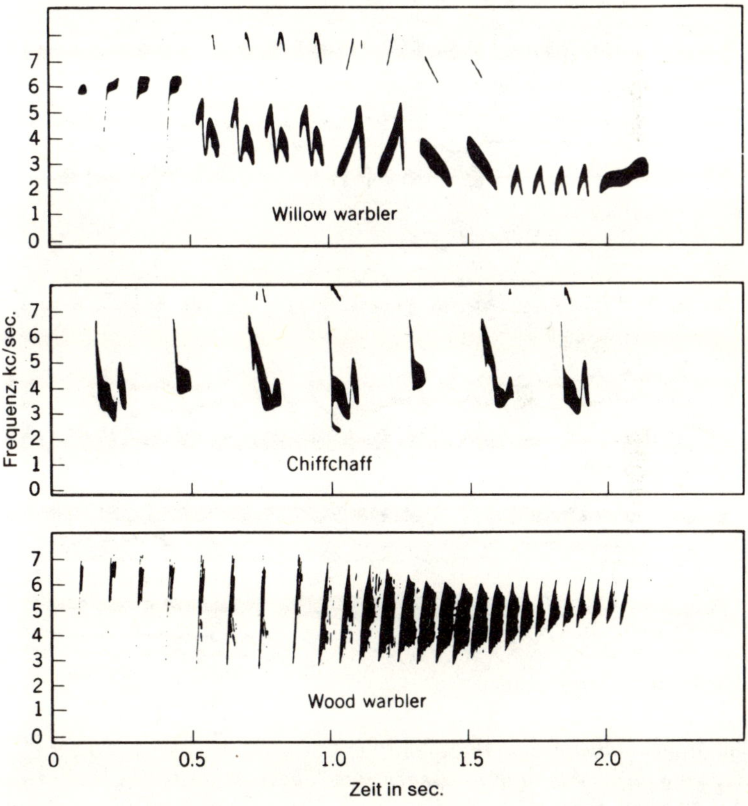

Bild 5: *Der Reviersgesang vom Fitislaubsänger (oben), vom Weidenlaubsänger, dem »Zilp Zalp« (Mitte) und dem Waldlaubsänger (unten).*

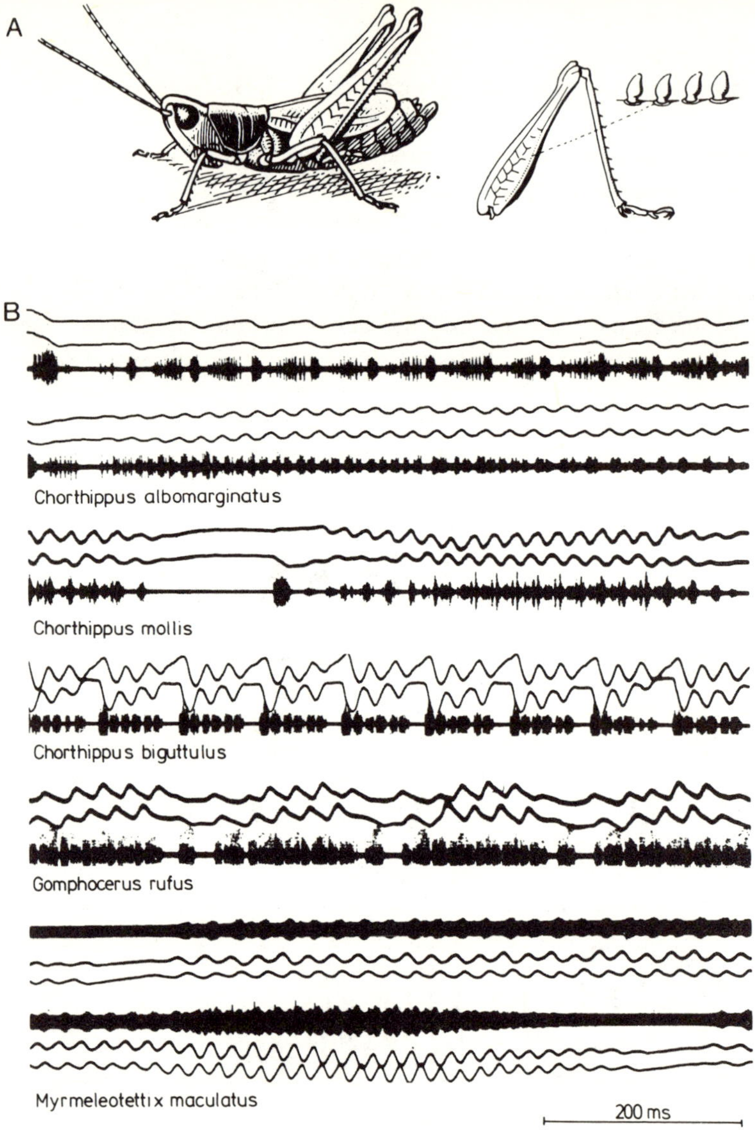

Bild 6: *Der männliche Werbegesang von 5 Heuschreckenarten. Dieser Gesang wird durch Auf- und Abstreifen einer Zackenleiste an den Hinterbeinen auf einer Flügelader erzeugt. Die beiden oberen Spuren geben den Rhythmus und die Amplitude der Beinbewegung an, die untere Spur steht für das akustische Stridulationsmuster.*

xuellen Kommunikation bei der Balz und Kopula; das gleiche gilt für die Brutpflege. Es handelt sich um *stereotype*, in wesentlichen Elementen angeborene *ritualisierte* Handlungen. Beispiele hierfür sind der Balzflug der Leuchtkäfer und der Reviergesang der Laubsänger. Analoge Signale sind demgegenüber Grundlage von Variabilität; ihre Intensität ist ein Gradmesser der Stimmung, der Motivation, der Aggressivität gegenüber dem Rivalen.

c) Digitale Signale

Digitale Signale, die stets stereotyp ablaufen, müssen als Informationsträger *eindeutig, einfach, unwahrscheinlich* sein. Sie gelten für eine gesamte Population, ja für alle Artgenossen. Auf jedes Signal gibt es in der Regel auch nur eine oder einige wenige Antworten. Der Werbegesang eines Feldheuschreckenmännchens ist einzig und allein an ein geschlechtsreifes Weibchen der gleichen Art gerichtet und sagt aus: »Hier ist ein Männchen von Corthippus mollis bereit zu kopulieren«. Die Männchen der Population respondieren in respektvoller Entfernung mit der gleichen Strophe, die Weibchen hingegen melden sich mit dem typischen Weibchengesang und künden damit ihre Kopulationsbereitschaft an. Rhythmik, Intensität und Frequenz sind die wichtigsten digitalen Parameter, die den artgemäßen Gesang als solchen kennzeichnen und gleichzeitig auch die Stimmung des Senders angeben.

Besonders deutlich zeigen uns diese Spezifität chemische Signale: Wenn ein Gemsbock mit dem Sekret seiner Brunftfeigen oder die Hirschziegenantilopen mit ihren Voraugendrüsen ein Revier abstecken, dann sind mit diesen Duftmarken eindeutige Grenzpfähle eines Revierinhabers gesetzt. Sie sind gleichzeitig auch Warnzeichen für einen potentiellen Rivalen. Bei Insekten kommt es nicht selten vor, daß nahverwandte Arten im gleichen Biotop leben. Man weiß seit langem, daß sie bei der Balz ebenfalls chemische Signale zur Verständigung benutzen, es sind sogenannte *»Sexuallockstoffe«*; so ist es wichtig, daß sie diese Signale eindeutig voneinander abgrenzen, um eine Fehlkopula zu verhindern. Dabei muß man bedenken, daß sich diese Sexuallockstoffe im Laufe der Evolution aus einer Stammform entwickelt haben. So erhebt sich die Frage, wie die Männchen sich aus dem Dilemma herauswinden, das dadurch entsteht, daß ihr aus einer gemeinsamen Stammform entspringender Sexuallockstoff natürlich dem anderer Arten sehr ähnlich sein muß. Die amerikanischen Forscher W. L. ROELOFS und A. COMEAU haben uns durch ihre Untersuchungen an Nachtschmetterlingen wichtige Einblicke in die Spezifität dieser artgemäßen Signale gegeben. Bild 9 führt einige Proben verwandter Sexuallockstoffe auf. Daraus ist zu ersehen, daß schon eine kleine Umlagerung, im Fachausdruck »Konfigurationsänderung«, im Molekül die Zugehörigkeit zu einer anderen Art signalisiert. Gibt man das sehr ähnliche Duftmolekühl (d. h. das »Isomer«) der fremden Art zum arteigenen Lockstoff in kleinster Menge hinzu, so hemmt dies den korrekten Ablauf der Balz. In jüngster Zeit ist noch ein wichtiger Befund hinzugekommen:

Die Sexuallockstoffe der Nachtschmetterlinge werden praktisch nie isoliert als reine Komponente, sondern stets als *Mischduft* von

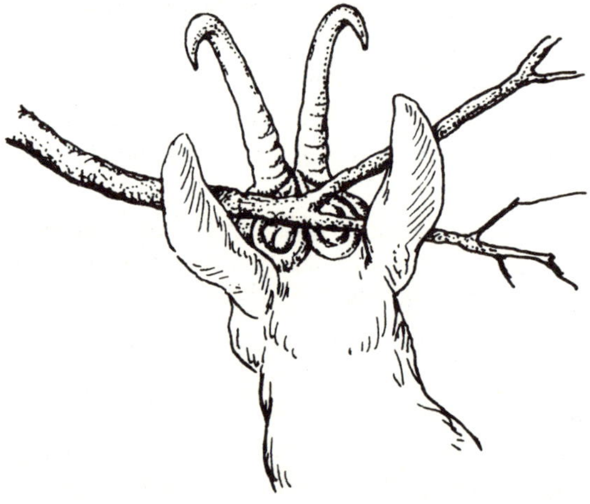

Bild 7: *Der Gemsbock markiert mit dem Sekret seiner »Brunftfeigen« sein Revier; er umzäunt es also mit artspezifischen Duftmarken; je höher er sie anbringt, um so mehr wird er dem Weibchen und dem Rivalen imponieren.*

Bild 8: *Die Hirschziegenantilope markiert ihr Revier, indem sie dessen Äste mit dem Duft der Voraugendrüse imprägniert.*

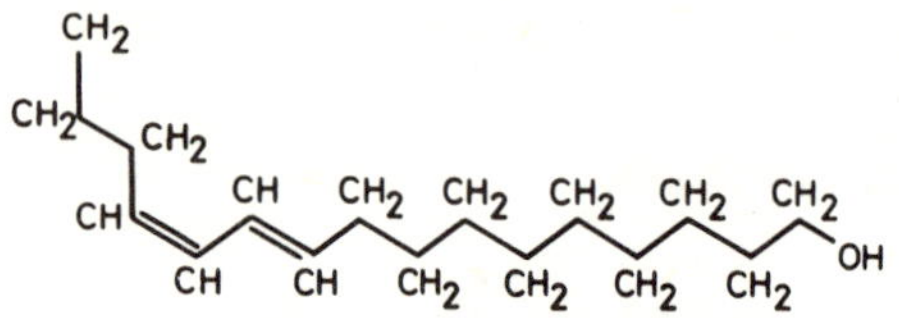

Bombyx mori

trans-1o,cis-12-Hexadecadien-1-ol (Bombykol)

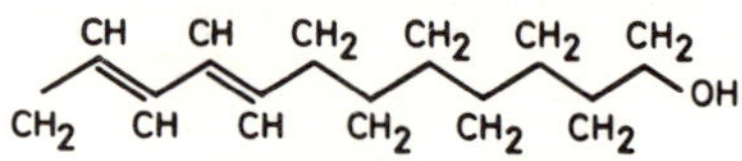

Carpocapsa pomonella

trans-8,trans-1o-Dodecadien-1-ol

Choristoneura fumiferana

trans-11-Tetradecenal

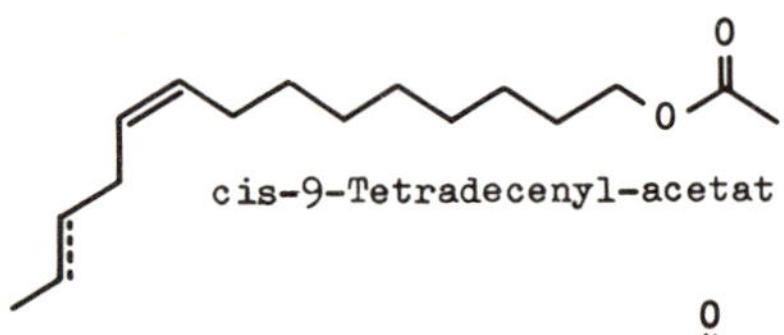

Adoxophyes fasciata

cis-9-Tetradecenyl-acetat

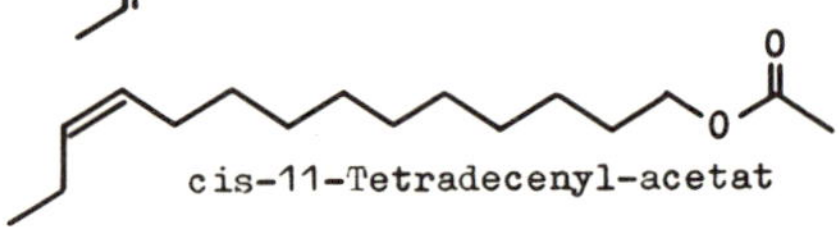

Adoxophyes orana

cis-11-Tetradecenyl-acetat

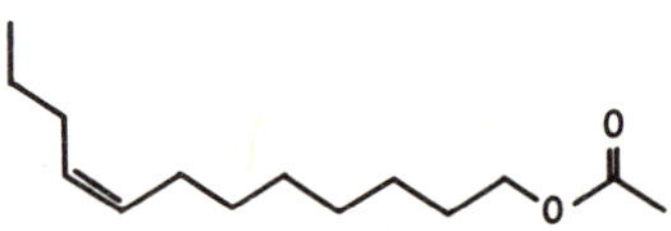

Grapholitha molesta

cis-8-Dodecenyl-acetat

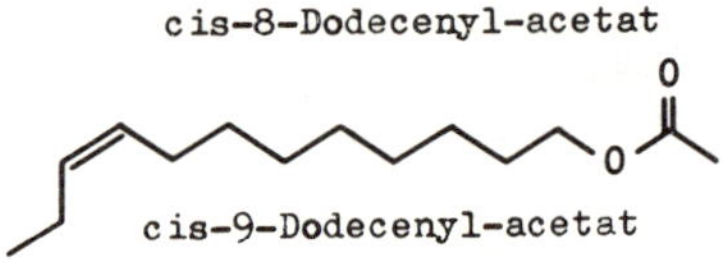

Paralobesia viteana

cis-9-Dodecenyl-acetat

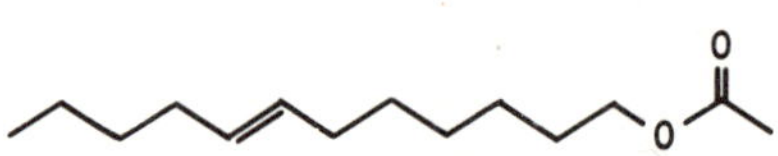

Argyroploce leucotreta

trans-7-Dodecenyl-acetat

Bild 9: *Sexuallockstoffe einiger Schmetterlingsweibchen; sie sollen zeigen, wie diese im Laufe der Evolution aus einer gemeinsamen Stammform hervorgegangen sind.*

strukturverwandten Molekülen vorgefunden. Es hat sich gezeigt, daß bereits das *unterschiedliche Mengenverhältnis* dieser Komponenten, d. h. der »Isomeren«, den Artgenossen kennzeichnet. So besitzen beispielsweise die beiden Wicklerarten Adoxophyes orana und Clepsis spectrana die gleichen Moleküle Cis-9- und Cis-11-Tetradecenylazetat; erst die richtige proportionale Zusammensetzung weist eindeutig die Artzugehörigkeit aus. Dies ist ein treffendes Beispiel für ein digitales Signal.

Auch für das altbekannte Bombykol (Hexadekadienol) des Seidenspinners (s. Bild 9) hat sich in den letzten Jahren gezeigt, daß es nicht als reine Komponente vorliegt, sondern mit anderen Komponenten (d. h. Isomeren) vermischt ist. Eine digitale Kommunikation kann dadurch noch diskreter, d. h. eindeutiger werden, daß man ein Signal nicht isoliert, sondern in Kombination mit Signalen aus anderen Sinnesgebieten, d. h. aus einer anderen *Modalität* anbietet. Ein Rotkehlchenmännchen bietet neben seinem Reviergesang gleichzeitig die rote Kehle als optisches Warnzeichen dem Rivalen gegenüber an. Wir haben schon am Anfang erwähnt, daß jede Tierart ihren Biotop wählt und bevorzugt; damit ist bereits eine geographische Isolation eingeleitet: »Hier muß ich meinen Artgenossen treffen.« Bei Insekten sind oft die Schlüpfzeiten der Puppen für jede Art saisonspezifisch, so daß Männchen und Weibchen unmittelbar nach dem Schlüpfen mit der Balz beginnen können; schließlich kann die Kommunikation zwischen Artgenossen zeitlich so verfeinert werden, daß das »Rendezvous« tageszeitlich festgelegt ist. Wenn sich die Männchen verschiedener Mückenarten zu einer bestimmten Tagesstunde an bestimmten Balzplätzen, die optisch markiert sind – z. B. an einem Waldrand, auf einer Turmspitze, einer Bergkuppe –, treffen, und wenn dann ihre Weibchen mit ihrem Flugton noch das Geschlecht anzeigen, dann sind da bereits drei Sinnesgebiete für die Kommunikation eingeschaltet: Zeit, optische Geländemarken und akustische Signale.

Der rauchende alte fünfekigte Thurm
nebst der vergrösserten Insecte.

Bild 10: *Mückenmännchen versammeln sich zu Tausenden an optisch markierten Geländepunkten, jede Art zu einer bestimmten Tageszeit. Auch die Weibchen erscheinen zur entsprechenden Stunde, stürzen sich in diesen Schwarm, verraten sich durch den typischen tieferen Flugton und werden so von den Männchen als Geschlechtspartnerin erkannt.*

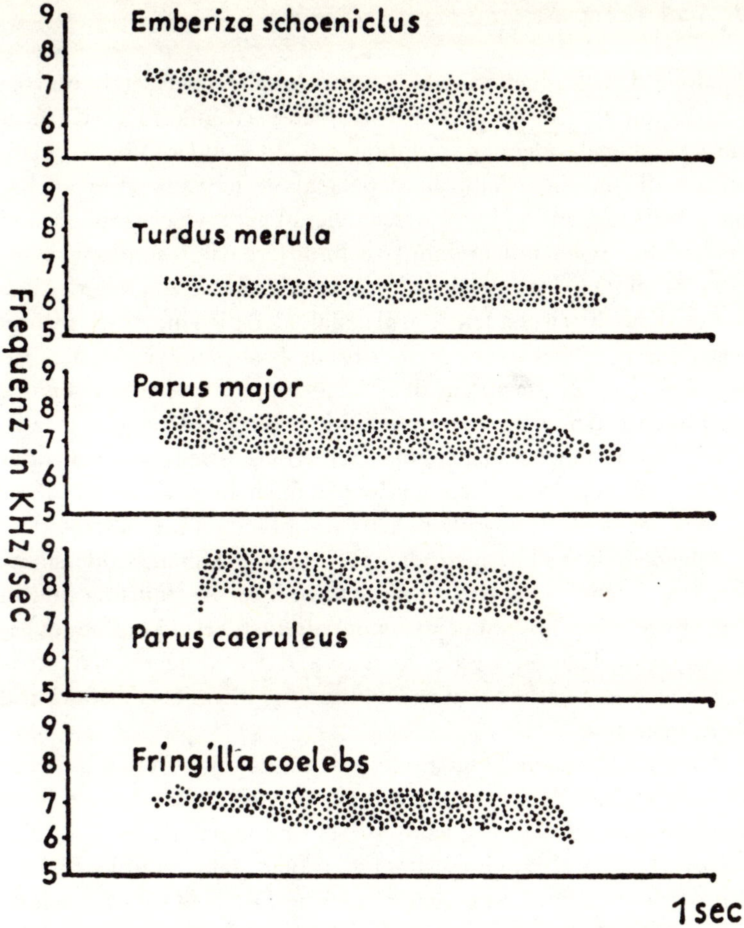

Bild 11: *Die Warnrufe von 4 beliebig ausgewählten Singvogelarten (von oben nach unten): Rohrammer, Amsel, Kohlmeise, Blaumeise und Buchfink sind in Frequenz, Intensität und Zeitmuster sehr ähnlich, obwohl sie keineswegs alle eng miteinander verwandt sind.*

d) Analoge Signale

Analoge, d. h. graduelle Signale werden vor allem bei Gefahr und bei Aggression als Alarm- und Warnzeichen verwendet. Der Warnruf eines Singvogels oder der »mobbing call«, der andere Vögel herbeilocken soll, um einen Feind aus der Nachbarschaft zu vertreiben, hat seine Wirkung auf *mehrere* Arten. Diese Laute oder Strophen sind auch nicht – wie schon erwähnt – sehr differenziert, sondern einander sehr ähnlich. Das gleiche gilt für die Alarmrufe von Affen. Auch die geruchlich wirkenden Alarmsignale der Bienen, Ameisen und Termiten sind nicht streng artspezifisch: das Isoamylazetat der Honigbiene, das bei Alarm aus dem Stachelapparat freigegeben wird, setzt auch Ameisen und Termiten in Erregung. Solche interspezifische Alarmierung hat sicher einen Selektionsvorteil: bei drohender Gefahr soll alles, was nur irgendwie in die nähere Verwandtschaft gehört, bei der Abwehr mithelfen bzw. zur Flucht veranlaßt werden.

Allgemein läßt sich sagen: digitale (diskrete) Signale sind in ihrer Struktur streng artspezifisch, sie sind in ihrer Ausführung und in ihrer Bedeutung sowohl beim Sender als auch beim Empfänger genetisch festgelegt. Sie werden stereotyp in der vorgegebenen Situation angeboten und üben ihre Funktion vor allem bei der Balz und Brutpflege aus.

Analoge (graduelle) Signale sind demgegenüber in der weiteren taxonomischen Verwandtschaft wirksam; sie ähneln sich in ihrer Struktur, sind also interspezifisch. Sie sind je nach dem Grad der Motivation variabel in Intensität und Dauer. Damit ergibt sich auch ihre wichtigste Funktion: die Anpassungsfähigkeit an wechselnde Umweltbedingungen, z. B. wenn es um die Mitteilung verschiedener Stimmungen geht.

Elemente einer Kommunikation.
Der Sender setzt seine Nachricht aus *Zeichen* zusammen, übergibt sie einem *Nachrichtenkanal* (dem Sinnesapparat des Empfängers); der Empfänger decodiert die übertragenen Zeichen.

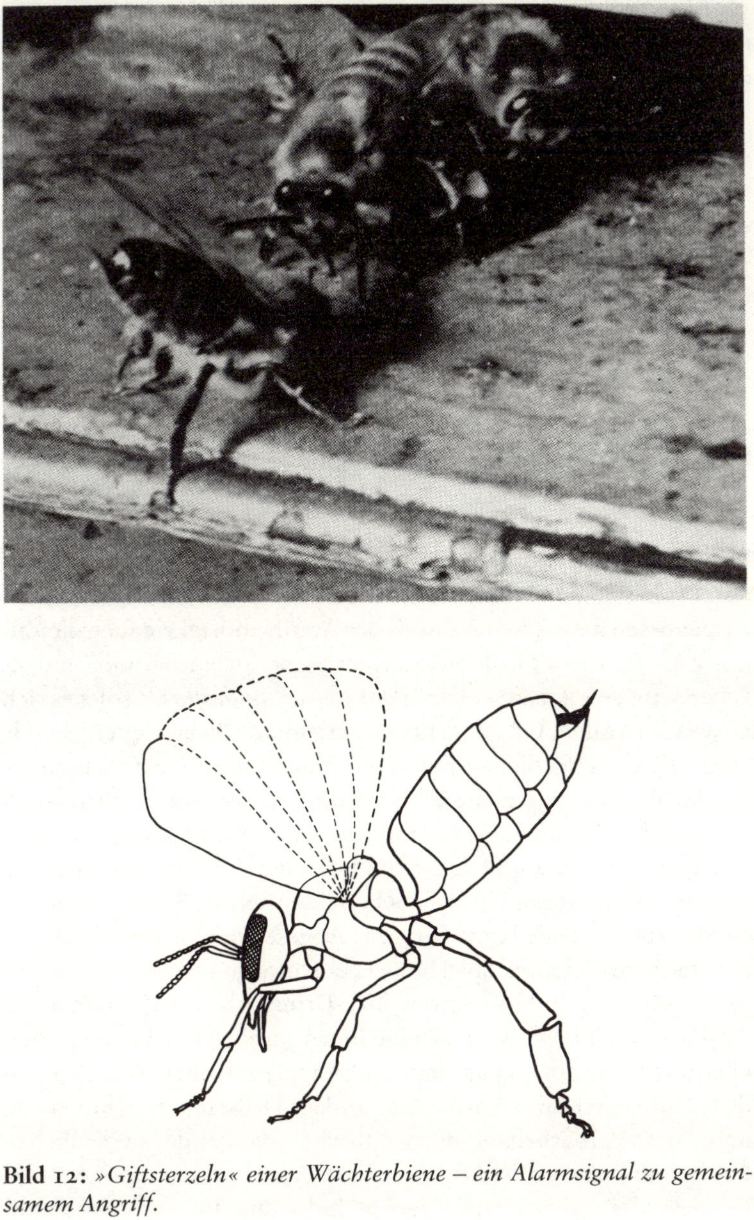

Bild 12: *»Giftsterzeln« einer Wächterbiene – ein Alarmsignal zu gemeinsamem Angriff.*

Digitale, d. h. diskrete, stereotype Signale dienen dem Erkennen des Artgenossen, der Kommunikation bei der Balz und bei der Brutpflege. Sie sind als chemische, akustische, optische, elektrische Signale streng artspezifisch.

Analoge, d. h. graduelle Signale, zeigen die Stimmung des Senders an. Als Warn- und Alarmzeichen sind sie *interspezifisch*, d. h. über die eigene Art hinaus wirksam. Sie sind in Intensität und Dauer (je nach dem Grad der Motivation) variabel.

Persönliches Erkennen oder Anonymität?

In jüngster Zeit wurden digitale und analoge Signale auch noch daraufhin untersucht, inwieweit bei der Kommunikation zwischen Artgenossen neben dem Ausweis der Artzugehörigkeit auch die Zugehörigkeit zu einer Kolonie, zu einer Sippe, zu einer Familie mitgegeben wird; ob letztlich nicht sogar das *Individuum* als solches sich ausweisen könne. Bei Säugetieren hatte man solche weitergehende Spezifität digitaler Signale bereits erkannt: Vielerlei Duftdrüsen geben bei ihnen in unterschiedlicher Kombination und Intensität den Artgenossen Mitteilung nicht nur über Klassenzugehörigkeit; auch Dominanzordnung und sogar Individualität werden ausgewiesen. Darüber wird noch mehrfach zu berichten sein (s. S. 145). Hier nur einige grundlegende Bemerkungen: Abgesehen von optischem und akustischem Gebaren, spielen hierbei Duftsignale eine bedeutende Rolle. Hund und Wolf setzen ihre Urinmarken als persönliches Aushängeschild: »Hier ist mein Eigentum«. Die Männchen der Gleitbeutler, Petaurus papuanus, imprägnieren »ihr« Weibchen mit dem Duftsekret ihrer Stirndrüse; andere Drüsen – an den Beinen, unter den Vorderbeinen, an der Brust – dienen der persönlichen Reviermarkierung. Das dominante Männchen hat übrigens das Privileg, der ganzen Sippe seinen Individualduft als Sippenduft aufzuprägen. Nur Mitglieder, die diesen Sippenduft bei der Rückkehr zum gemeinsamen Nest vorweisen können, werden ohne aggressives Verhalten eingelassen. Die Duftspuren, die Reh und Hirsch mit ihren Klauendrüsen setzen, werden individuell von der Herde erkannt; es ist ein Gemisch von mindestens vier verschiedenen Laktonen.

Digitale Signale als Individualausweis hat man neuerdings auch in der Kommunikation bei Fischen entdeckt: Welse – der gelbe Wels, Ictalurus natalis, und der braune Wels, Ictalus nebulosus –, die in kleineren oder größeren Gruppen zusammenleben, grenzen ihr eigenes Revier sehr sorgsam ab, wobei eine strenge Hierarchie herrscht: die stärksten Männchen besetzen die Mitte des Territoriums und haben den größten Raumanspruch, die schwächeren Rivalen werden an den Rand verwiesen und besitzen nur kleine Anteile des gesamten Reviers. Jedes Individuum muß seinen Status in ständiger Auseinandersetzung mit dem Rivalen verteidigen. Das Revier wird dabei mit einer chemischen Substanz, die aus

Bild 13: *Männchen und Weibchen von Petaurus, dem Gleitbeutler. Deutlich ist die Stirndrüse beim Männchen zu sehen.*

der Schleimhaut der Fische ins Wasser abgegeben wird, *individuell* markiert. Geistreiche Versuche von J. H. TODD in Woods Hole beweisen, daß Wasser, das aus dem Abteil eines Rivalen eingeleitet wurde, heftige Aggression auslöst. Man hat zwei unterschiedliche Duftsubstanzen ausfindig gemacht: eine territoriale, die in kleineren Verbänden zur Revierabgrenzung dient, eine kommunale, die bei größeren Gruppen die Aggression mindert und zur Kooperation auffordert. Mit Hilfe des territorialen Duftsignals ist nicht nur ein individuelles Erkennen des Rivalen möglich, auch dessen Status in der Rangordnung wird erkannt. Erfolgt im Zuge der oft sehr heftigen Auseinandersetzungen eine Umstellung in der Rangordnung, dann wird auch das digitale chemische Signal – zentralnervös gesteuert – entsprechend geändert. Hier steht die Forschung freilich noch ganz am Anfang; insbesondere bedarf es noch einer Aufklärung der chemischen Struktur dieser Substanzen. Auch bei Insekten hat man – durch B. HÖLLDOBLER und E. O. WILSON – digitale Signale gefunden, die vor allem bei den sozialen Insektenstaaten große Bedeutung haben. Sie werden nicht nur als Ausweis für die Zugehörigkeit zu einer Art und einer Kolonie verwendet; sie sollen auch die Position im Staat und das Individuum persönlich ausweisen. Im wesentlichen werden derlei spezifische Signale, wie bei den Säugetieren, wiederum dem Duftbereich entnommen. Wenn beim Spurenlegen einer Ameise alle Übergänge einer Signalisierung vom Artgenossen, über den Kumpan einer Kolonie bis zum Individuum nachgewiesen wurden, einer Signalisierung, die zusätzlich sogar verschiedene Stimmungen des Senders und verschiedene Kommandos beinhalten kann, dann ist eine solche komplexe Nachricht nur durch ein sehr differenziertes Duftmuster möglich. Eine spurende Ameise erkennt auf dem Rückweg ihre persönliche Duftspur wieder und findet so sicher nach Hause. Die Vielfalt der verfügbaren Signale ist vor allem bedingt durch geradezu unermeßliche Kombinationsmöglichkeiten der einzelnen Komponenten in Qualität, Quantität und zeitlicher Abfolge. Um beim Spurenlegen zu bleiben: eine Ameisenspur, die sowohl alarmierend auf Nestgenossen wirken kann, gleichzeitig aber auch ein Orientierungszeichen gibt, ist in der Regel ein Konglomerat aus dem Sekret der Dufour-Drüse, einer Anhangsdrüse des Stachelapparats, der Giftdrüse, die Ameisensäure liefert, der Sternaldrüse und noch anderer weiterer Drüsen. Oft wird dann auch noch eine Probe aus dem Enddarm beigegeben. Wenn man bedenkt, daß beispielsweise die Dufour-Drüse der Knotenameise, Camponotus ligniperta, 41 Duftkomponeten liefert, mag man sich vorstellen, welche ungeheuren Möglichkeiten in der qualitativen und quantitativen Nuancierung der Duftspur liegen.

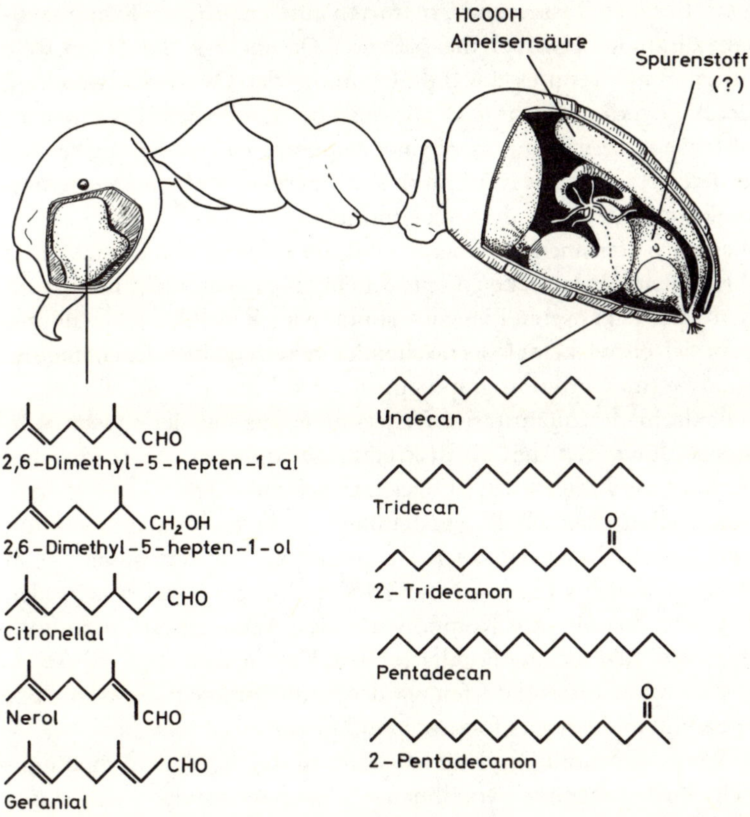

Bild 14: *Oberkieferdrüse, Dufourdrüse, Stachelapparat mit Ameisensäure und Enddarmtröpfchen liefern beim Spurenlesen ein komplexes Duftmuster, das sogar die Individualität einer Ameise anzeigen kann.*

Die Mandibeldrüse der Weberameise, Oecophylla longinoda, liefert über 30 verschiedene Duftstoffe, wobei das Mengenverhältnis für jede Kolonie spezifisch ist; u. a. hat man gefunden: Hexanal Hexanol, Undecanon. Diese Komponenten dienen ebenfalls den Nestgenossen zur Orientierung; gleichzeitig regulieren sie die Alarmierung und Aggression gegenüber Eindringlingen aus einer fremden Kolonie.

Die bekannte »Queen-Substance« der Bienenkönigin setzt sich zwar bei allen Rassen und Unterarten aus den gleichen Komponenten zusammen, wobei die 9-Oxo-2-Decensäure die Hauptrolle übernimmt, wenn es um die Hemmung der Ovarienentwicklung der Arbeiterinnen geht (s. S. 160); bei der Kapbiene, Apis capensis, überwiegt diese Komponente mengenmäßig viel stärker als bei den anderen Rassen; das ist insofern von Interesse, als hier eine Hemmfunktion gegenüber den Arbeiterinnen besonders wichtig ist, da diese Arbeiterinnen stets bereit sind, ihre Königin zu ersetzen und ihre eigenen Eierstöcke zu entwickeln, aus denen nicht nur Drohnen – wie bei unseren Bienen –, sondern auch weibliche Nachkommen sich entwickeln. Überraschenderweise zeigt hier die chemische Analyse (im Chromatographieprofil) deutliche individuelle Unterschiede in der quantitativen Zusammensetzung der Queen-Substance. Inwieweit dies als diskretes »persönliches« Signal im Bienenstaat verwertet wird, ist bis jetzt noch rätselhaft.

Rätselhaft ist auch die Entstehung und die biologische Funktion von *populationsspezifischen* Duftsignalen, wie man solche beim Borkenkäfer, Ips pini, in New York und in Kalifornien gefunden hat. »Ipsdienol« als Komponente des Aggregationspheromons (s. S. 156) fehlt bei der Population von Kalifornien.

Zusammenfassend dürfen wir der Anonymität einerseits und der Spezifität andererseits folgende Funktionen zuschreiben:

Wo es sich um komplexe Muster von Reizkombinationen handelt, wird immer einer von ihnen – oder einige wenige – als *Schlüsselreiz* dienen, der eine allgemeine »anonyme«, analoge Verhaltensantwort auslöst; zusätzliche »Nebenkomponenten« bewirken dann die spezifische Antwort der Gruppe oder des Individuums.

Digitale Signale können die Anonymität eines Individuums wahren, indem sie lediglich den Ausweis für die Artzugehörigkeit, als Geschlechtspartner, als Verbandsgenosse liefern.

Multimodale Signale, d.h. solche, die aus optischen, chemischen, mechanischen Zeichen zusammengesetzt sind, können aber durchaus das Individuum als solches kennzeichnen, vor allem wenn sie zeitlich und räumlich eingegrenzt sind. Solche individuelle Kundgabe ist z.B. notwendig bei der Festlegung der Rangordnung, bei der Reviermarkierung und beim Spurenlegen.

»Ökonomie« der Signale

Im Vergleich zur menschlichen Konversation ist das Repertoire tierischer Signale recht klein. Selbst wenn wir akustische und andere mechanische Signale, sowie geruchliche und optische Zeichen zusammennehmen, finden wir bei Säugetieren nur zwischen 20 und 40 verschiedene distinkte Signalzeichen. Bei der Feldmaus sind es 16, beim Elch 26, bei den Lemuren 34, beim Rhesusaffen 37 Signale.

Unter den Vögeln erreicht mit 28 Signalen die Weißkopfmöwe (Larus modestus) die höchste Anzahl. Der Buchfink bringt es auf 25, der Haussperling auf 15 Signale, die der gegenseitigen Verständigung dienen.

Bei den Insekten stehen erwartungsgemäß die staatenbildenden Ameisen und Bienen obenan; aber auch die Honigbiene verfügt nicht über mehr als 20 Kommunikationssignale, auch wenn wir den Rund- und Schwänzeltanz (s. S. 224 ff.) mit einbeziehen. Wenn wir bedenken, wie komplex und inhaltsreich die Verständigungsweisen unter Tieren sind, dann wird deutlich, daß die Kommunikation im

Tierreich, allein was die Zahl der benutzten Signale angeht, zum einen doch noch auf einfacher Stufe steht, zum andern aber offenbar recht *ökonomisch* organisiert ist. Dies geht natürlich auf Kosten der Variabilität und der Austauschbarkeit der Kommunikation, die im Vergleich zu unserer Sprache ganz erheblich eingeschränkt ist. Dies hat seinen Grund darin, daß Struktur und Bedeutung der Signale weitgehend genetisch festgelegt sind. Es stellt sich grundsätzlich die Frage, ob unter Tieren durch subjektive Erfahrung neue Zeichen zwischen den Partnern Signalwert bekommen können. Es müßte zwischen den Partnern eine Vereinbarung getroffen werden, welche Bedeutung von nun an dieses oder jenes Signal haben soll. In einem Sozialverband müßte diese neue Signalbedeutung allen Verbandsgenossen mitgeteilt werden. Schließlich muß noch auf ein letztes Hindernis hingewiesen werden, das eine Ausweitung des Signalrepertoires unter Artgenossen verhindert: von wenigen Ansätzen abgesehen (s. S. 237) kennen wir im Tierreich nicht die Möglichkeit, erworbene Signale durch *Tradition* an die nächste Generation weiterzugeben. Gerade dies war aber die Voraussetzung für die Entwicklung der menschlichen Sprache, die sowohl im semantischen Gehalt der Signale wie auch in bezug auf deren Variabilität, Austauschbarkeit und Symbolisierung jeder tierischen Verständigung überlegen ist.

Die »Sprache« der Tiere verfügt nur über relativ wenige Signale, die in ihrer Struktur und Bedeutung starr festgelegt, also nicht austauschbar und modulierbar sind. Sie sind als solche angeboren und unterscheiden sich prinzipiell von der menschlichen Sprache, die erlernt werden muß, deren Semanteme unbegrenzt austauschbar, modifizierbar, kombinierbar sind.

Störanfälligkeit der Nachrichtenübermittlung

Unsere Darstellung der Nachrichtenübermittlung wäre unvollständig und völlig unrealistisch, würden wir nicht berücksichtigen, daß sie in der Praxis vielerlei *Störungen* unterworfen ist. Diese Störungen haben im wesentlichen zwei Ursachen:

1. Bei der Transformierung von Zeichen in ein Signal, bei der Fixierung der Signale in eine übertragbare Form, ebenso durch die Art der Übermittlung der Nachricht können sich allerlei Fehler einschleichen. Ein Brief beispielsweise kann mißverständliche Formulierungen enthalten, aus Versehen kann ein Datum verwechselt sein, unleserliche Schrift führt zu falscher Auslegung, es können Tippfehler enthalten sein, der ganze Brief kann bei der Verteilerstelle in ein falsches Fach gelangen.
2. Umwelteinflüsse können in vielfältiger Weise stören; solche Störungen nennt man »Noise« oder »Rauschen«. Beim Telefonieren beispielsweise stört ein Hubschrauber, der oben vorbeifliegt; undeutliche Aussprache, Schwerhörigkeit oder ein Störsender sind andere Störfaktoren; das Fernsehbild wird durch meteorologische Einflüsse gestört; eine Verständigung durch Duftsignale, wie sie etwa bei Nachtfaltern benutzt werden, kann durch heftige Windböen oder Regen unmöglich gemacht werden. In den späteren Kapiteln werden wir noch vielfach auf solche Störungen in der gegenseitigen Verständigung hinweisen müssen.

Zunächst sollten wir aber unser Blockdiagramm noch einmal ergänzen:

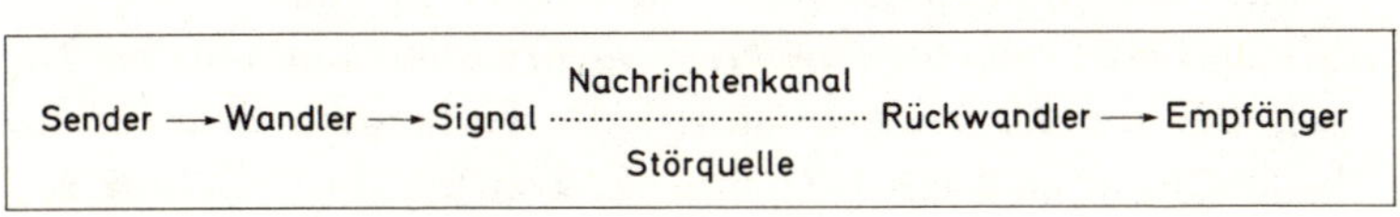

Bild 15

Zwangsläufig werden wir jetzt die Frage stellen, wie man solchen Störungen abhelfen kann, so daß letztlich doch eine einwandfreie

Benachrichtigung möglich wird. Es gibt im Prinzip vier Wege, die in der Nachrichtentechnik bekannt sind, im gleichen Sinne und mit der gleichen Methode aber auch im Tierreich schon seit Millionen von Jahren angewandt werden.

1. Wenn eine Nachricht durch Ungenauigkeit oder kleine Fehler verunstaltet, verfälscht ist, dann gibt es immer noch die Möglichkeit, den richtigen Text herauszulesen, indem man die Fehler auf *Ähnlichkeit* mit bekannten Signalen prüft. »M*u*rgen kommt Besuch«; jeder weiß, es muß heißen »Morgen kommt Besuch«. Auf diesem Gebiet haben die Tiere erstaunliche Leistungen aufzuweisen, die wir als »Invariantenbildung« und »Generalisieren« bezeichnen.

   Invariantenbildung: Aus dem »weißen Lärm« (d. h. aus dem riesigen Angebot potentieller Umweltsignale) der angebotenen Zeichen wird jene Zeichenkombination herausgefiltert, die das bedeutsame Signal darstellt. Beispiel: Eine Kröte erkennt einen Wurm an seiner typischen länglichen Gestalt und an seiner horizontalen Fortbewegung.

   Generalisieren: Die angebotenen Zeichen werden auf Ähnlichkeit geprüft. Wenn eine Biene von einem blühenden Apfelbaum Nektar sammelt, wird jede Blüte immer wieder ein klein wenig anders aussehen; sie kehrt aber trotzdem immer wieder zu den Apfelblüten zurück, weil sie diese Blütenform, gekoppelt mit dem spezifischen Duft, als solche generalisiert.

2. Die zuständigen Signale werden mit verstärkter *Intensität* gesendet. Auf einer Party muß man sich lauter unterhalten als auf einer stillen Bank im Park. Außerdem: Man schaut dem Partner »aufs Maul« und »liest« jedes Wort von seinen Lippen ab.

3. Man schaltet auf einen *anderen Nachrichtenkanal* um: bei Nebel, der die Lichtsignale stört oder verhindert, ersetzen die Leuchttürme an den Küsten ihre Blinkzeichen durch tiefe akustische Hornsignale. Zugvögel nutzen für ihre Orientierung auffallende irdische Leitlinien wie einen Küstenverlauf oder einen Flußlauf; wo solche sich nicht anbieten, wird der Sonnenkompaß zu Hilfe genommen; versagt auch dieser – bei Nacht etwa – schaltet man auf den Sternenkompaß um.

4. Man nimmt die sogenannte »*Redundanz*« zu Hilfe. Redundanz heißt Weitschweifigkeit (s. S. 58). Sie sollte ja in aller Regel bei der Nachrichtenübermittlung vermieden werden. Gelegentlich aber ist es gut, zur Vermeidung von Mißverständnissen, zur Absicherung bei Störverdacht eine Meldung doppelt zu übertragen. Das tut man beispielsweise in einem Telegramm, wenn man ein Datum oder die Tageszeit vermeldet.

Die Störanfälligkeit einer Nachricht kann durch Invariantenbildung, durch Generalisieren, durch Ähnlichkeitsvergleich, durch Redundanz, durch Umschalten auf einen anderen Nachrichtenkanal kompensiert werden.

Information, der zentrale Angelpunkt jeder Kommunikation

Der Begriff Information wird im deutschen Sprachgebrauch oft mißverstanden. Zunächst muß klargestellt werden, daß nicht jedes Signal, auch nicht jede Nachricht gleichzeitig Information bedeuten. Einige Beispiele sollen dies belegen:

1. Wenn die Glocke vom Kirchturm läutet, höre ich zwar das Signal, aber erst, wenn ich zusätzlich erfahre, ob sie eine Hochzeit ankündigt oder ein Begräbnis, wird das Signal zur Information.
2. In der Zeitung mag als neueste Nachricht stehen, daß in einer Universitätsklinik ein neues Gerät für »Computer-Tomographie« bestellt wurde. (Dieses Gerät ist praktisch eine Weiterentwicklung des Röntgenapparats; mit ihm kann man in wenigen Minuten ein Organ oder auch den ganzen Körper scheibenweise in dünnen Schichten durchleuchten und die Bilder sofort durch einen Computer auswerten.) Für denjenigen, der nicht weiß, was unter Computer-Tomographie zu verstehen ist, enthält diese Nachricht keine Information.

3. Es kann auch sein, daß mich eine Nachricht gar nicht interessiert; dann bedeutet die Nachricht für mich Geschwätz, aber sie enthält keine Information. Unbewußt freilich kann diese Nachricht doch aufgenommen werden und später in entsprechender Situation aus einem verborgenen Winkel des Gedächtnisses hervorgeholt werden. Dann wird sie, wenn auch verspätet, zur Information.
4. Ein Bote kommt zu mir und meldet, daß in der Dorfschule ein Brand ausgebrochen sei; wenn ich aber schon eine halbe Stunde vorher diese Nachricht telefonisch bekommen habe, vermittelt mir der Bote keine neue Information.

Was meinen wir also mit Information? Wir können kurz und bündig so formulieren:

Information ist Mitteilung von Wissen; Mitteilung von Neuigkeiten; sie vermittelt Wissen über mögliche Ereignisse. Eine Nachricht wird um so mehr Information enthalten, je unwahrscheinlicher der Zustand oder das Ereignis ist, über das sie berichtet.

»Hund beißt Briefträger« enthält weit weniger Information als wenn die Nachricht lautet »Briefträger beißt Hund«, da diese Aussage weit unwahrscheinlicher ist als die erste.

Man kann also Information nicht absolut, sondern nur realtiv definieren.

Wieviel Information eine Nachricht enthält, hängt nicht nur vom Gehalt der Nachricht, den ihr der Sender mitgibt, ab, sondern auch vom Kenntnisstand und vom Interesse des Empfängers. Bei ihm muß ein Bedürfnis bestehen, über etwas Bestimmtes informiert zu werden. Sein Nichtwissen muß aufgebessert werden. Enthält eine Nachricht neben dem Nichtgewußten zusätzlich noch Bekanntes, dann ist diese Nachricht für uns weitschweifig, *redundant*. Redundanz läßt sich einengen, wenn wir nicht einfach passiv vom Sender alles in uns aufnehmen, was er zu sagen hat, sondern wenn wir als Empfänger selbst gezielte *Fragen* stellen. Damit wird der Empfänger zum aktiven Partner der Nachrichtenübermittlung.

Hier stellt sich die Frage, ob denn auch Tiere einander Fragen stellen können. Dies ist zweifellos der Fall, wenn auch nicht in dem direkten Sinn, wie der Mensch dies mit Hilfe seiner Sprache tut.

Das Spinnenmännchen zupft, wenn es sich dem Weibchen nähern will, zunächst an dessen Netz und »fragt«, ob die Partnerin für eine Werbebalz »ansprechbar« wäre. Aus der Reaktion, d. h. aus der Antwort des Weibchens kann das Männchen entnehmen, ob das Weibchen gesättigt und damit für eine Balz zu haben ist, oder ob es hungrig ist und daher jede Beute, die das Netz erschüttert, gierig fassen wird, eben auch das sich nähernde Männchen. Im ersten Fall reagiert das Weibchen sehr langsam und träge – man darf sich also ruhig nähern –, im zweiten Fall stürzt es sich sofort aus seiner Warte, und man sucht am besten das Weite.

Wir müssen das Frage-Antwort-Spiel, wie es die Informationstheorie darstellt, noch genauer behandeln. Das können wir am besten, wenn wir uns Fragen von einem wissensdurstigen Partner vorlegen lassen.

Zunächst kommt es darauf an, wie eng die Frage vom Partner gestellt wird. Wenn wir sie ganz allgemein fassen, etwa: »Wie unterscheiden sich Insekten und Wirbeltiere?«, dann gibt es darauf Hunderte von richtigen Antworten. Der Fragende selbst bezeugt mit seiner sehr allgemeinen Frage, daß er von Zoologie recht wenig weiß. Wenn er aber fragt: »Wo im Auge einer Biene sitzt der Analysator für das Sehen polarisierten Lichts?«, dann gibt es darauf nur eine richtige Antwort, und das fundierte Wissen des Fragenden kann nur noch geringfügig durch eine Zusatzinformation ergänzt werden. Man hat versucht, diese Beziehungen sogar in mathematische Formeln zu kleiden und damit den Informationsaustausch zwischen Sender und Empfänger *quantitativ* zu erfassen. Der Fragende verfüge über einen gewissen Wissensstand Wi,

das, was er wissen will, sei x;

sein Wissen von x ist dann $Wi(x) = O$.

Eine richtige Antwort kann im besten Fall zu einem vollen Wissen von x führen, dann strebt $Wi(x) \rightarrow 1$. Wir können weiterhin den Informationsgehalt einer Antwort, wie folgt, formulieren: I (x) sei die übermittelte Information, d. h. das durch die Antwort auf die gestellte Frage angebotene Wissen.

Wi(x) war mein vorheriger Wissensstand (s. o.).

Wa(x) sei mein Wissensstand, nachdem ich die Antwort erhalten habe. Dann gilt: $Wa(x) = Wi(x) + I(x)$

Mit dieser Funktion erhalten wir also genaue Auskunft über den neuen Wissensstand des Empfängers, nachdem er ein bestimmtes Maß an Information übermittelt bekam.

Information ist Vermittlung von Wissen über »unbekannte Zustände und Ereignisse«. Wieviel Information eine Nachricht enthält, ist abhängig vom Wissensstand und vom Interesse des Empfängers. Durch gezieltes Fragen wird der Empfänger selbst zum aktiven Partner der Nachrichtenübermittlung.

Angeboren oder erlernt?

Wenn wir jetzt versuchen, diese von der Informationstheorie aufgestellten Formeln und Beziehungen auf die Biokommunikation zu übertragen, dann müssen wir ein wichtiges Prinzip nachtragen: Tiere besitzen ein Nervensystem, das Entscheidungen entweder gemäß einem *genetisch fixierten Handlungsprogramm* oder aufgrund von *Lernen* trifft. Das erblich festgelegte Handlungsprogramm, der *»angeborene Auslösemechanismus«*, schreibt vor, wie ein Tier auf ein bestimmtes Signal der Umwelt sinnvoll zu reagieren hat. Dieses Handlungsprogramm kann aber nur insoweit zuverlässig, d. h. lebenserhaltend sein, als die Umweltbedingungen ebenfalls programmgemäß, also zeitlich, räumlich, stofflich, sich stets in gleicher Weise anbieten. Da aber alles auf dieser Erde im Fluß ist, da sich vor allem die organismische Welt durch Individualität und Variabilität auszeichnet, ist eine *Anpassung* an diese dynamischen variablen Prozesse nur durch *Lernen aufgrund individueller Erfahrung mög-*

lich. Solche Anpassung, »Adaptabilität«, ist ja ein wesentliches Kennzeichen des Lebens überhaupt.

Diese zwei grundlegenden Methoden der Informationsaufnahme und Informationsverarbeitung in einem lebenden Organismus seien an zwei Beispielen erläutert.

a) Information und angeborener Auslösemechanismus

Ein Stichlingsmännchen hat sich ein Revier ausgesucht und ist dabei, sein Nest zu bauen. Ein Rivale dringt in dieses Revier ein und versucht es dem Besitzer streitig zu machen; es kommt zum sogenannten Kommentkampf, wobei der rote Bauch als auslösendes Signal bei beiden Partnern die Aggression weckt. Der rote Bauch bedeutet die Nachricht: Hier ist ein männlicher Artgenosse, der als Rivale den Besitz streitig macht. Attrappenversuche, bei denen nur ein roter Gegenstand gezeigt wird, lösen ebenfalls, wenn auch abgeschwächt, das typische Kampfverhalten aus; N. TINBERGEN berichtet, daß in Oxford sogar ein vorbeifahrendes rotes Postauto seine Stichlingsmännchen im Aquarium in Rage brachte. Isoliert aufgezogene Männchen verhalten sich genauso wie ihre erfahrenen Kumpane. Ohne Zweifel liegt im Zentralnervensystem bereits ein *Erkennungssystem*, das den roten Bauch als Rivalen signalisiert; es ist mit ihm auch ein *Kommando* verschaltet, das instinktiv das Kampfverhalten auslöst. Diesem angeborenen Verhalten wird ein Zitat von N. WIENER gerecht: »Auch das System der Gene, meine ich, ist eine Nachricht; die Struktur, das Wesen des Einzelnen, seine Individualität ist Nachricht.«

b) Information und Lernen

Eine Suchbiene unternimmt morgens um 7 Uhr einen Erkundungsflug, um nach neu erblühten Trachtpflanzen Ausschau zu halten. Sie kehrt nach einer halben Stunde ergebnislos zurück. Um 9 Uhr fliegt sie erneut aus, wird von den gelben Blüten eines duftenden

Rapsfeldes angelockt und findet reichlich Nektar, den sie bis ca. 16 Uhr einsammelt. Die gelben Blütenformen und der Duft der Blüten haben sie primär aufgrund genetischer Information angelockt; sie wird jetzt ein bis zwei Wochen lang diese Trachtquelle aufsuchen, solange Futter geboten wird, dann wird sie zu einer neuen Futterstelle überwechseln. Die *Wiederorientierung* ist nur möglich, weil sie sich beim ersten erfolgreichen Sammelflug Lage, Form, Farbe, Duft der Blüten gemerkt hat. Sie hat das Nektarangebot mit der Kombination dieser potentiellen Futtersignale konditioniert und im Gedächtnis gespeichert. Sie hat sich an die variablen Bedingungen der Umwelt durch Lernen und Gedächtnis angepaßt. Anders ausgedrückt: Die mit der Futterbelohnung konditionierten Signale: Farbe, Duft, Form, Lage, Tageszeit, sind erst durch Lernen zur Information geworden.

Die Informationsverarbeitung im Zentralnervensystem des Empfängers erfolgt entweder nach einem angeborenen *Erkennungssystem*, dem ein ebenso angeborenes *Kommando* zugeschaltet ist. (Nach Tinbergen und Lorenz: »Angeborener Auslöse-Mechanismus« AAM). Sie kann auch aufgrund von *Lernprozessen* erfolgen, wobei subjektive Erfahrung mit einem wichtigen, neuartigen, variablen Umweltereignis gekoppelt wird.

Entropie – das drohende Chaos

Jeder Information liegt ein Ordnungsprinzip, eine Regel zugrunde. Sender und Empfänger müssen diese Regel kennen und befolgen. Damit wird der Zufall ausgeschaltet, der bei einem ungeordneten, wahllosen, ungefilterten Eingang der Umweltreize durch die Sinnesorgane ein heilloses Durcheinander in den verarbeitenden Zentren hervorrufen würde. Um Information als Ordnungsprinzip zu verstehen, hat die Informationstheorie ihren Gegenspieler, die »*Entropie*«, aus der Thermodynamik entliehen. Wir müssen uns mit diesem wichtigen Begriff vertraut machen.

Sobald verschiedene Zeichen zu einem Muster geordnet werden, ist ihr Vorkommen *weniger wahrscheinlich* als zufällig zusammengewürfelte Zeichen. »Ein Schematyp wird um so wahrscheinlicher, je weniger Ordnung er enthält, denn Ordnung ist ihrem Wesen nach ein Mangel an Zufälligkeit«, so äußert sich N. WIENER und weist auf die Beziehung zum zweiten Hauptsatz der Thermodynamik hin, der besagt, daß alle Systeme, sofern sie sich selbst überlassen bleiben, dem Zustand völliger Unordnung zustreben; dies eben deswegen, weil dieser Zustand der wahrscheinlichere ist.

Das Maß der Unordnung, ist die *Entropie*. Auf der anderen Seite ist Ordnung ein Maß für Information, denn Information beruht ja auf Regeln, auf Ordnung. Es gelten somit folgende Grundsätze:

Entropie ist ein Maß für Unordnung.

Information ist das Gegenteil von Entropie, sie ist »Neg-Entropie«, d. h. ein Maß der Ordnung.

Information wird heute von den Fachgelehrten als dritte Grundgröße neben Materie und Energie benannt. Dies setzt aber voraus, daß man Information *messen*, daß man verschiedene Informationen quantitativ miteinander vergleichen kann. Diese Aufgabe hat sich die sogenannte »syntaktische Informationstheorie« gestellt. Sie bringt uns auch für die Biokommunikation wichtige neue Einblicke und wir müssen uns – auch wenn wiederum viel Theorie folgt – näher damit befassen.

Wenn Information, wie S. 50 aufgeführt, Unerwartetes bringt, dann beseitigt sie Nichtwissen, bezogen auf den jeweils bestehenden Wissensstand. Wir können diese Lücke zwischen Nichtwissen und Wissen in elementare Einheiten, nämlich in Entweder-Oder-Fragen zerlegen, und wir können als Informationsmaß die Zahl der Entscheidungen zwischen jeweils zwei Möglichkeiten, im internationalen Sprachgebrauch »bit«, verwenden. »Bit« bedeutet in der internationalen Nomenklatur »binary choice«, also eine Zweifachwahl bei einer möglichen Ja-Nein-Entscheidung.

Um uns den quantitativen Aspekt der Information klarer zu machen, ist es gut, wenn wir von der Situation des Senders ausgehen. Er muß für eine Nachricht aus der Gesamtheit der ihm zur Verfügung stehenden Zeichen einige bestimmte *auswählen*. Setzen wir die Gesamtheit der zur Verfügung stehenden Zeichen mit *IGm* an (= mittlerer Informationsgehalt), bezeichnen wir ferner die Wahrscheinlichkeit, mit der die verschiedenen Zeichen auftreten, mit p_i, dann gilt:

$$\mathrm{IGm} = \Sigma\, p_i \cdot \mathrm{ld}\, \frac{1}{p_i}\ \mathrm{bit}$$

Dieses ist die berühmte Shannon-Wiener-Formel. Wir können aus ihr ableiten: Je größer die Auswahl von Zeichen und je größer die Zufälligkeit ihres Auftretens ist, um so größer ist der Informationsgehalt einer Nachricht. Eine Nachricht begrenzt ja die Auswahl dieser Zeichen und beseitigt die Zufälligkeit ihres Auftretens.

Hier muß noch einmal auf den Begriff der Redundanz eingegangen werden. Wenn wir sie oben (s. S. 49 f.) als »Weitschweifigkeit« gebrandmarkt haben, dann muß jetzt wiederum klargestellt werden, daß es neben der negativen oder überflüssigen Weitschweifigkeit auch eine positive, sehr nützliche und notwendige Redundanz gibt. Dies sei näher erläutert:

In Gesprächen oder bei Vorträgen, aber auch in wissenschaftlichen Abhandlungen und Büchern, findet man bei genauer Prüfung immer Weitschweifiges, besser gesagt, ausführlich und gründlich

Dargelegtes. Das heißt aber nicht, daß dies alles »überflüssig« wäre.

In einem Telegramm z. B. werden wir stets von einer absolut notwendigen Redundanz Gebrauch machen, um besonders störanfällige Stellen vor Mißverständnissen zu bewahren. »Ankomme Dienstag, 4. Juli, 8.10 Uhr, Frankfurt, mit LH 410«. In dieser Formulierung steckt eine Menge Redundanz: beispielsweise sind die Angaben »Dienstag« und »8.10 Uhr« überflüssig, denn »4. Juli« besagt schon, daß es ein Dienstag ist und um 8.10 Uhr landet nur die LH 410 in Frankfurt. Strenggenommen, ist auch das Wort Frankfurt überflüssig, denn LH 410 landet nur in Frankfurt und New York. Trotzdem wird man nicht behaupten, daß in diesem Telegramm eine Menge überflüssiger Nachrichten stecke; gerade Daten, Uhrzeiten sind besonders störanfällig bei der Übertragung. Man sichert sich ab durch doppelte Information.

Genauso positiv ist zu werten, wenn ein Redner in seinem Vortrag versucht, die schwierige Materie, die er darzulegen hat, durch Handgesten, durch Zeichnungen an der Tafel, durch Lichtbilder zu »ergänzen«, obwohl er alles vorher oder gleichzeitig mit Worten schon gesagt hat. Und wenn er dem Abstrakten Beispiele hinzufügt, dann dient dies dem schnelleren Begreifen und besseren Verständnis des Zuhörers. Dies alles hat daher echte kommunikative Funktion. In diesem Sinne mögen auch die vielen Beispiele und Illustrationen in diesem Büchlein als positive Redundanz aufgefaßt werden. Genaugenommen, müßten wir ja Redundanz noch schärfer fassen: Wenn in einer Nachricht eine Information enthalten ist, die der Empfänger *erraten* kann, die er *erwartet*, ist diese überflüssig, also redundant.

»Es fängt an zu schneien, das Thermometer steht unter dem Gefrierpunkt« – der Nachsatz kann erraten werden, er ist redundant.

Alle logischen und sachlichen *Gesetzmäßigkeiten*, auf deren Grundlage Teile einer Nachricht ergänzt werden können, übermitteln keine echte Information. Sie vermindern den Informationsgehalt einer Nachricht.

Die Redundanz mißt die Menge ungenützter Informationsmöglichkeiten gemäß dieser Gleichung:

$IG = IG_{max} - RED$
IG = übertragener Informationsgehalt
IG_{max} = maximal verfügbarer Zeichenaufwand für die übermittelte Nachricht
RED = Redundanz

Nebenbei sei erwähnt, daß auch bei einer ganz elementaren einfachen sprachlichen Nachrichtenübermittlung sehr viel Redundanz zu finden ist, denn alle grammatikalischen Regeln, die Aufeinanderfolge von Buchstaben in Wörtern, von Wörtern in Sätzen usw. ermöglichen es dem Empfänger, ohne weiteres eine begonnene Nachricht oder eine verstümmelte Nachricht zu ergänzen.

Je logischer und gesetzmäßiger eine Sprache ist, um so mehr ist sie redundant. Für das Deutsche hat man ca. 20%, für das Englische ca. 40% Redundanz errechnet. Diese Zahlen kann man dadurch gewinnen, daß man eine Versuchsperson in einem ihr unbekannten Text Buchstabe für Buchstabe erraten läßt.

Redundanz bei der Verständigung unter Tieren?

Die Frage drängt sich auf, ob auch die Kommunikation unter Tieren redundant ist. Wenn der Schilfrohrsänger stundenlang »schimpft wie ein Rohrspatz«, die Klappergrasmücke unermüdlich ihre Strophe »plappert«, die Singzikaden in den Tropen und unsere Laubheuschrecken ihren ermüdenden Dauergesang anstimmen, der stundenlang anhält, wird man sich fragen, ob die gegenseitige Verständigung unter den Artgenossen solchen Aufwand benötigt. Wenn der Auerhahn balzt und seine Federpracht entfaltet, wenn der Laubenvogel seine Liebeslaube baut, erscheint uns dieser Aufwand an optischen Lockzeichen übertrieben und vielleicht sogar überflüssig. Ob hier Redundanz vorliegt, können wir heute noch nicht im einzelnen angeben, denn gezielte Untersuchungen fehlen. Es scheint aber so, daß sehr oft phylogenetische Relikte in der Tat eine Redundanz verursachen. Wir wissen heute, daß tierische Kommunikation eine lange Geschichte für jede Art hinter sich hat, daß jede Nachricht sich in Jahrmillionen aus einem gemeinsamen Pool einfacher Signale in bestimmter Kombination entwickelt hat und daß weiterhin die Evolution aus diesem redundanten Reservoir von potentiellen Zeichen in Zukunft noch neue Kommunikationssysteme für neue Arten entwickeln wird.

Daß in der tierischen Kommunikation tatsächlich Redundanz steckt, kann man direkt durch Attrappenversuche beweisen: Man braucht dem Stichling nicht die detaillierte Musterung eines männlichen Rivalen zu zeigen, es genügt ein rotes Tuch oder sogar, wie S. 53 erwähnt, ein vorbeifahrendes rotes Postauto, um das Rivalenverhalten auszulösen.

Allerdings sollte man bei der Suche nach Redundanz bei Tieren vorsichtig sein: es ist durchaus möglich, daß die *Motivation* durch eine entsprechende Ausdauer und Detaillierung der Nachricht gesteigert wird, daß die *Richtungsorientierung* zum Sänger und dessen *Identifikation* durch die uns redundant erscheinenden Signale verbessert werden.

Insgesamt erscheinen die tierischen Verständigungssignale den Grundforderungen »einfach, eindeutig, unwahrscheinlich«, ohne sehr viel Redundanz zu entsprechen.

Daß auch kompliziertere Verständigungssysteme wie der Bienentanz ohne viel Redundanz angeboten werden, soll ein speziell angestellter Versuch, den ich seinerzeit gemeinsam mit Karl v. FRISCH durchführen durfte, demonstrieren: Wie auf S. 224 ff. näher beschrieben wird, melden erfolgreiche Sammelbienen die Richtung zur Futterquelle an, indem sie den Winkel zwischen dem jeweiligen Sonnenstand und dem Ziel beim Schwänzellauf ins Schwerefeld transponieren. Die Bienen müssen aber gelegentlich bergauf oder bergab zum Trachtplatz fliegen; sie finden Nektar unten auf der Wiese, aber genausogut auf dem Wipfel eines Lindenbaums oder einer Robinie. Wir stellten uns die Frage: Gibt es im Bienentanz auch eine Meldung nach »oben« und »unten?«

Wir haben ein Bienenvolk am Fuße einer Felswand, am Schafberg bei St. Gilgen, aufgestellt und eine kleine Schar von 20 Bienen zu einem Futtertisch am Berggipfel gelockt. Im Tanz fanden wir keinerlei Hinweis für »oben«: Die Tänzerinnen zeigten bei ihren Schwänzelläufen stets in die Wand hinein – entsprechend der Körperstellung, die sie bei ihrem Steilflug zum Gipfel hinauf einnahmen; sie flogen mit dem Kopf zur Wand und hievten sich wie ein Hubschrauber nach oben. Die alarmierten Neulinge versuchten ebenfalls in die Wand hineinzufliegen und kamen, da sie sich immer höher und höher hievten, erfolgreich zum Ziel.

Um die Bienen in »Verlegenheit« zu bringen, mußten wir uns also eine andere Versuchssituation ausdenken: Wir brachten ein neues Bienenvolk direkt unter die Echelsbacherbrücke, die sich bei Rottenbuch (südlich von München) 76 m über die Ammer spannt. Der Beobachtungsstock wurde unten am Flußufer aufgestellt und eine Bienenschar über die seitliche Felsenwand nach oben geführt, wo auf dem Brückengeländer ein Gläschen mit Zuckerwasser sich anbot. Zu unserer Überraschung führten die Sammlerinnen unten im Stock nur Rundtänze auf, der ja meldet »rund um den Stock herum gibt es nahebei Futter zu holen«. Die Neulinge suchten in der Tat nur unten am Flußufer in nächster Nähe des Stocks, keiner fand nach oben zum Futterziel. Beim Gegenversuch: Stock oben auf der Brücke, Futterplatz unten am Flußufer, wurden wiederum nur Rundtänze registriert; diesmal aber flogen die Neulinge ohne Zögern nach unten und kamen zahlreich zum Futterschälchen. In luftiger Höhe gibt es ja nie eine isolierte Trachtquelle; wenn es gilt bergauf oder bergab zum Ziel zu fliegen, genügt es vollauf, wenn sich die Sammlerinnen in der angewiesenen Richtung nahe am Boden halten.

Auch die Blüten am Wipfel eines Lindenbaums sind unschwer zu finden, wenn man nur einmal unten am Boden die angekündigte Stelle gefunden hat; von den unteren Blütenästen werden die Sammlerinnen weiter nach oben gelockt, zumal der Duft von den oberen Regionen zum Boden sinkt. Unsere Schlußfolgerung war: Eine Weisung nach oben oder unten ist im Bienentanz nicht nötig; da sie fehlt, ist sie auch frei von jedem »*Geschwätz*«.

Entropie ist ein Maß für Unordnung. Information als Gegenspieler von Entropie ist ein Maß für Ordnung (»Neg-Entropie«).

Redundanz (= Weitschweifigkeit) kann durchaus zur Absicherung besonders störanfälliger Nachrichten positive Funktionen haben.

Der Nachrichtenkanal – Botschaft unterwegs

Unsere Nachrichtentechnik legt ihr ganzes Mühen und Können schwerpunktmäßig darauf, Meldungen so genau, so schnell, so ökonomisch wie nur möglich zu überbringen. Maßstab hierfür ist die sogenannte *»Kanalkapazität«*. Nach SHANNON müssen dabei die *Bandbreite* B, die *Signalleistung* S und die *Störleistung* (das »Rauschen«) N mit berücksichtigt werden. Dann ergibt sich unter Einbeziehung der Kanalkapazität als Leistung der Nachrichtenübertragung (C):

$$C = B \cdot \mathrm{ld}\,(1 + \frac{S}{N})\ \text{bit/sek.}$$

Für die Kommunikation unter Tieren kommen freilich einige Komplikationen hinzu.

1. Die Nachricht kann nicht so gezielt auf den Adressaten gerichtet werden, wie das in der menschlichen Kommunikation die Regel ist; der Kanal bleibt auch für weitere Empfänger offen, die den gleichen Kontext haben, also die Nachricht ebenfalls verstehen. Hierzu ein Beispiel: Eine Sammelbiene beduftet eine ergiebige Futterquelle mit dem ausgestülpten Sterzelorgan; dadurch sollen Neulinge angelockt werden, die vorher im Stock durch einen Tanz alarmiert wurden und jetzt in der Nähe herumsuchen. Es ist nachgewiesen, daß dieser Sterzelduft nicht stockspezifisch, sondern artspezifisch ist. Es läßt sich daher nicht vermeiden, daß

auch Suchbienen aus einem fremden Bienenstock angelockt werden, die dann zu ernsten Konkurrenten werden.

2. Anders als in der Nachrichtentechnik finden wir bei der tierischen Kommunikation sehr oft – wenn nicht in der Regel – eine *mehrkanalige Informationsübertragung*. Der Wapiti (Cervus elaphus canadensis) fletscht als optische Drohgebärde seine Oberlippen nach oben, gleichzeitig läßt er einen Zischlaut hören. Das drohende Knurren des Hundes und vieler Säuger ist mit einem optisch abschreckenden Haarsträuben verbunden. Dabei kann das eine Signal eine »Schrittmacherfunktion«, einen »Primer-Effect« haben. Es kann die Bereitschaft zum Nachrichtenempfang steigern, das folgende Signal hätte dann Auslösefunktion, den »Releaser-Effect«.

So haben Duftkomponenten bei vielen Säugetieren derartige Schrittmacherfunktion; erst akustische, optische und taktile Signale geben stufenweise die Nachricht oder Kopulationsbereitschaft an den Partner weiter und lösen die zugehörige Antwort bei ihm aus.

Diese mehrkanalige Nachrichtenübertragung ist natürlich mit viel Redundanz beladen. Sie ist aber notwendig zum einen, um die Aufnahme- und Antwortbereitschaft zu verstärken, zum anderen sichert sie den Code, wie S. 56 erwähnt, vor Verfälschung und Störung, sie macht ihn zum *»geschützten Code«*. Sinnesorgane und das zentrale Nervensystem sind die verarbeitenden Instanzen. Dieser wichtige Prozeß der Informationsverarbeitung wird in einem eigenen Kapitel ausführlich behandelt werden. Einige allgemeine Prinzipien seien jedoch hier schon angemerkt.

Der Sender verfaßt eine Nachricht und codiert sie in das Signal,

Bild 16: *Schematische Darstellung der Codierung und Decodierung einer Nachricht.*
Der Sender gibt über motorische Neurone ein Kommando an die Effektororgane. Der Empfänger setzt seine Rezeptoren – optische, chemische, mechanische – als Dolmetscher ein, die die eingegangene Botschaft an die Milliarden von Schaltneuronen weitergeben. Diese decodieren die Nachricht, entwerfen eine Antwort und geben diese als Kommando wieder an die motorischen Neurone weiter.

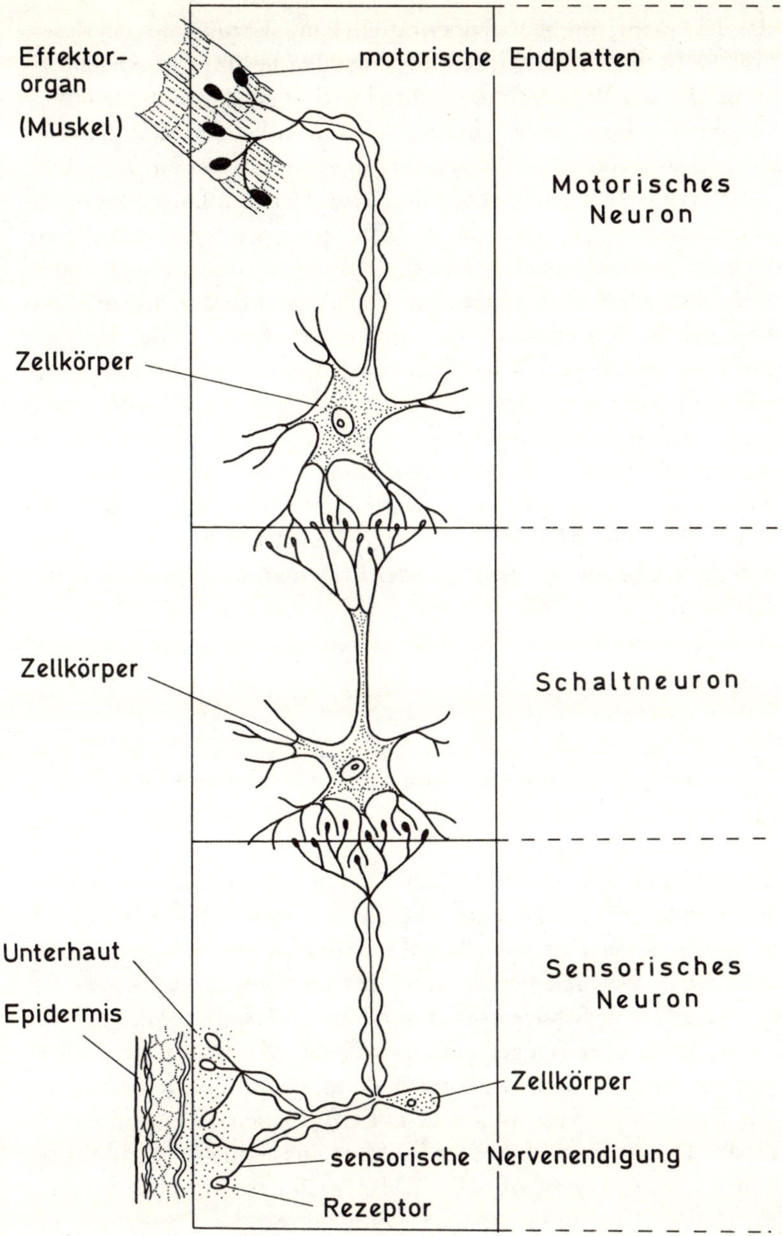
Effektor-
organ
(Muskel)
motorische Endplatten
Motorisches
Neuron
Zellkörper
Zellkörper
Schaltneuron
Unterhaut
Epidermis
Sensorisches
Neuron
Zellkörper
sensorische Nervenendigung
Rezeptor

das der Nachrichtenkanal übermitteln kann. Er muß also ein Reservoir von sehr vielen Zeichen und Signalen besitzen, sowie ein System, das als *Wandler* die Nachricht so übersetzt, daß sie unverfälscht zum Empfänger gelangt. Dieser Wandler ist die Sinneszelle, der »Transducer« und Verstärker; die Nervenfaser ist der Kanal, die Nervenzellen sind das Schaltsystem. Der Empfänger als Rückwandler hat die Aufgabe, das codierte Signal wieder zu decodieren. Er muß also das Signal nicht nur empfangen, sondern auch entziffern; außerdem muß er die dem Signal aufgeladene Störung, das beigegebene Rauschen, die Redundanz erkennen, so daß die vom Sender abgegebene Nachricht möglichst genau wieder rekonstruiert wird. Man nennt das »syntaktische« Prüfung und Rekonstruktion. Zu dieser Decodierung gehört, wie schon beschrieben, das Generalisieren und die Invariantenbildung. Des weiteren muß der Empfänger das decodierte, geprüfte, korrigierte Signal als Nachricht verstehen, als Nachricht verarbeiten. Verstehen setzt voraus, daß der Code der Signale sowie der Codetext, die Syntax, bekannt sind (s. S. 65).

Verstehen – der gemeinsame Kontext von Sender und Empfänger

Wir müssen uns an dieser Stelle noch einmal mit den äußerst schwierigen Fragen befassen, die die Biologen seit Jahrhunderten und in neuester Zeit vor allem die Soziobiologen erregen und beschäftigen: Welche Operation muß der Empfänger vornehmen, damit er das vom Sender übersandte Signal versteht? Wer trifft die Abmachung über den gemeinsamen Code? Wir fragen bei der Kybernetik und der Nachrichtentechnik an, wie sie aus den verfügbaren Zeichen den gemeinsamen Kontext aufbauen. Wir erfahren von ihnen, daß sie den verfügbaren Zeichen eine triadische Struktur geben, deren Namen sie offenbar der menschlichen Sprache entnommen haben: *Syntaktik*, *Semantik*, *Pragmatik*.

a) Syntaktik

Die Syntaktik fragt nach dem Gegenstand, der als Zeichen entliehen wird, und nennt diesen Gegenstand »*Zeichenträger*«. Damit sind also Zeichen Gegenstände, die wir mit unseren Sinnen wahrnehmen. Die Syntaktik fragt aber außerdem noch nach der Kombination von verschiedenen Zeichen, nach den Relationen innerhalb dieser Kombinationen, und sie fragt schließlich nach den Regeln, die diesen Kombinationen zugrunde liegen. Das klingt sehr theoretisch; wir wollen diese Beziehungen an einem Beispiel erläutern:

Der rote Bauch des Stichlingsmännchens, bestehend aus rotem Pigment, das in die Schuppen eingelagert ist, ist der Zeichenträger. Zusammen mit der übrigen Körperform und Färbung des Körpers ergibt sich eine bestimmte Musterung, also eine Zeichenkombination und räumliche Anordnung.

b) Semantik

Die Semantik behandelt die Beziehungen zwischen den Zeichen und dem Bezeichneten; sie sucht nach der *Bedeutung* eines Zeichens.

»Zeichen sind Zeichen von etwas«. Wir können nochmals das Beispiel des Stichlingsmännchens heranziehen: Der rote Bauch des Stichlings ist Zeichen der männlichen Geschlechtsreife. Er ist Zeichen für eine bestimmte Motivation, die im Funktionskreis der Fortpflanzung liegt, also für die Motivation zum Nestbau, zur Revierverteidigung, zur Balzhandlung.

c) Pragmatik

Die Pragmatik schließlich sucht nach den Relationen zwischen Zeichen und Zeichenempfängern. »Ein Zeichen ist ein Zeichen für jemand«. Sie fragt, wie das Verhalten des Empfängers durch das Zeichen *beeinflußt* wird. Nochmals zur Erläuterung das Beispiel des

Stichlingsmännchens: Der rote Bauch als Zeichen ist einmal an den Rivalen gerichtet, der sich eventuell dem Revier nähert; er gibt gleichzeitig auch ein Zeichen an ein Weibchen, das in das Revier einschwimmt. Der Rivale sowie das Weibchen reagieren in streng gesetzmäßiger Weise auf diese Signale.

Damit haben wir erneut erläutert, was wir unter Signalen zu verstehen haben: Signale sind Zeichenmuster, die nach festen Regeln zusammengesetzt sind. Diesen Regeln liegt ein Code zugrunde, der normalerweise *genetisch* festgelegt ist. Der Zickzacktanz eines Stichlingsmännchens, durch den das Weibchen zum Nest geführt werden soll, ist ein komplexes Zeichenmuster, zusammengesetzt aus optischen Zeichen – roter Bauch mit Fischgestalt – einer dynamischen Komponente, der Bewegung und einer Richtungskomponente, mit der gleichzeitig der Ort angezeigt wird: »Hier ist mein Nest.«

Signale können aber auch als Zeichenmuster aufgrund eigener Erfahrung *erlernt* werden. Wir füttern eine Biene an einem künstlichen Futterplatz, indem wir die Zuckerlösung über einem gelben Stern aufstellen und der Unterlage einen Tropfen Lavendelduft beigeben. Die Biene lernt, Zuckerwasser als Futterbelohnung mit der Zeichenkombination Farbe, Muster, Duft als Futtersignal zu kombinieren. Wo es sich um eine Signalübertragung zwischen lebenden Partnern handelt, muß der Code dieser Signale von Geburt auf bekannt, d. h. angeboren sein. Es ist ein Privileg der menschlichen Kommunikation, daß sie eine Nachricht, die nicht verstanden wird, dem derzeitigen Wissensstand des Empfängers anpassen kann. Wie fest dieser Code bei Tieren genetisch fixiert ist, zeigen Fälle, wo dieser von einem Räuber oder einem Gast zum eigenen Nutzen »ausspioniert« wird. Hier nur zur Erläuterung ein Spionagefall, wie er von den Leuchtkäferchen bekannt geworden ist: In den Galeriewäldern Südamerikas leben verschiedene Arten von Leuchtkäfern, die nachts durch die Morsezeichen ihrer Männchen einen faszinierenden Feuerzauber bieten. Die flügellosen Weibchen sitzen unten am Boden und antworten jeweils auf das Locksignal ihrer Männchen mit einem artspezifischen Blinkzeichen; daraufhin lassen sich die Männchen zu Boden fallen, um die Kopulation durchzuführen.

Neuerdings hat man entdeckt, daß die Weibchen einer bestimmten Gattung (Photuris) hinterhältigerweise mit dem artspezifischen Signal auf die Morsezeichen einer nahverwandten Gattung (Photinus) antworten. Die ahnungslosen Photinus-Männchen lassen sich anlocken, stürzen zu Boden und werden von den Photuris-Weibchen aufgefressen. Der biologische Hintergrund: die Photinus-Männchen besitzen in der Blutlymphe einen Bitterstoff, der sie gegen Räuberfraß schützt. Die Mahlzeit von zwei Photinus-Männchen genügt, um die Photuris-Weibchen ebenfalls immun zu machen.

»Entartete Kommunikation« würde der unbefangene Laie solche Spionage nennen, bei der der ahnungslose Sender seinen Code einem fremden Empfänger anbietet.

Die Wahl des Nachrichtenkanals

Aus den vorangegangenen Kapiteln geht bereits hervor, daß jeder Tierart ein erhebliches Repertoire an potentiellen Signalen für die Nachrichtenübermittlung zur Verfügung steht; chemische, optische, mechanische – unter diesen wieder taktile und akustische –, elektrische Signale stehen bereit.

Die *Wahl* dieser Signale wird sich nach der Leistung der Sinnesorgane, nach der *Lebensweise*, aber auch nach der jeweiligen *Funktion* richten. Für Vögel, die ständig im Luftraum hin- und herfliegen, für Affen, die von Baum zu Baum springen, also oft ihren Platz wechseln, bieten sich akustische Signale als ideale Nachrichtenüberbringer an. Man kann sie an jedem Ort und zu jeder Zeit leicht wiederholen. Dank ihrer hohen Variabilität in der Frequenz und in ihrem zeitlichen Muster läßt sich der Sender leicht identifizieren und lokalisieren – auch bei Nacht und aus größerer Entfernung. Man darf aber auch die Nachteile akustischer Signalübertragung nicht verschweigen. Näheres hierzu s. S. 176.

Neben der Identifizierung ist eine Lokalisation des Signalgebers unbedingt erforderlich, denn erst dadurch wird in der Regel ein Respondieren des Empfängers möglich. Im akustischen Bereich ist eine Ortung des Senders durch *binaurale* Mechanismen die Regel, wobei Unterscheidung der Intensitätsdifferenz und des zeitlichen Verzuges ausgenutzt werden. Die Methode der Intensitätsdifferenz ist am wirksamsten bei hohen Frequenzen, wenn die Wellenlänge kürzer ist als die Kopfbreite; dabei ist auch der »Schatteneffekt« am größten. Um die Zeitdifferenz zu nutzen, muß das Signal stark frequenzmoduliert und stark diskontinuierlich, d. h. abgehackt sein.

Alarmrufe sollen demgegenüber immer schwer lokalisierbar sein. Ein Vogel, der vor einem Falken warnt, darf sich ja nicht selbst bzw. seinen Aufenthaltsort verraten. Demgemäß zeigen Alarmrufe keine Frequenzmodulation, sie sind nicht abgehackt, sie stellen oft einen reinen Ton dar und fallen nicht durch Intensitätsmodulation auf (vgl. Bild 11).

Optische Signale haben gegenüber den akustischen den Vorzug, daß sie äußerst präzise Richtung, Intensität, Farbe und Muster zu erkennen geben; gemeinsam ist beiden, daß ihre Lokalisation ohne Zeitverzug, d. h. direkt erfolgen kann. Die Verbindung mit akustischen Signalen ermöglicht eine besonders genaue Lokalisation, wobei die akustischen Signale primär ausgesandt werden und die optische Lokalisation dann anschließend – durch Hinwenden – erfolgt. Vor allem die Raumgestalt und die Plastizität optischer Signale ermöglichen vielerlei zusätzliche Informationen: die Gesichtsmimik eines zähnefletschenden Hundes oder Schimpansen oder die eines lachenden, eines traurigen Menschen zeigen dies eindrucksvoll. Ein weiterer Vorteil – freilich kann dies auch zum Nachteil werden – ist, daß optische Signale hinter einem optischen Hindernis versteckt werden können.

Als *Nachteil* für optische Signale muß aber auf jeden Fall verbucht werden, daß sie bei Nacht nicht zu verwerten sind. Freilich gibt es auch hier wieder Ausnahmen: Die Leuchtkäferchen und viele Tiefseefische haben sich ein Leuchtorgan angelegt, mit dem sie ihre Artgenossen oder sogar die Beute anlocken können.

Auch für Duftsignale muß man sowohl Vorteile wie Nachteile

gegeneinander abwägen. Hier nur einige allgemeine Bemerkungen; ausführlich wird hierzu S. 137 berichtet. Im Gegensatz zu optischen oder akustischen Signalen benötigen sie keine aufwendigen Sender- und Empfangsapparate; die Spezifität der Signale ist durch eine geradezu unbegrenzte Anzahl von verschiedenen Duftmolekülen und deren Gemisch garantiert. Ein weiterer Vorteil ist ihre *Beständigkeit* für längere Zeit: Man markiert die Reviergrenze mit Duftsekret oder Urin; dann kann man sich ruhig entfernen und anderen Beschäftigungen nachgehen. Der Besitz des Reviers wird auch in Abwesenheit angezeigt. Nur selten findet man im Tierreich eine Dauermarkierung auch im optischen Bereich: ein Nest, ein Wildwechsel mögen dazu dienen. Lediglich der Mensch verwendet eine solche in Form von Flaggen, Verkehrszeichen und vor allem natürlich mit seinen Schriftzeichen.

Problematisch ist aber die Lokalisation der geruchlichen Signale: In ruhiger Luft und in ruhigem Wasser läßt sich das Ziel anhand eines Konzentrationsgradienten ausmachen, der nur in allernächster Nähe noch sinnesphysiologisch erfaßbar ist. Aus der Ferne gibt es die eine Lösung: Man nutzt die Windrichtung oder die Wasserströmung und sucht, indem man gegen die Strömung fliegt oder schwimmt, der Duftquelle näher zu kommen. Das ist eine recht anspruchsvolle sinnesphysiologische Leistung, die man mit dem Namen »Osmo-Rheotaxis« bezeichnet. Verschiedentlich wurde die Vermutung geäußert, daß das Weibchen eines Nachtschmetterlings wirklich einen günstigen Windzug abwartet, ehe es seinen Lockstoff losschickt, daß es bei starken Windböen pausiert, um unberechenbare Turbulenzen zu vermeiden; aber hierzu wären noch eingehende saubere Untersuchungen nötig. Eine interessante Beobachtung wird hierzu von TH. EISNER gemeldet: Er konnte in zeitlich hochauflösenden Filmaufnahmen nachweisen, daß diese Nachtschmetterlinge, wenn sie ihren Sexuallockstoff abgeben, dies nicht kontinuierlich, sondern *pulsierend* in einem deutlichen zeitlichen Rhythmus tun. Damit wäre auch im Duftbereich eine Signalisierung durch eine dynamische Musterbildung möglich.

Die triadische Struktur der verfügbaren Zeichen:

1. *Syntaktik* fragt nach den Regeln, nach denen die Zeichen kombiniert sind.
2. *Semantik* nach der Bedeutung der Zeichen.
3. *Pragmatik* untersucht den Code, wie Zeichen das Verhalten des Empfängers beeinflussen. Dieser Code kann angeboren oder erlernt sein.

Die Wahl der Signale und des Nachrichtenkanals – des chemischen, des mechanischen, des optischen Kanals – ist, bezogen auf die Leistung der Sinnesorgane, *artspezifisch* und – je nach dem pragmatischen Erfordernis – *situationsspezifisch*. In der Regel werden vom Sender – simultan oder in Stufenfolge – mehrere Sinneskanäle für eine einzelne Nachricht in Anspruch genommen.

3. Sinnesorgane als Dolmetscher

Allererste Voraussetzung dafür, daß eine Kommunikation zustande kommt, ist, daß der Organismus mit der Umwelt, in unserem Fall mit seinem Partner, Kontakt aufnehmen kann. Hierzu stehen ihm Sinnesorgane als Dolmetscher zur Verfügung. Sie haben die Aufgabe, Reize, die vom Artgenossen, von der Nahrungsquelle, einem Nistplatz ausgehen, in Signale umzuwandeln, die das Nervensystem versteht. Es ist ja nicht so, daß Umweltzeichen, etwa der gelbe Stern einer Blüte, über Fotorezeptoren bis hinauf zum Hirnzentrum »naturecht« projiziert werden. Auch Duftmoleküle eines Sexuallockstoffes dringen nicht über die Antennen bis zu den olfaktorischen Zentren durch. Ein Glockenton oder ein Symphoniekonzert »verstummen« unmittelbar hinter dem Trommelfell – und doch: wie echt und vielfältig sind die Erlebnisse, die sie uns darbieten! Um es kurz zu sagen, die genannten Umweltsignale werden im Sinnesrezeptor in ein elektrisches Signal umgewandelt. Dies ist der »Transducerprozeß«, der allein es den Tieren ermöglicht, sich intensiv und schnell mit ihrer Umwelt auseinanderzusetzen. Das elektrische Signal, das in der Sinneszelle entsteht, wird als »Spike«, als Aktionspotential, über die Nervenfasern zu den höheren Zentren geleitet, wo erst die bewußte Wahrnehmung erfolgt. Das Prinzip gilt für einen optischen Reiz genauso wie für Duftmolekühle, die in der Riechschleimhaut absorbiert werden, oder wie die Töne eines Vogelliedes, die das Trommelfell treffen – immer sind es elektrische Pulse mit der Intensität von etwa 120 mV, die wir mit einer Elektrode von der ableitenden Nervenfaser abgreifen können. Man wird sich fragen, wie denn bei dieser Gleichförmigkeit der weitergeleiteten Signale die ungeheure Vielfalt von Sinneseindrücken, die wir Tag für Tag erleben, hervorgezaubert werden kann.

Wir sind heute noch weit davon entfernt, dies zu verstehen. Vielleicht sollten wir uns mit DUBOIS REYMOND zum »Ignoramus et Ignorabimus« bekennen. Was »Wahrnehmung«, Bewußtwerden physiologisch als Aktivität der Nervenzelle bedeuten, werden wir mit naturwissenschaftlicher Methode wohl nie durchschauen und begreifen können. Kehren wir daher zurück zu dem Elementarprozeß, der in der Sinneszelle den Umweltreiz in einen Nervenimpuls umwandelt. Das ist ein für das Verständnis recht schwieriges Kapitel, aber wir lernen damit ein wesentliches Kennzeichen des Lebens kennen: seine »Irritabilität«, d. h. seine Reizbarkeit.

Ruhepotential, Aktionspotential

Die Sinnesorgane liegen stets in Bereitschaft, um die ihnen zugedachten Umweltreize, insbesondere die Signale des Artgenossen, sofort aufnehmen und als elektrisches Signal weiterleiten zu können. Ein sogenanntes Ruhepotential hält sie unter Spannung; der Reiz hat lediglich auslösende, der Fachman sagt »Trigger«-Funktion. Die zentrale Rolle kommt hierbei der Zellmembran zu: Durch ungleiche Ionenverteilung zwischen dem Zellinneren und dem Außenmedium entsteht ein Membranpotential von −60 bis −80 mV. Es ist im wesentlichen ein »Kalium-Diffusionspotential«, da K-Ionen innen ca. 40mal höher konzentriert sind als außen. Sie könnten zwar durch die Poren der Zellmembran diffundieren und so das osmotische Gleichgewicht herstellen, aber sie werden von den negativ geladenen Anionen, den Eiweißionen elektrostatisch festgehalten.

Daneben besteht auch eine ungleiche Verteilung der Natrium-Ionen im umgekehrten Sinn: zehnfach höhere Na-Ionenkonzentration außen. Hier kommt ein Diffusionspotential deshalb nicht zur Wirkung, weil die Membran für Na-Ionen ca. 50mal geringer durchlässig ist als für K-Ionen; die Na^+-Ionen sind nämlich in Ruhe

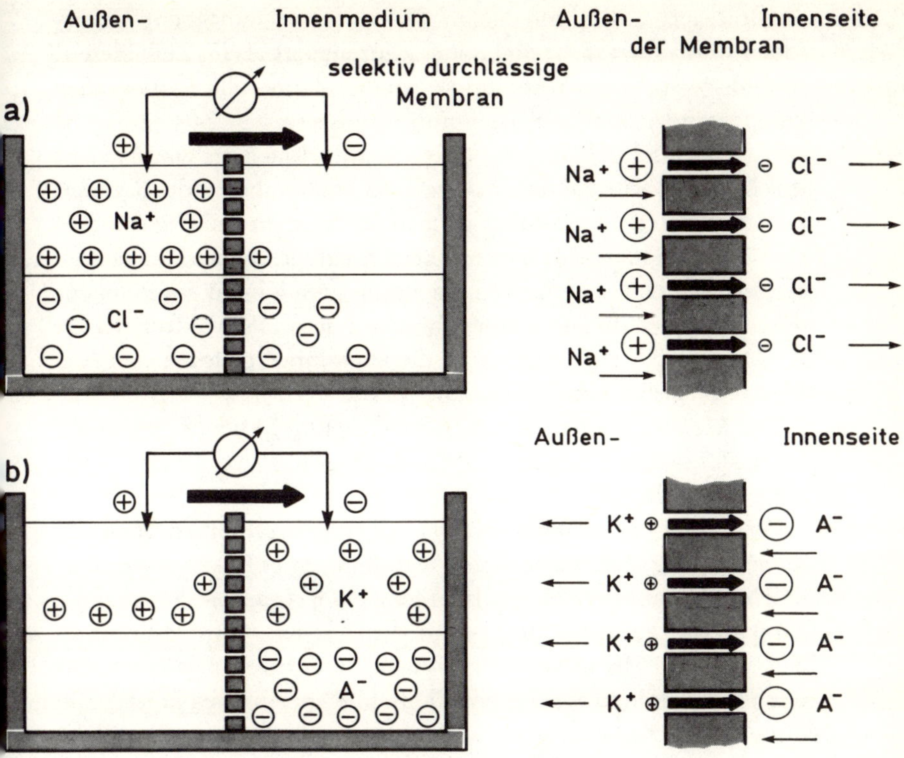

Bild 17: *Die Membran einer Sinneszelle sichert folgende ungleiche Ionenverteilung zwischen Außen- und Innenmedium: a) Na-Ionen sind mit einem Wassermantel umgeben und können daher die Na-Kanäle nicht passieren. Die Cl-Ionen werden elektrostatisch von den positiv geladenen Na-Ionen zurückgehalten.*
b) Die kleinen K-Ionen dringen durch die Poren der Membran durch, werden aber an der Außenwand elektrostatisch von den großen Eiweiß-Anionen festgehalten, die in keinem Fall den engen Kanal passiern können. Dicke Pfeile deuten die elektrische Feldrichtung (d. h. die Anziehungskräfte) an, die dünnen Pfeile die Richtung des Konzentrationsgefälles, d. h. des Diffusionsstromes.
Auf der linken Bildhälfte sind die entwischten Na-, Cl- und K-Ionen als »Leckströme« angedeutet.

»hydratisiert«, d.h. mit einem Wassermantel umgeben; Chlor-Ionen sind außen ca. 10mal höher konzentriert als im Zellinneren. In Bild 17 sind diese Verhältnisse genauer dargestellt. Es muß aber betont werden, daß die Membran im ungereizten Zustand nicht vollständig undurchlässig für die genannten Ionen ist; wie in einem lecken Schiff würden daher ohne Gegenmaßnahmen die K-Ionen nach außen und die Na-Ionen nach innen strömen und so das Ruhepotential abbauen. Das darf auf keinen Fall geschehen; daher sorgen spezifische Ionenpumpen, die berühmten K- und Na-Pumpen, unter Energieaufwand dafür, daß die nach außen diffundierten K-Ionen wieder nach innen und die nach innen gedrungenen Na-Ionen wieder nach außen geschafft werden.

Das Membranpotential wird also aktiv unter Energieverbrauch, wozu das bekannte Adenosintriphosphat (ATP) verwendet wird, aufrechterhalten.

Diese Vorgänge mußten wir etwas genauer beschreiben, denn nur so werden wir die entscheidende Wandlung eines Reizes in ein elektrisches Potential verstehen. Trifft jetzt ein Reiz auf die Sinneszelle, dann wird augenblicklich – in Bruchteilen von Millisekunden (!) – die Membran für Na-Ionen durchlässig. Die Na-Ionen werfen dabei ihren Wassermantel ab, und spezifische Na^+-Kanäle öffnen sich. Die Folge ist ein Zusammenbruch des Ruhepotentials, die Membran wird depolarisiert. Etwas verzögert – um ca. 0,1 msec – setzt jetzt auch lawinenartig ein Ausstrom von K-Ionen ein. Das so entstandene Aktionspotential erfährt einen »Overshoot«, ein Überschießen, auf + 40 mV, so daß sich insgesamt eine Potentialdifferenz zwischen Ruhe- und Aktionspotential von ca. 120 mV ergibt.

Diese Phase dauert nur etwa 1 msec; dann wird sofort die Natrium-Kalium-Pumpe wirksam; sie stellt in weiteren 0,1 msec das Ruhepotential wieder her, und schon ist die Sinneszelle für die Aufnahme und Umwandlung eines neuen Reizes bereit – eine erstaunliche Leistung unserer Sinneszellen! Man bedenke: Unser Auge kann in einem langsam ablaufenden Film noch 20 Bilder/sec auflösen; das Bienenauge sogar 200/sec (!). Die dabei entstandenen Aktionspotentiale werden als Nervenimpulse in die anschließenden Nervenfasern weitergeleitet (s. u.).

Nebenbei sei erwähnt, daß dieser Vorgang nur abläuft, wenn der Reiz eine bestimmte Schwelle, eine bestimmte Intensität erreicht; das Aktionspotential folgt dem Alles-oder-Nichts-Gesetz.

Ist diese Schwelle überschritten, dann kann die Intensität des Reizes durch die Amplitude des Aktionspotentials, vor allem aber durch die dichtere Folge der Impulse codiert werden. Man nennt dies eine »Pulsfrequenzmodulation«. Dies ist – um es noch einmal zu unterstreichen – eine analoge Signalübertragung. Auch die Zeitdauer eines Reizes kann in ähnlicher Weise übersetzt werden.

Sinnesorgane sind Dolmetscher, die dem Organismus ersten Kontakt mit seiner Umwelt ermöglichen. Die Sinneszellen selbst liegen in ständiger Bereitschaft, um beim Eintreffen eines entsprechenden Reizes mit einem elektrischen Signal, dem sogenannten Aktionspotential, zu antworten. Das sind die »Spikes« von ca. 120 mV, die dann als Nervenimpuls an die höheren Instanzen weitergeleitet werden. Der Reiz selbst hat nur »Trigger-Funktion«; er depolarisiert die Zellmembran der Sinneszelle, die vorher ein sogenanntes Ruhepotential aufgebaut hat; dieses wird durch ungleiche Ionenverteilung von K^+, Na^+, Cl^- und Eiweißanionen sowie durch ungleiche Permeabilität der genannten Ionen hergestellt.

Erregungsleitung in der Nervenfaser

Das Aktionspotential ist das verdolmetschte Signal der Umweltreize, so wie es vom Zentralnervensystem verstanden wird und zu einem Handlungsentwurf verarbeitet werden kann. Es kommt also darauf an, daß dieses Aktionspotential rasch und unverzerrt bis zu den Hirnzentren weitergeleitet wird. Im Grunde genommen, folgt die Weiterleitung in der Nervenfaser einem einfachen physikalischen

Prinzip: Die Potentialdifferenz zwischen einer depolarisierten, d. h. erregten Membranstelle und der benachbarten noch polarisierten, d. h. unerregten Membranstelle erzeugt lokale Strömchenkreise, die sich in der Nervenfaser fortpflanzen. Die Nervenmembran kann dabei als eine Art Kondensator angesehen werden, der aber immer erst umgeladen wird, wenn die Spannungsdifferenz zwischen den Nachbarbezirken genügend groß ist.

Bei Wirbeltieren wird die Weiterleitung der Nervenimpulse erheblich dadurch beschleunigt, daß die Nervenfaser von einer isolierenden Markscheide umhüllt ist. In dieser Markscheide finden sich alle 0,5–5 mm Einschnürungen, die sogenannten »Ranvier-Schnürringe«. Auf diese ist der Erregungsvorgang beschränkt. So ergibt sich eine *saltatorische*, d.h. sprunghafte Erregungsausbreitung durch lokale Ströme, die eine Leitungsgeschwindigkeit bis zu 130 m/sec erreicht. Zum Vergleich hierzu: Eine marklose Faser leitet mit einer Geschwindigkeit von 20 m/sec im Höchstfall.

4. Vorstoß in die Intimsphäre der Kommunikation

Das Nervensystem als zentrale Informationsverarbeitung

Wir fragen jetzt, wie die Nachricht der Sinnesorgane an die eigentlichen Kommandostellen im Gehirn weitergeleitet und dort zu einem sinnvollen Handlungsentwurf verarbeitet wird. Bild 18 soll skizzenhaft die interne Informationsverarbeitung im Organismus darstellen. Der gesamte Prozeß läßt sich in einen Regelkreis (s. S. 124) einordnen, wobei die Umwelt, z. B. der Artgenosse, zunächst ein Signal an die Sinnesorgane gibt; diese leiten dieses als Erregung an

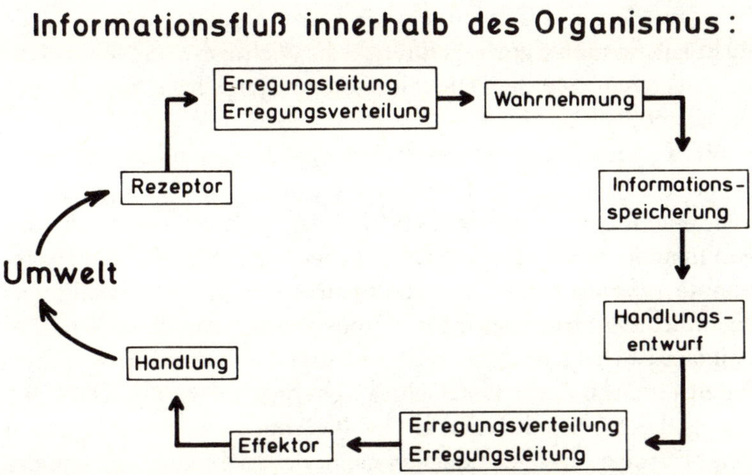

Bild 18

die Kommandostellen im Gehirn weiter, wo die Wahrnehmung erfolgt, ein Handlungsentwurf zustande kommt und dieser als Erregung wieder an die ausführenden Organe, die Muskeln, geleitet wird; von dort wird er der Umwelt übergeben.

Da stehen wir aber zunächst vor einem schier unlösbaren Problem: Die Elektrophysiologen, die da mit ihren Mikroelektroden die Aktivität der Sinneszellen abtasten, melden uns, wie oben erwähnt, daß praktisch alle verdolmetschten Sinneseindrücke in Form von simplen elektrischen Impulsen, eben den Aktionspotentialen, über die Nervenfasern weitergeleitet und den Neuronen als Information zur Verfügung gestellt werden. Sie sagen, daß solche elektrischen Impulse praktisch für alle Tiergruppen in gleicher Weise als Signal in die ableitenden Nervenfasern eingeschleust und den Neuronen im Rückenmark und im Gehirn zur weiteren Verarbeitung angeboten werden. Wie soll man sich da die ungeheure Vielfalt der Wahrnehmung vorstellen! Es muß ja unterschieden werden zwischen verschiedenen Sinnesmodalitäten, also zwischen optischen Eindrücken, akustischen Signalen, Geruchsempfindungen usw.; es muß die Dynamik dieser Sinnesmeldungen mitverarbeitet werden, es soll daraus ein Muster zusammengestellt werden; nicht zuletzt muß rigoros gefiltert, d. h. Wichtiges von Nebensächlichem getrennt werden. Dies alles soll mit simplen elektrischen Impulsen möglich sein?

Bild 16 hat bereits einen ersten Hinweis zur Lösung dieser Fragen gegeben: Zwischen die afferenten Neuronen, die die Eingänge aus den Sinnesorganen weiterleiten, und den Motoneuronen, die das Kommando an die Muskeln weitergeben, sind in großer Zahl sogenannte *Interneurone*, d. h. Schaltneurone, eingeschoben, die das eigentliche Zentrum der Informationsverarbeitung darstellen. Ihre Aufgabe ist vielfach: Zuallererst muß die eingegangene Erregung an die zuständigen Zentren im Gehirn weitergeleitet werden. Dazu dienen zahlreiche Schaltstellen an den Neuronen selbst und zwischen den Neuronen. Die Schaltstellen nennt der Fachmann »Synapsen« (Bild 19). Zum zweiten muß Information als Gedächtnis gespeichert werden, damit sie bei entsprechender neuer Situation als subjektive Erfahrung verwendet werden kann. Die verschiedenen Erregungen

Bild 19: *Ein einzelnes Neuron aus dem Ammonshorn (einem wichtigen Hirnzentrum) des Kaninchens. Von den vielen Tausend Synapsen sind nur einige eingezeichnet (schwarz), um zu zeigen, daß diese Schaltstellen an verschiedenen Orten der Nervenzelle ansetzen.*

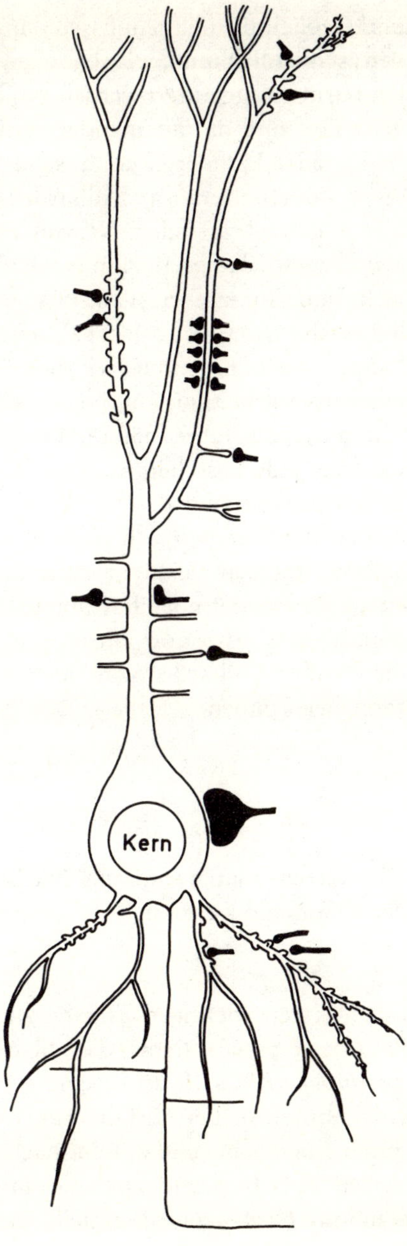

und Gedächtnisinhalte müssen dann miteinander *kombiniert* werden; schließlich muß, wie schon angedeutet, Unwichtiges als »weißer Lärm« weggefiltert werden. Millionen und Milliarden von Nervenzellen sind da miteinander vernetzt; jedes Neuron besitzt für sich wieder Hunderte, ja Tausende von Schaltstellen. Beim Menschen zählt man etwa 30 Milliarden (!) Neurone im Großhirn; auch hier finden wir an jedem Neuron Tausende von Schaltstellen. Kein Wunder, daß da unsere Pioniere der Neurobiologie versucht waren, in Resignation zu verfallen. C. A. WIERSMA, einer dieser Pioniere, hat noch vor etwa 20 Jahren, am Ende seines Lebenswerkes, bekannt: »Niemals werden wir dieses komplizierte System der Informationsverarbeitung im Nervensystem durchdringen können.« Schon ein paar Jahre später hat uns K. ROEDER Hoffnung gemacht, indem er jede Forschergruppe aufforderte, für sich einen Stollen in diesen dunklen Berg des Nervensystems zu treiben; vielleicht käme einmal die Zeit, wo sich diese Stollen träfen und die komplexen Schaltsysteme aufgeklärt werden könnten. G. HOYLE meinte dann einige Zeit später noch hoffnungsvoller: »Der Weg wird schwierig sein, aber in etwa 200 Jahren sind wir vielleicht soweit, daß wir diese vielen Milliarden von Neuronen in ihrem Zusammenwirken verstehen können.«

Hirnkarten: topographischer Nachweis der Wahrnehmung und der Kommandozentren

Einen ersten wichtigen Zugang zu diesem geheimnisumwitterten Berg des Nervensystems, die »black box«, haben uns die *Neuroanatomen* verschafft. In Zusammenarbeit mit den *Neurophysiologen* konnten sie bei Ausfallerscheinungen durch einen Hirntumor, durch einen Schlaganfall oder nach einem Unfall die geschädigten Stellen im Gehirn eindeutig anatomisch lokalisieren. Es wurden sogenannte *Hirnkarten* aufgestellt, die über Empfindung und Moto-

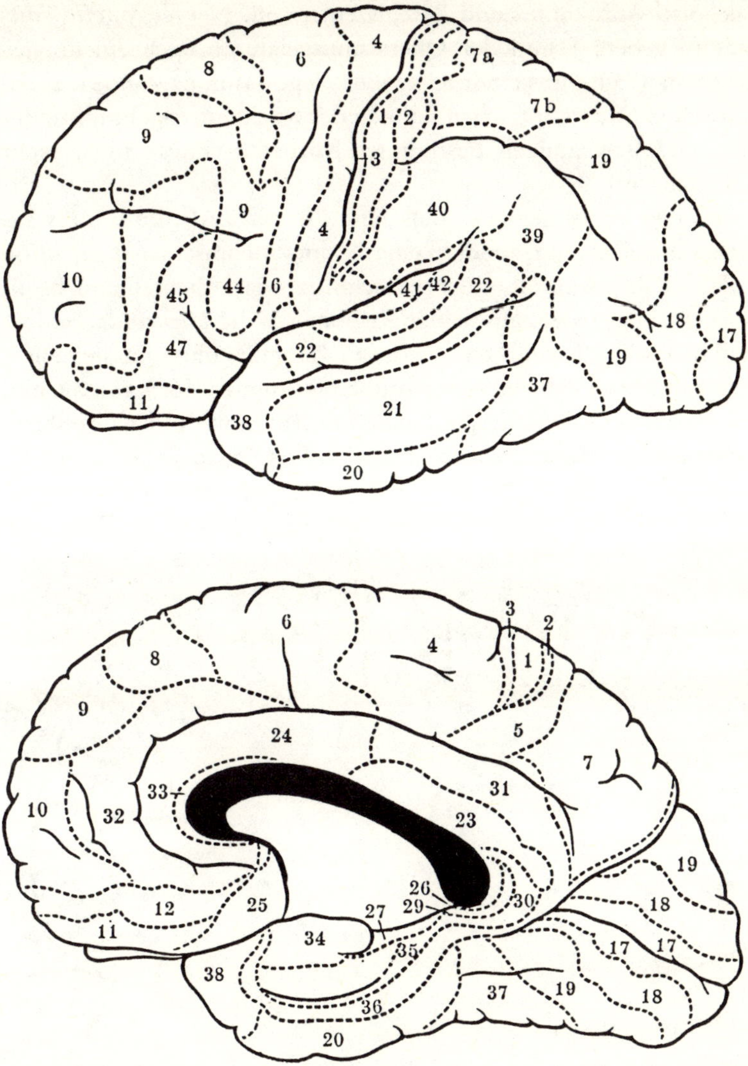

Bild 20: *Hirnkarte vom menschlichen Großhirn. In Auswahl sind einige der wichtigsten motorischen und sensorischen Felder eingezeichnet. Feld 10 z. B. steuert motorische Handlungsfolgen, 9 ist der Sitz für Kraftgefühle. 21 überwacht die akustische Aufmerksamkeit, 44 ist die Broca'sche Sprachregion.*

rik, also Aufnahme- und Befehlszentren im Nervensystem, Aufschluß geben. Schon der Querschnittgelähmte nach einem Verkehrsunfall gibt uns eindrucksvolle Belege dafür, daß ohne die sensorischen und motorischen Bahnen des Rückenmarks Empfindungen und Bewegungen bestimmter Körperabschnitte nicht mehr möglich sind.

Zu Bild 20 sei bemerkt, daß diese *Projektionsfelder* keineswegs linear angelegt sind, sondern einer »somatotropischen« Projektion folgen, d. h. bestimmte Körperabschnitte, wie Gesicht, Hand, beanspruchen besonders ausgiebige Regionen in der *Hirnrinde*. Bild 21 soll hierzu den berühmt gewordenen »Homunculus« darstellen.

Die unterschiedliche Gewichtung bestimmter Körperareale gibt es auch innerhalb eines einzelnen Sinnesorgans: In der Großhirnrinde ist der Mund etwa so groß wie die Oberschenkel vertreten.

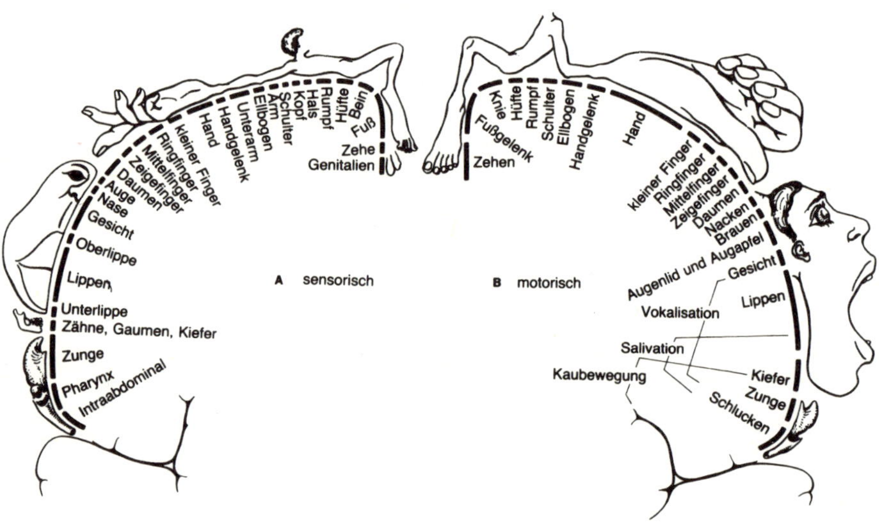

Bild 21: *Die sensorischen und motorischen Projektionsfelder sind in der Großhirnrinde nicht linear, sondern ihrer Gewichtung entsprechend »somatotropisch« angeordnet.*

Das hängt damit zusammen, daß die Dichte der Sinneszellen im Bereich der »wichtigen« Teile eines Sinnesorgans größer ist als in den weniger wichtigen. Das gleiche gilt auch für die Repräsentation der Muskelinnervation in der motorischen Hirnrinde, wo die Zahl der *Pyramidenzellen* für ein bestimmtes motorisches Innervationsgebiet proportional zur Zahl der Motoneurone ist.

Die Funktion der einzelnen Hirngebiete werden wir aber nur dann voll verstehen, wenn wir neben den anatomischen zahlenmäßigen Daten auch die Prinzipien der *Verschaltung* kennen. Bis dieses Netzwerk im einzelnen durchschaut ist, wird noch viel Zeit vergehen. Wir wollen uns beschränken und wenigstens die einfachen Prinzipien der Schaltsysteme untersuchen und dann die Vorgänge an einer einzigen Schaltstelle der Synapse kennenlernen. Bild 22 zeigt links das Prinzip der *Divergenz*, wo eine einzelne Nervenzelle mit vier anderen verschaltet ist. Diese geben ihre Meldung wiederum an je zwei weitere Nervenzellen ab, so daß insgesamt von

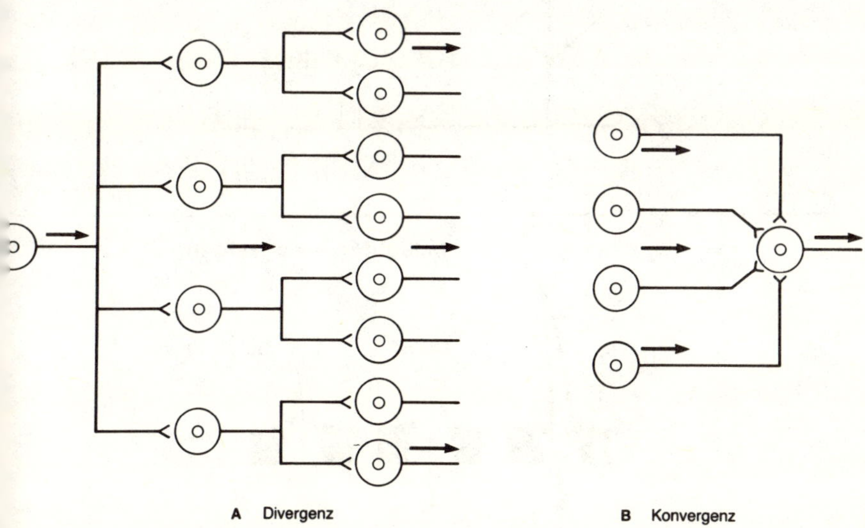

Bild 22: *Links – Divergenzschaltung*
Rechts – Konvergenzschaltung

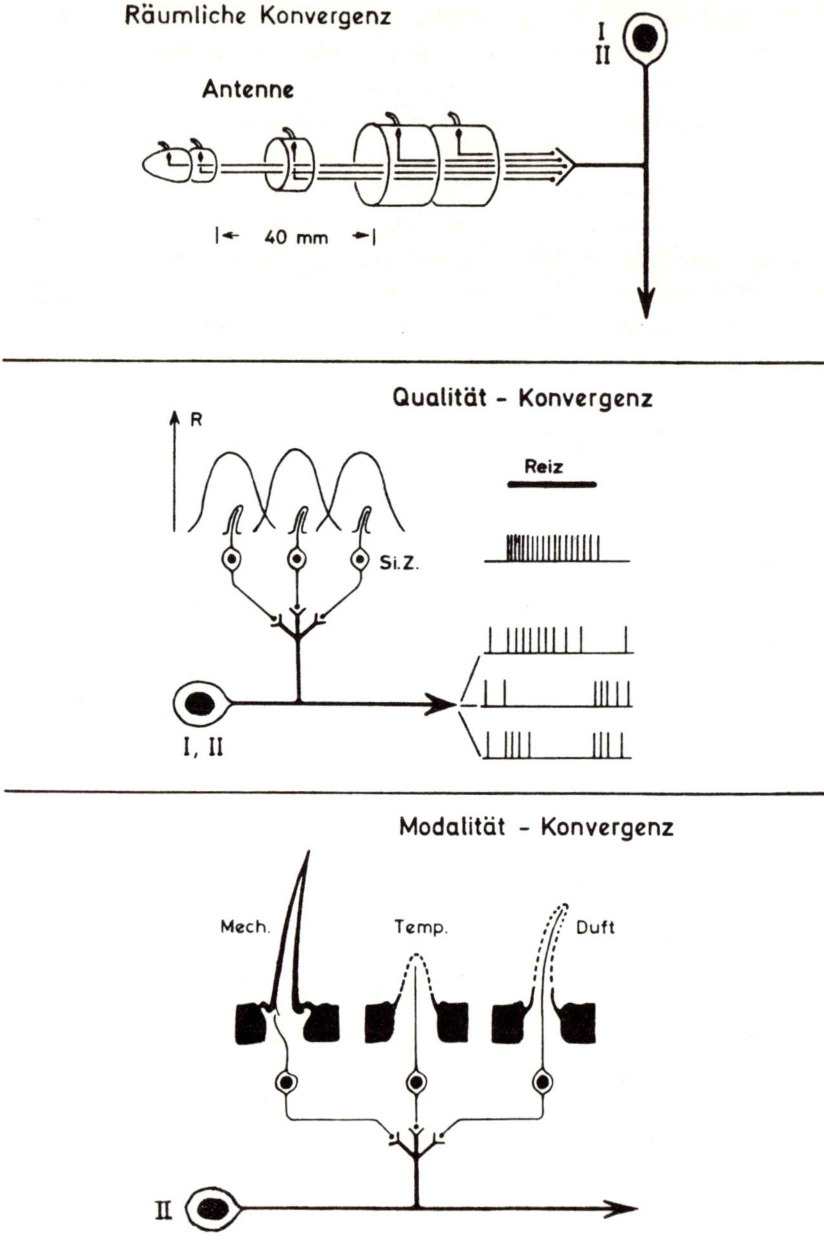

Räumliche Konvergenz
I
II
Antenne
|← 40 mm →|
Qualität - Konvergenz
R
Reiz
Si.Z.
I, II
Modalität - Konvergenz
Mech.
Temp.
Duft
II

einem einzelnen Neuron acht Nervenzellen die gleiche Information erhalten. Das Gegenteil ist im Prinzip der *Konvergenzschaltung* (rechts) verwirklicht: Vier Nervenzellen vereinigen ihre Meldung auf eine einzige, die dann diese Information – summiert oder integriert – an das Zentrum weitergibt. Gerade durch diese konvergente Schaltung ist eine äußerst geniale und differenzierte Informationsverarbeitung möglich. Bild 23 zeigt zunächst die räumliche Konvergenz, wo die einzelnen Riechzellen einer Insektenantenne ihre Meldungen auf einen einzigen Riechnerven bündeln und so vereint weiterleiten. Bei der Qualitätskonvergenz, wie etwa durch die Zapfen im Auge, kann die Meldung eines Blaurezeptors, eines Gelbrezeptors und eines Rotrezeptors mit dem ableitenden Sehnerv vereinigt werden, der dann durch diese Farbmischung eine eigene Farbempfindung im Gehirn ermöglicht. Besonders interessant und raffiniert ist die Modalitäts-Konvergenz, wo sogar Meldungen aus verschiedenen Sinnesorganen, z. B. einem Mechanorezeptor, einem Temperaturrezeptor und einem Duftrezeptor, zu einer gemeinsamen Empfindung vereinigt werden. Bei uns ist normalerweise Geschmacksempfinden mit dem Riechempfinden verbunden. Wenn wir Schnupfen haben, dann schmeckt alles »fade«. Von Bienen wissen wir, daß sie »plastisch« riechen können, weil auf ihren Fühlern Duft- und Tastrezeptoren aufs innigste miteinander verbunden sind und auch gemeinsam in einen Antennennerv abgeleitet werden.

Bild 23: *Räumliche Konvergenz vereinigt die einzelnen Eingänge aus einem Sinnesorgan.*
Qualitäts-Konvergenz gibt »gemischte« Empfindungen aus verschiedenen Rezeptoren des gleichen Sinnesorganes.
Modalitäts-Konvergenz ermöglicht eine spezifische Wahrnehmung, die sich aus der Meldung unterschiedlicher Sinnesorgane zusammensetzt.

Die von den Sinnesorganen eingehenden Erregungen werden zunächst Interneuronen, d. h. Schaltneuronen zugeleitet und mit den zuständigen Zentren im Gehirn verschaltet. Hirnkarten geben das anatomische Korrelat der sensorischen und motorischen Felder. Diese Repräsentation erfolgt jedoch nicht linear, sondern, einer Gewichtung der eingehenden Signale entsprechend, nach hierarchischen Gesetzen. Sie werden entweder durch divergente oder durch konvergente Verschaltung verwirklicht.

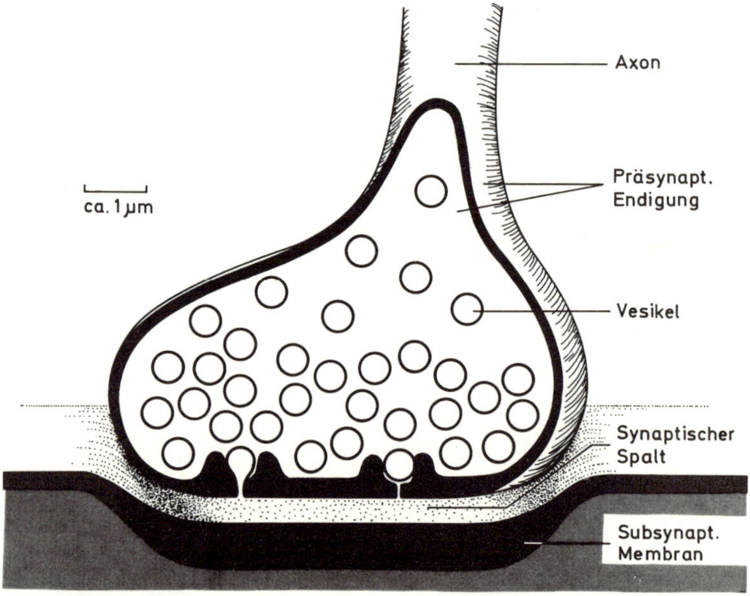

Bild 24: *Die Synapse als Schaltstelle:*
Das aus dem Axon ankommende Aktionspotential setzt aus den Vesikeln den hier gespeicherten Transmitter (z. B. Acetylcholin oder Noradrenalin) frei; dieser diffundiert in den synaptischen Spalt und verbindet sich mit spezifischen Rezeptormolekülen in der subsynaptischen Membran. (Weitere Reaktionen in dieser Membran s. Bild 25)

Weichenstellung und Verschaltung an der Synapse

Nach diesen allgemeinen Vorbemerkungen sollten wir uns jetzt endlich an die eigentliche Schaltstelle, die Synapse, wagen. Aus der Zusammenarbeit von Biochemikern und Neurophysiologen hat sich eine eigene Wissenschaft entwickelt, die in den letzten Jahren unerwartete neue Einblicke in die Informationsverarbeitung durch das Zentralnervensystem erbracht hat. Dies ist ein anspruchsvolles Kapitel, das einige Grundkenntnisse in Biochemie und Neurobiologie voraussetzt. Der fachfremde Leser sollte sich aber nicht vergrämen lassen – er kann diesen Abschnitt ohne Schaden überspringen.

Ein Signal kommt als Aktionspotential an die Nervenendigung, die hier als Synapse knöpfchenartig erweitert ist. Das Aktionspotential setzt in der Synapse Kalziumionen frei; diese wiederum veranlassen, daß aus den synaptischen Bläschen die in diesen gespeicherten spezifischen Überträgerstoffe, die sogenannten »Transmitter«, austreten; der Transmitter strömt anschließend in den Spalt zwischen dem Endknöpfchen und der darunter liegenden subsynaptischen Membran; er nimmt sofort mit vorgebildeten Nischen in der Membran der Subsynapse Verbindung auf. Da warten sogenannte Rezeptormoleküle, die den Transmitter wie Schlüssel und Schloß binden. Als Folge dieser Verbindung wird ein Enzym, die sogenannte Adenylatcyclase mobilisiert, die wiederum bewirkt, daß das vorhandene Adenosintriphosphat (ATP) gespalten wird in cAMP (cyclisches Adenosinmonophosphat). Dieses cAMP heftet sich an ein anderes Enzym, die sogenannte Proteinkinase, was eine Dissoziation, also eine Abtrennung von einem benachbarten Enzym, der katalytischen Untereinheit, zur Folge hat. Diese katalytische Untereinheit überträgt eine Phosphatgruppe von ATP zu einem Substratprotein, das bisher den Ionenkanal für Na^+ verschlossen hat. Dank der Verbindung mit ATP wird dieses Substratprotein von der Kanalpore weggedreht, die Membranpore wird damit für den Ionenfluß frei, und das Aktionspotential kann unverfälscht weitergeleitet werden. Es ist nun wichtig – man darf ruhig sagen lebenswichtig –, daß unmittelbar nach Beendigung dieses Prozesses, also nach Bruchteilen von Millisekunden, die Verbindung des Transmitters mit dem Rezeptormolekül an der subsynaptischen Membran wieder gelöst wird; der Transmitter wird gespalten, und die Spaltprodukte werden durch die präsynaptische Membram rückresorbiert, der Transmitter wird neu synthetisiert, und damit werden die synaptischen Bläschen neu gefüllt.

Das muß sehr rasch geschehen, denn die nächste Erregung – etwa aus einer Lichtblitzserie – kann schon in wenigen Millisekunden folgen; da muß also alles in Habachtstellung parat sein. Unser Nervensystem wäre in wenigen Sekunden ein psychisches Chaos, würden alle Erregungen, die von den Sinnesorganen her einströmen,

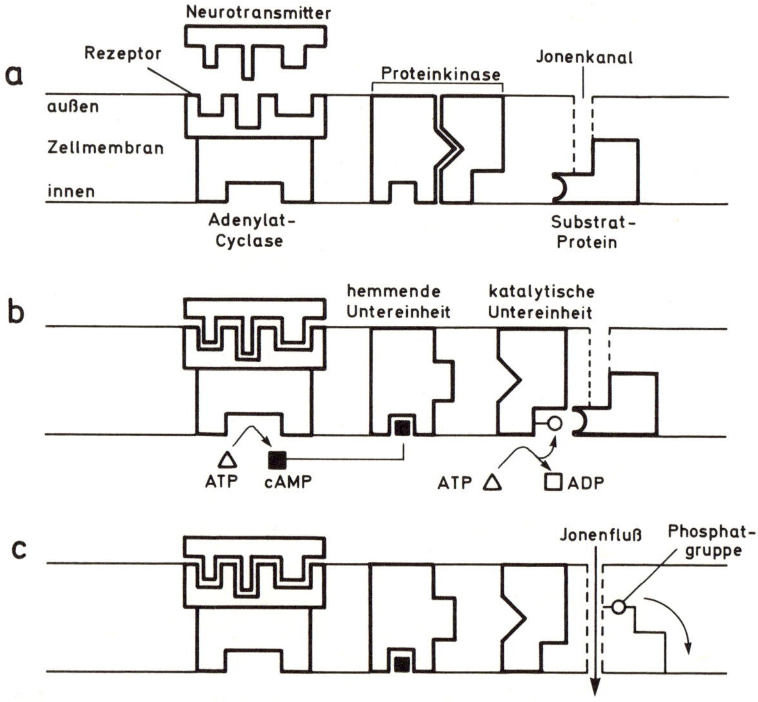

Bild 25: *Komplexe, molekulare Umlagerungen, an denen ATP wesentlich beteiligt ist (s. Text), machen in der subsynaptischen Membran die Ionenkanäle frei.*

»unbesehen« an die höheren Zentren weitergeleitet. Ein sinnvolles Verhalten und eine harmonische Verständigung setzen voraus, daß in den unteren Instanzen Unwichtiges, Überflüssiges, Altbekanntes blockiert wird. Dies geschieht durch die sogenannten *hemmenden* Synapsen.

Die neueren Forschungen haben sich mit besonderem Elan auf die Frage gestürzt, wie es denn möglich ist, daß durch diese hemmenden Synapsen eine Weiterleitung der Erregung verhindert wird und daß diese Hemmung je nach Bedarf wieder beseitigt werden kann. Man kann heute unterscheiden zwischen einer postsynaptischen Hemmung und einer präsynaptischen Hemmung. Die postsynaptische Hemmung kommt im wesentlichen dadurch zustande, daß die Ionenkanäle in der Membran für Na^+ oder Ca^{++} nicht durchgängig sind, sondern nur die K^+- und Cl^--Ionen durchtreten lassen. Damit ergibt sich eine Hyperpolarisation, und die Weiterleitung des Aktionspotentials wird unmöglich. Somit kann der gleiche Transmitter, z. B. Acetylcholin, in bestimmten Nerven als erregender Transmitter, z. B. in den sympathischen Ganglien, wirken, in anderen, z. B. in den parasympathischen Ganglien, als hemmender Transmitter tätig sein. Daraus läßt sich folgern, daß ein vorher hemmender Transmitter durchaus zu einem erregenden gemacht werden kann, wenn man experimentell eine Neuverteilung der entsprechenden Ionengradienten über die subsynaptische Membran vornimmt. Die zuständigen Ionenkonzentrationen können aber auch durch zentrale Einflüsse in bestimmten Situationen geändert werden.

Größtes Interesse hat in neuerer Zeit die präsynaptische Hemmung gefunden: Hier steigert der hemmende Transmitter im präsynaptischen Endknöpfchen die Membranpermeabilität für K^+- und Cl^--Ionen. Dieser Anstieg in der Leitfähigkeit vermindert die Höhe des Aktionspotentials und reduziert dadurch die Menge des ausgeschütteten erregenden Transmitters. Auch gibt es neuerdings Hinweise, daß der hemmende Transmitter eine teilweise Blockierung der präsynaptischen Ca^{++}-Kanäle bewirkt. Aus dem, was wir vorher kennengelernt haben, wird klar, daß es in den Fällen, wo die Ca^{++}-Ausschüttung im Endknöpfchen herabgesetzt ist, zu einer verminderten Transmitterfreisetzung kommen muß. Dies wiederum hat zur Folge, daß die postsynaptische Zelle weniger vom erregenden Transmitter erhält und deshalb ein abgeschwächtes postsynaptisches Potential oder gar keines aufbaut.

Diese grundlegenden Forschungen haben uns auch den Zugang zu einer der intimsten Geheimkammern des Nervensystems verschafft und uns dort hingeführt, wo Information als *Gedächtnis* gespeichert wird. Gedächtnis ist immer mit einem Lernprozeß verbunden. Lernen ist die Fähigkeit eines Organismus, sein Verhalten zugunsten besserer Lebensbedingungen zu ändern. Ein Vogel pickt nicht zum zweitenmal auf eine wehrhafte Wespe; eine Suchbiene gibt nach einem erfolgreichen Sammelflug ihre Suche auf: sie hat Duft, Farbe und Lage einer ergiebigen Futterquelle ihrem Gedächtnis eingeprägt. Bis vor wenigen Jahren hätte kein Mensch, auch nicht der gelehrteste Neurobiologe, zu hoffen gewagt, daß man in diese »black box« eindringen könnte. Die Arbeiten von E. R. KANDEL an der Columbia-Universität in New York geben uns Aufschluß über die molekularen Prozesse an der Präsynapse, die durch den Lernvorgang modifiziert, d. h. mit einem wichtigen Umweltereignis assoziiert werden können. Es erfolgt dadurch eine Bahnung über die Synapsen, was wiederum den Vorstellungen von J. C. ECCLES entspricht, der das Kurzzeitgedächtnis in Form von Kreisströmen über gebahnte Neuronenpopulationen gefordert hat. Das Langzeitgedächtnis wird wohl in ähnlicher Form verwirklicht, nur muß hier ein langlebiges Substrat zusätzlich gefordert werden. Bild 26 zeigt im einzelnen die Vorgänge im präsynaptischen Neuronenknöpfchen: Serotonin als Transmitter stimuliert die Adenylatcyclase, was dadurch möglich ist, daß es sich an den Serotoninrezeptor bindet und über ein Protein die Adenylatcyclase aktiviert. Aus ATP wird jetzt cAMP frei. Dieses cAMP bindet sich an eine regulatorische Untereinheit. Durch diese Bindung wird diese von der katalytischen Untereinheit, einer Proteinkinase, abgesprengt; letztere wird dadurch phosphoryliert und schließt den K^+-Ionen-Kanal. Dies hat zur Folge, daß Ca^{++}-Ionen-Kanäle geöffnet werden; das Ca^{++} strömt in das Plasma und veranlaßt eine vermehrte Freisetzung des Neurotransmitters. Diese Vorgänge können rück-

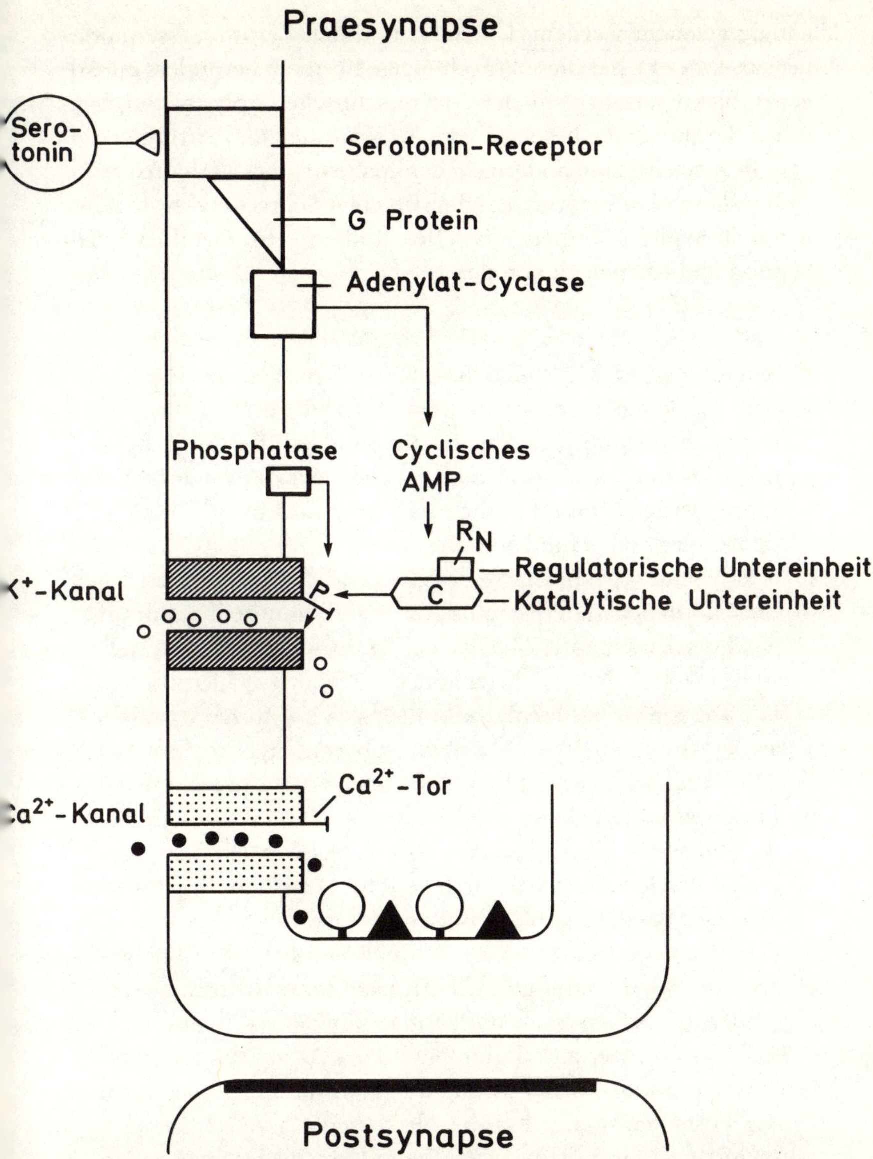

Bild 26: *Transmitterausschüttung in der Praesynapse auf molekularer Basis. Nähere Erläuterung im Text.*

gängig gemacht werden, d. h. sie sind durch Lernprozesse modulierbar. KANDEL hat diese Forschungen an einem besonders günstigen Objekt, nämlich an der Meeresschnecke, Aplysia, durchgeführt, die zum einen besonders große Neuronen im Zentralnervensystem aufweist, zum andern ein denkbar einfaches Verhalten zeigt. Er hat diesen Lernprozeß lediglich an einer Schreckreaktion, nämlich dem Syphon- und Kiemenreflex studiert – bei Gefahr werden Syphon und Kiemen eingezogen.

Synapsen sind wichtige Schaltstellen zwischen den Neuronen; sie leiten Erregungen weiter, wobei durch divergente oder konvergente Schaltung Summation, Subtraktion, Multiplikation und Integration als mögliche Operationen durchgeführt werden. Diese beruhen auf einer selektiven Tätigkeit erregender und hemmender Synapsen.

Erregende Synapse: die ankommende Erregung setzt im Endknöpfchen der Präsynapse Ca^{++} frei; unmittelbar darauf wird aus den synaptischen Bläschen gespeicherte Transmittersubstanz frei, die in den synaptischen Spalt geschleust wird. Die Transmittermoleküle verbinden sich mit Rezeptorstellen an der subsynaptischen Membran; über Adenylatcyclase und ATP werden die bisher blockierten Na^{+}-Poren frei, so daß die Erregung weitergeleitet werden kann. Wichtig ist jedoch, daß die Transmittersubstanz sich sofort wieder von den Rezeptormolekülen löst. Sie wird durch Enzyme gespalten, rückresorbiert und wiederum in den Bläschen gespeichert.

Hemmende Synapse: Ca^{++}-Kanäle werden in der Präsynapse blockiert und damit die Transmitterausschüttung verhindert. Daneben kann die Permeabilität für K^{+}- und Cl^{+}-Ionen erhöht werden; dadurch wird das Aktionspotential reduziert und die Ausschüttung des Transmitters gestoppt. In der Postsynapse werden die Na^{+}- und Ca^{++}-Kanäle verschlossen. Nur K^{+}- und Cl^{-}-Ionen können durchtreten; es erfolgt eine Hyperpolarisation.

Der gleiche Transmitter kann an den verschiedenen Nerven und bei verschiedener Konzentration sowohl erregend wie auch hemmend wirken.

Die Vorgänge bei der Transmission werden neuerdings in Beziehung zur Informationsspeicherung als Gedächtnis gebracht: durch *Bahnung* sollen Kreisströme innerhalb von begrenzten Neuronenpopulationen erzeugt werden, die einem Kurzzeitgedächtnis zugeschrieben werden.

Umfeldhemmung; rezeptive Felder

Eine der wichtigsten Aufgaben der Informationsverarbeitung im Zentralnervensystem – meist unbeachtet – ist die Informations-*Selektion*. Mehrfach haben wir (s. S. 49, 50, 56) auf Redundanz in der Nachrichtenübermittlung hingewiesen, aber wir haben uns dabei nur auf folgende Definition bezogen: »Redundanz ist alles, was nicht unerwartet ist; Redundanz ist, was unseren Wissensstand nicht vermehrt.«

Der Empfänger wählt aber aus dem ungeheuer reichlichen Angebot an Information, das ihm der Artgenosse und die gesamte Umwelt als Nachricht anbietet, rigoros das für ihn »Wesentliche« aus. So hat man für den Menschen errechnet, daß allein über Auge, Ohr, Getast 10^9 bit/Sek. Einlaß bekommen; zur bewußten Wahrnehmung kommen aber nur 10^2 bit/Sek. Das bedeutet eine Informations-Selektion von 1 : 10 Millionen (!) (zu bit als Informationseinheit s. S. 56). Was wir dann an Information durch Mimik, Sprache an die Umwelt weitergeben, macht etwa 10^9 bit/Sek. aus. Dabei wird vor allem Information verwertet, die wir im Gedächtnis gespeichert haben (Bild 27).

Uns soll hier in erster Linie interessieren, wie es auf dem Weg von den Sinnesorganen zu den Hirngebieten zu dieser drastischen Informations-Selektion kommt. Es wird im wesentlichen von den uns schon bekannten hemmenden Synapsen Gebrauch gemacht. Solche Hemmung geschieht aber nicht nach Belieben, sondern nach strengen Regeln. Eine davon ist die klassisch gewordene »lateral inhibition«, Umfeldhemmung. Für ihre Erforschung wurden mehrere Nobelpreise verliehen.

Man hat eine einzelne Sehzelle des Pfeilschwanzkrebses Limulus mit Punktlicht belichtet und festgestellt, daß von dieser einen Zelle aus die Erregung nicht nur zu den zuständigen Zentren der Lamina ganglionaris und zur Medulla externa und M. interna sowie zum Zentralkörper weitergeleitet wird, sondern daß gleichzeitig durch Seitenfasern zu den Nachbarzellen die Erregbarkeit dieser Zellen *gemindert* wird. Dies geschieht durch *rückwärtshemmende Synapsen.*

Diese Entdeckung von H. K. HARTLINE im Jahre 1956 ist in ihrer

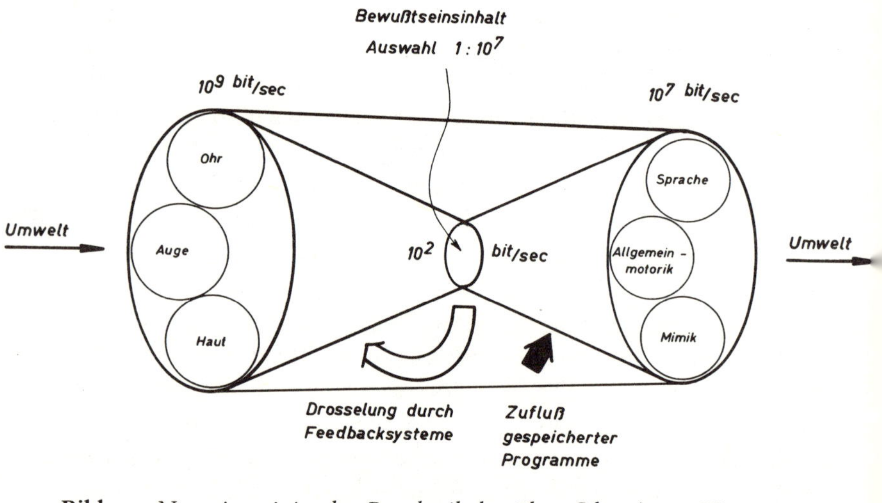

Bild 27: *Nur ein minimaler Bruchteil der über Ohr, Auge, Haut empfangenen Meldungen wird einer bewußten Wahrnehmung zugeführt. Aus diesen Informationen und aus den im Gedächtnis gespeicherten Programmen wird eine Handlung entworfen, die über Sprache, Mimik und allgemeine Motorik der Umwelt wieder zugeführt wird.*

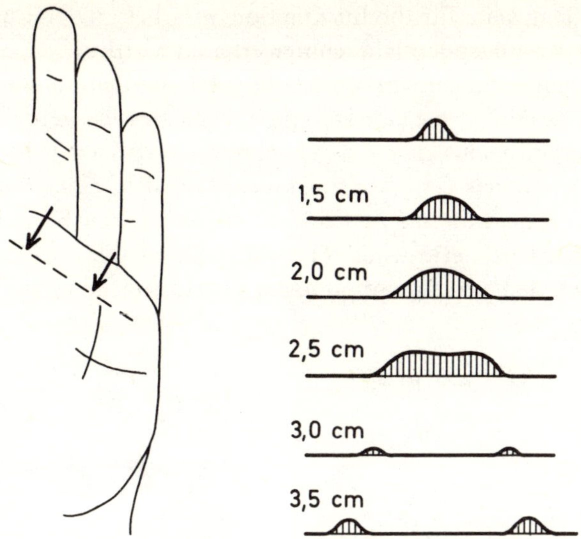

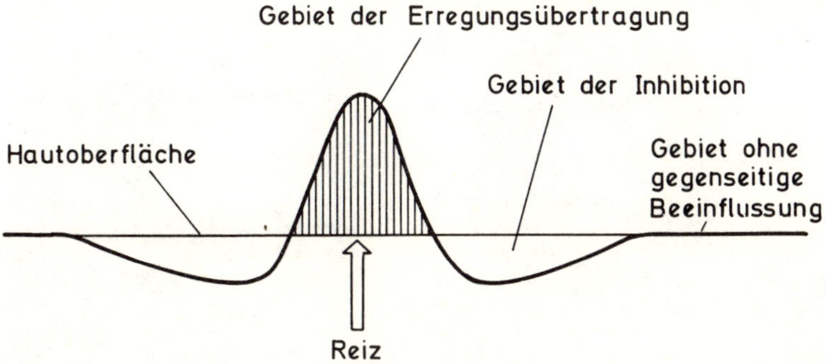

Bild 28: *Mit dem Stechzirkel werden auf der Handinnenfläche in unterschiedlicher Entfernung von 1,5–3,5 cm zwei Druckpunkte gesetzt. Erst bei 3 cm treten die Tastpunkte aus dem Hemmgebiet des Nachbarbezirkes heraus und werden daher getrennt wahrgenommen.*

echten Tragweite für die Informationsverarbeitung erst nach und nach in den folgenden Jahrzehnten erkannt worden.

Man hat nicht nur im optischen, sondern auch im akustischen und im gesamten mechanorezeptorischen Bereich gefunden, daß jede Rezeptorzelle einem sogenannten »rezeptiven Feld« in den nachgeschalteten Ganglien zugeordnet ist, d.h. einer Population von Neuronen, die im Zentrum einen erregenden Bereich haben und in der Peripherie gehemmt werden. Durch diese laterale Hemmung werden Sinnesempfindungen kontrastreicher, Hell-Dunkel-

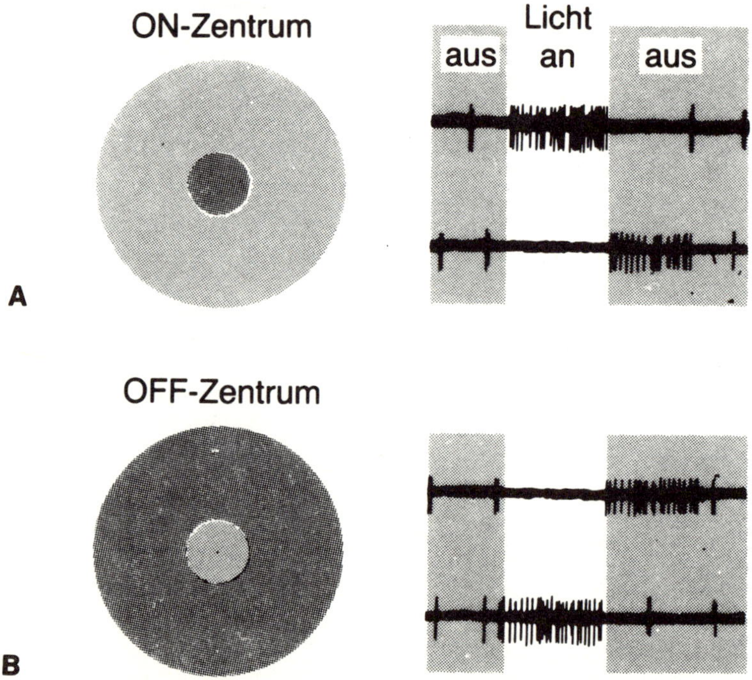

Bild 29: *Gegenseitige Hemmung der rezeptiven Felder – hier als »On-Zentrum« und »Off-Zentrum« – in der Retina eines Säugers. Obere Kurven: Licht fällt auf das Zentrum des On-Zentrums, untere Kurve: Licht fällt auf die Peripherie, d.h. auf das Off-Zentrum.*

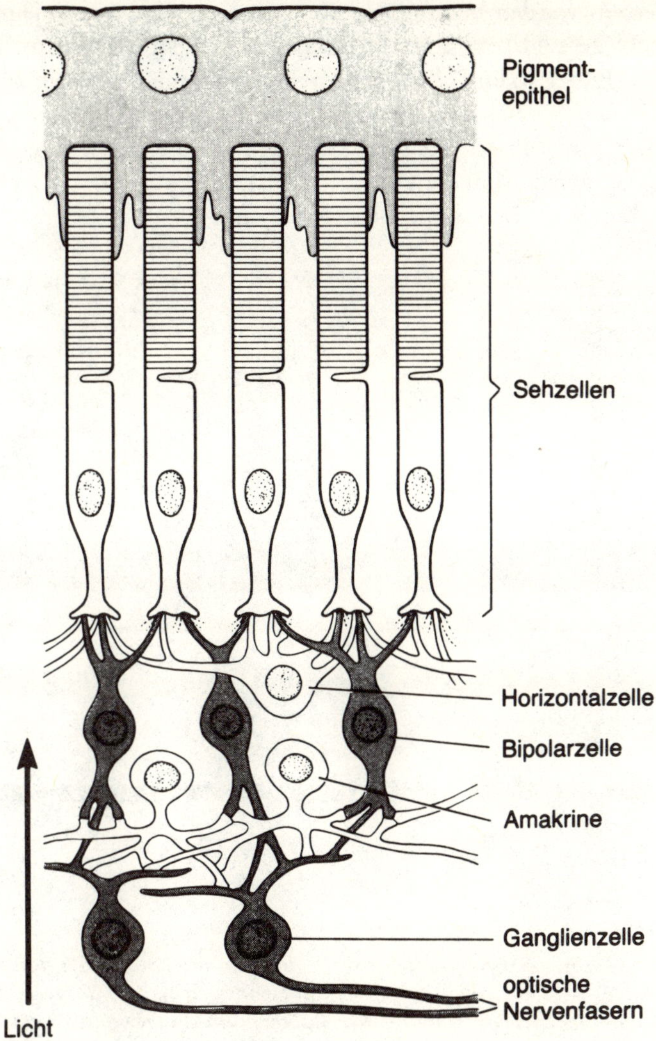

Bild 30: *Die komplexe Verschaltung, sowohl horizontal als auch vertikal, in den nachgeordneten Schichten der Ganglienzellen, wie sie in der Retina der Wirbeltiere vorgefunden wird; dieses Bild gibt die anatomische Grundlage der Organisation der rezeptiven Felder wieder.*

Grenzen werden hervorgehoben, Druckempfindungen deutlicher lokalisiert und Tonunterscheidungen verschärft (Bild 28, 29).

Die Bilder 30 und 31 mögen an zwei weiteren Beispielen aus dem optischen Bereich zeigen, wie durch die Organisation rezeptiver Felder ein Mustererkennen oder eine Richtungswahrnehmung möglich wird. Man spricht von »Musterdetektoren«, »Richtungsdetektoren«, »Bewegungsdetektoren« usw.

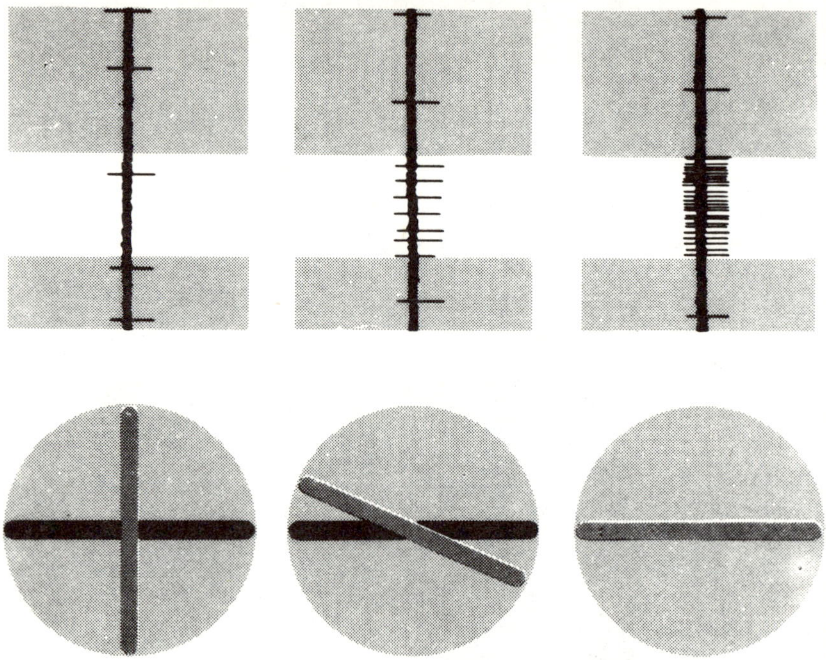

Bild 31: *Ein »Richtungsdetektor« in der Retina: Die On-Region ist als rezeptives Feld mit einem schwarzen horizontalen Balken dargestellt. Rotiert ein Lichtstreifen (senkrechter Balken) um das rezeptive Feld, dann gibt es maximale Erregung, wenn er mit dem rezeptiven Feld zur Deckung kommt (unteres Bild).*

Das physiologische Korrelat einer divergenten oder konvergenten Verschaltung sind erregende beziehungsweise hemmende Synapsen. Dadurch werden funktionell zusammengehörige Neuronenpopulationen als »rezeptive Felder« organisiert. Diese leisten wichtige Vorarbeit in der Kontrastwahrnehmung, im Erkennen von Richtung und Bewegung, im Mustererkennen usw.

5. Unterwegs vom Verhalten zur Nervenzelle

Die Fortschritte der Neurobiologen in den letzten Jahrzehnten haben zu einem Durchbruch in unserem Verständnis des gesamten Verhaltens geführt. In der Zusammenarbeit von Neuroanatomen, Neurophysiologen und Ethologen hat sich eine neue Forschungsdisziplin gebildet, die *Neuroethologie.* Sie versucht eine Synthese zwischen Ethologie – d. h. der Verhaltensforschung – und der Neurobiologie zu bilden. Sie will Mechanismen ausfindig machen, die die individuelle Funktion einzelner Neurone aufklären und die anhand der Verschaltung von Neuronen mit Sinneszellen und Muskeln eine sinnvolle, angepaßte Handlung verständlich machen. Mit einem Satz: Die Neuroethologie versucht, die höchste Integrationsstufe, die in einem lebenden Organismus verwirklicht ist, kausal zu analysieren: das Verhalten eines Individuum als Ganzes, und zwar in seinem freien Lebensraum.

Um uns den Zugang zur Neuroethologie zu erleichtern, machen wir uns am besten mit deren Methoden vertraut. Da machte 1948 R. HESS in München vor der Gesellschaft der Naturforscher und Ärzte die sensationelle Mitteilung, daß es ihm gelungen sei, eine Elektrode ins Zwischenhirn einer Katze einzuführen und durch milde elektrische Reizung definiertes Verhalten auszulösen: Fauchen, Schlafen, Aufhorchen usw. Das elektrische Signal hatte also wie ein natürliches Aktionspotential das Kommando von Motoneuronen imitiert und das zuständige fehlerfreie Verhaltensmuster ausgelöst.

C. A. WIERSMA ist es dann 1953 gelungen, *einzelne* Neurone elektrisch zu reizen und sie mit dem zuständigen Verhalten zu identifizieren. Dabei geht man methodisch, wie folgt, vor: Die Ableitelektrode wird mit Kobaltchlorid ($CoCl_2$) als Elektrolyt gefüllt, nach der elektrischen Reizung der Nervenzelle wird dieses Kobaltchlorid durch Anlegung eines gepulsten, depolarisierenden Stromes elektrophoretisch in die Zelle transportiert. Die Kobalt-Ionen wandern von der Einstichstelle bis in die feinsten Ausläufer der Zelle. Mit Ammoniumsulfid wird das Kobaltsulfid ausgefällt; im mikroskopischen Bild erscheint das Neuron durch den Niederschlag dunkel gefärbt.

Noch eindrucksvoller werden die Präparate mit dem »Lucifer Yellow«, dem Teufelsgelb. Dieses Teufelsgelb ist ein intensiv fluoreszierender organischer Farbstoff – ein Derivat des Naphtalimid. Auf solche Weise hat man bis heute allein bei Insekten (bei Heuschrecken und Grillen) über 300 Neurone mit ihrer Funktion identifizieren können (vgl. Farbbild 32, neben S. 144). Beginnend bei einfachsten reflektorischen Verhaltenskomponenten – Sprung, Lauf – und fortschreitend bis zu solchen, die dem Lernen, dem Gedächtnis zugrunde liegen, kann man in der Tat spezifische Neurone als Repräsentanten eines entsprechenden Verhaltens *persönlich* ansprechen.

Zwei Paradebeispiele seien näher beschrieben, um anzudeuten, wohin die Neuroethologie in naher Zukunft führen wird:

1. Ein denkbar simples reflektorisches Fluchtverhalten des Krebses, dargestellt durch einen raschen Schlag mit dem Schwanzfächer, soll uns zeigen, wie eine Meldung von außen als Gefahr erkannt und über mehrfache Verschaltung als Kommando an die entsprechenden Muskeln weitergeleitet wird. Das ist zwar keine Kommunikation mit einem Partner, aber eine lebensrettende Reaktion auf ein Umweltereignis – eine »interne« Kommunikation –, wobei über die Sinnesorgane ein Warnzeichen gegeben wird. Bild 16 hat uns bereits schematisch gezeigt, wie solche Informationsverarbeitung innerhalb eines Organismus abläuft.
2. Der zweite Fall soll einen Brückenschlag von einem komplexen Kommunikationssystem, wie es in der Balz der Feldgrille vorliegt, zur Nervenzelle aufzeigen; hier haben wir es mit einer gegenseitigen Verständigung zwischen Artgenossen zu tun, die zu einem gezielten Handlungsablauf, sowohl beim Männchen wie beim Weibchen, führt. In den Augen der Ethologen ist dies immer noch ein relativ einfaches Verhalten, weil es angeboren ist,

d. h. seine Anweisungen ausschließlich dem Erbgut entnimmt. Aber mit welcher Akribie der Informationsverarbeitung wird hier das Endziel erreicht – auch wenn nur relativ wenig Neurone zur Verfügung stehen!

Das Fluchtverhalten des Krebses
Neuro-ethologische Analyse eines einfachen angeborenen Verhaltens

Das Nervensystem im Abdomen des Krebses enthält 6 hintereinander angeordnete homologe Ganglien, von denen jedes etwa 650 Neurone umfaßt. Keines der Ganglien ist mit dem anderen identisch, aber sie sind untereinander verschaltet und beeinflussen sich gegenseitig. Durch konvergente Schaltung erfolgt eine Filterung der Informationseingänge auf etwa 10 : 1. Das abdominale Nervensystem antwortet reflektorisch auf mechano-sensorische Reize.

Obwohl diese abdominalen Neurone nur etwa 4 % der 100 000 Neurone im gesamten Nervensystem ausmachen, besitzen sie einen hohen Grad von *Autonomie*, wodurch bestimmte einfache motorische Programme allein vom abdominalen Nervensystem gesteuert werden. Für den kräftigen Schlag des Schwanzfächers, der die Fluchtbewegung nach rückwärts auslöst, wurden 90 Paare von efferenten Neuronen und 18 Paare von Interneuronen identifiziert. Von den sensorischen Interneuronen konnte J. J. WINE an der Stanford Universität 28 Neurone ausweisen. Die Sinneseingänge aus dem Schwanzfächer werden an Interneurone übertragen, deren Verschaltung einer hierarchischen Organisation folgt: Die »wichtigen« Instanzen hemmen untergeordnete.

Daß man die einzelnen Interneurone als Spezialisten erkannt hat, war eine Pionierleistung. Da gibt es Neurone, die auf *langsame* Wellenbewegung ansprechen und niemals adaptieren, also auch bei ständiger Wasserbewegung erregbar sind. Sie werden aber in ihrer

Erregung sofort gehemmt, wenn die Wasserwellen mit *hoher Frequenz* (über 200 Hz) auf den Schwanzfächer fallen. Damit verrät sich ein Beutetier oder ein Feind.

Daneben gibt es Richtungsinterneurone: Die einen werden erregt, wenn die Wellenbewegungen zum Kopf hin, die anderen, wenn sie zum Schwanzfächer hin verlaufen. Schließlich gibt es eine dritte Gruppe, die bidirektional antwortet. Dann hat man Interneurone identifiziert, die auf verschiedene Tastreize ansprechen.

Eine Schlußbemerkung: Die genannten Untersuchungen beschränken sich mit Absicht auf ein ganz einfaches Verhaltensprogramm an einem relativ niedrig stehenden Arthropoden; die Einschränkung geht noch weiter; es wurden nur anatomische und neurophysiologische Untersuchungen am *abdominalen* Nervensystem des Krebses durchgeführt. Es ist damit noch nichts darüber

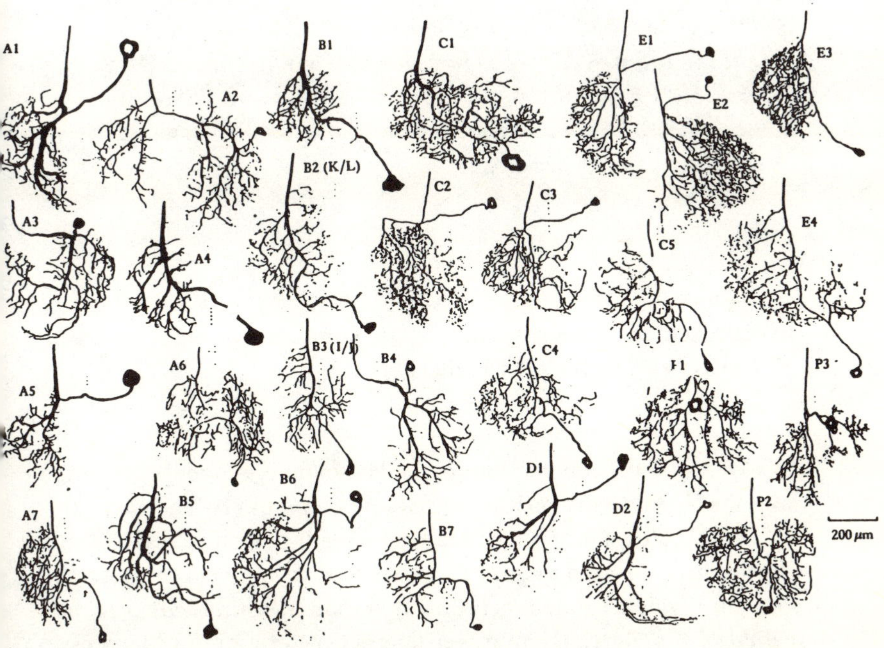

Bild 33: *Im letzten Abdominalganglion des Krebses wurden 28 afferente Neurone anhand ihrer sensorischen Funktion dargestellt.*

ausgesagt, inwieweit höhere Nervenzentren integrierend in dieses Verhaltensmuster eingreifen. Insofern besteht die Gefahr, daß man solche neuroethologischen Analysen an einem Verhalten etwas zu sehr vereinfacht darstellt. Aber der Nachweis, daß hier ein angeborenes Verhalten vorliegt, das autonom durch das abdominale Nervensystem gesteuert wird, ist wertvoll; wichtig ist vor allem, daß keineswegs die einzelnen Abdominalganglien unabhängig die Informationsverarbeitung übernehmen und das Kommando entwerfen, sondern daß eine weitgehende Interaktion zwischen den 6 Abdominalganglien stattfindet, wobei gegenseitige Hemmung und Erregung zu einer sehr präzisen Steuerung der Fluchthandlung führt.

Die Fluchtbewegung eines Krebses, ausgelöst durch kräftige, rasch aufeinanderfolgende Schläge des Schwanzfächers, wird autonom durch die sechs homologen Ganglien im Abdomen gesteuert. Es konnten 28 sensorische Paare, 18 Paare Interneurone und 90 Paare von Neuronen hinsichtlich ihrer Funktion identifiziert werden.

Brückenschlag von einem komplexen Kommunikationssystem zur Nervenzelle – Die Balz der Feldgrille

Insekten sind für neuroethologische Forschung besonders geeignet, weil ihr Verhaltensrepertoire konstant ist und überwiegend als angeborenes Wirkungsgefüge abläuft. Dies gilt natürlich auch für die gegenseitige Verständigung. Lernen ist zwar in Grenzen möglich, aber im Vergleich zum angeborenen Verhalten sehr bescheiden ausgebildet. Ihr Nervensystem weist ferner, gemessen am Nervensystem der Wirbeltiere, eine relativ geringe Zahl von Nervenzellen auf. In vielen Fällen ist es bereits gelungen, das Verhalten der einzelnen Nervenzelle und das Verhalten des Tieres miteinander zu koordinieren.

F. HUBER hat das Balzverhalten der Feldgrille mit der zentralnervösen Informationsverarbeitung in Beziehung zu setzen

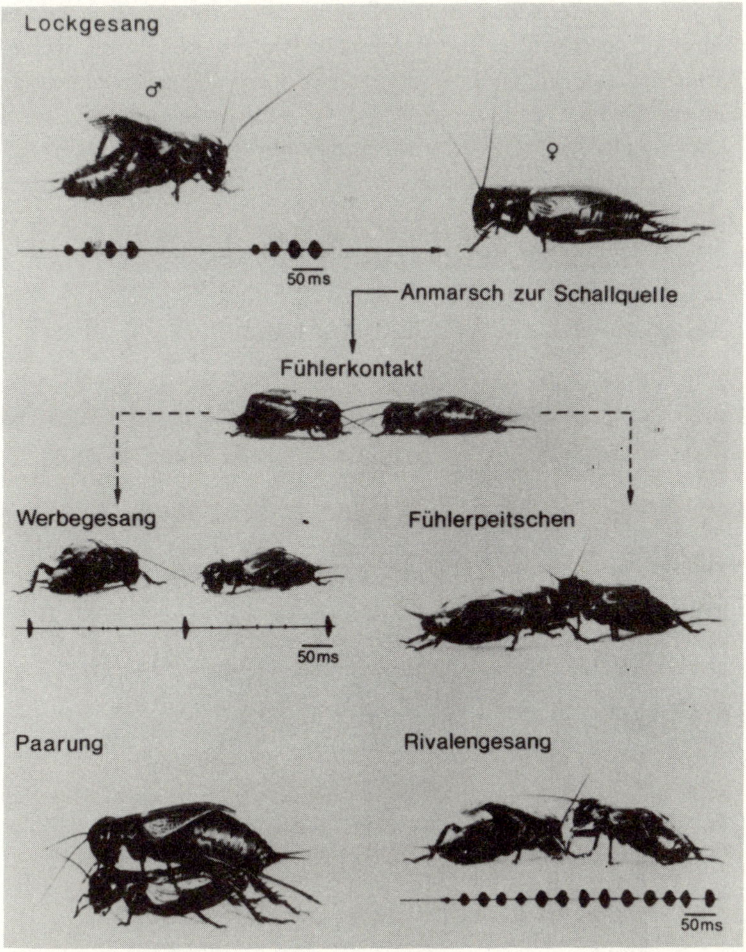

Bild 34: *Die Balz und Paarung der Feldgrille als komplexes Wirkungsgefüge (s. Text).*

versucht – bei einer derart komplexen Verhaltenskette ein mutiges Unterfangen. Bild 34 zeigt, wie diese Balz in Einzelschritten abläuft: Der Lockgesang des Männchens veranlaßt das Weibchen zum Anmarsch an die Schallquelle; es erfolgt Fühlerkontakt zwischen den Partnern, dann läßt das Männchen den Werbegesang hören, um die Bereitschaft des Weibchens zu erhöhen; nach einem Fühlerpeitschen erfolgt die Paarung. Ist in der Nähe ein zweites Männchen zugegen, dann wird im Rivalengesang das Revier erfolgreich verteidigt.

Um zu erfahren, wie diese Balzhandlungen vom Zentralnervensystem gesteuert werden, müssen wir uns zunächst über dessen *Anatomie* klarwerden.

Das Nervensystem der Grille ist als Strickleiter konstruiert. Wir

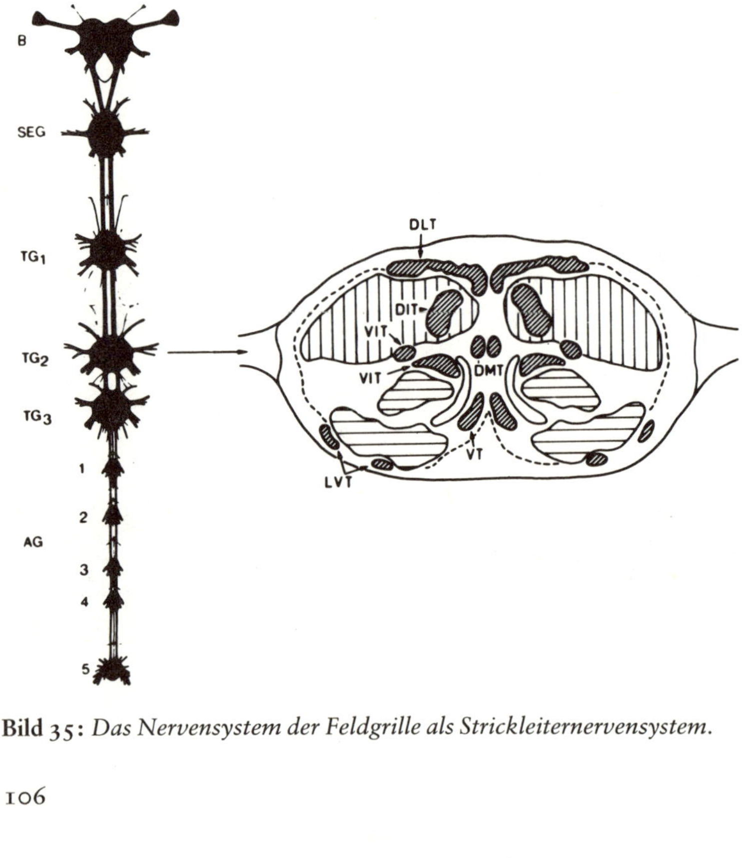

Bild 35: *Das Nervensystem der Feldgrille als Strickleiternervensystem.*

unterscheiden im Kopf des Tieres das Oberschlundganglion oder das Gehirn und das Unterschlundganglion. Der Brustabschnitt, der auch die 6 Beinpaare und die 2 Flügelpaare als Bewegungsorgane ausbildet, enthält 3 Ganglien, der Hinterleib weitere 9 Ganglien, von denen jedoch die beiden ersten mit dem dritten Brustganglion verschmolzen und die siebten bis neunten Ganglien zum sogenannten Terminalganglion vereinigt sind. Dieses letzte Ganglion wird oft als das zweite Gehirn bezeichnet, denn es verarbeitet für die Grille sehr wesentliche Sinnesmeldungen und spielt eine besondere Rolle bei der Auslösung und Steuerung des *Werbeverhaltens*.

In jedem Ganglion findet sich bei histologischer Untersuchung eine deutliche Gliederung. Man kann zumindest bei den Brust- und den Hinterleibsganglien eine dorsal gelegene Zone von Nervenzellen und Fasern, die im wesentlichen für die *Motorik* zuständig sind, von einer ventralen Zone abgrenzen, in die Fasern von *Sinnesorganen* projizieren.

Sowohl mit extrazellulärer als auch mit intrazellulärer Ableitung kann man die durch Beschallen des Ohres ausgelöste Aktivität in der Form der Nervenimpulse registrieren.

Eine systematische Untersuchung vieler Hörsinneszellen zeigte, daß es solche gibt, die besonders empfindlich auf den Grundton des Lockgesanges (4–5 kHz) abgestimmt sind, andere, die auf tiefere Töne, z. B. Vogellaute, oder auf höhere Töne ansprechen, wie sie im Werbegesang auftreten, und wieder andere, die in einem relativ breiten Tonfrequenzbereich ziemlich gleich reagieren. Man ist also grundsätzlich in der Lage, jede einzelne Hörsinneszelle zu charakterisieren nach ihrer Tonhöhenspezifität, der Intensitätscodierung und der Abbildung des Lautmusters. Dies ist ihr morphologischer und physiologischer *Steckbrief*. Alle diese Steckbriefe zusammengenommen geben uns Hinweis, daß die Hörsinneszellen der Grillen vorzüglich an die Wahrnehmung der Schallsignale angepaßt sind, die bei der innerartlichen Verständigung eine Rolle spielen. Wir finden aber auch Zellen mit einem breiten Antwortbereich, sogar solche, die die Ultraschallpeillaute der Fledermäuse in das Gehirn einspeichern. In diesem Zusammenhang ist es wichtig zu wissen, daß neben Spinnen und Laufkäfern auch Vögel und Fledermäuse Jagdfeinde der Grillen sind. Es wurden außerdem fliegende Grillen beobachtet, die beim Annähern einer ortenden Fledermaus auszuweichen versuchen.

Im ersten Brustganglion sind weiterhin Hörneurone gefunden worden, die eine spezifische Information über das *Muster* des artspezifischen Lockgesanges vermitteln. Es sind Paare spiegelbildlich geformter Zellen, wobei ein Paar auf die *Tonhöhe des Lockgesanges* vorzüglich abgestimmt ist, während das andere Paar, breiter abgestimmt, auch auf die *Tonhöhe des Werbegesanges* reagiert. Auch in der Abbildung des Lautmusters unterscheiden sich die beiden Paare:

Das erste Paar kopiert bei allen Lautstärken die Silben und Pausen, F. HUBER nennt sie daher »silbenabbildende Neurone«.

Das zweite Paar zeigt in seiner Entladung bei Reizung mit einem Lockgesangsvers keine deutliche Gruppierung in Silben und Pausen. Dieses wird als »*versabbildendes* Neuron« bezeichnet.

Erst in den letzten Jahren ist es gelungen, durch intrazelluläre Ableitung im *Grillengehirn* Nervenzellen zu identifizieren, die an der Weiterverarbeitung der Schallinformation beteiligt sind. Diese lokalen Hirnneurone sprechen zum einen besonders empfindlich auf die Tonhöhe des Lockgesanges an, ein zweiter Typ auf die Tonhöhe des Werbegesanges. Die Silben und Pausen werden durch andere Gruppen von Nervenzellen abgebildet, es sind offenbar Neurone mit »Erkennungsfunktion«.

Zusammenfassend können wir aus diesen genialen Untersuchungen folgern: Die Sinnesorgane in der Peripherie liefern lediglich eine *Kopie* der eingehenden Lautsignale – wenn auch bereits nach bestimmten Parametern gefiltert.

Die sich anschließenden Netzwerke im Bauchmark und in den unteren Instanzen des Gehirns dienen dem *Erkennungsprozeß*. Wie aus der Kopie des Lautmusters nach *Silben* und *Versen* und der *Richtung* des eingegangenen Signals der Artgenosse letztlich erkannt wird, muß vorerst im dunkeln bleiben.

Zentrale Kommandostellen im Gehirn der Grille

Wir haben bisher nur die Informationsverarbeitung des *eintreffenden* Lautsignals kennengelernt:

Die eingegangenen *gefilterten, generalisierten, kombinierten* Meldungen müssen zu einem artgemäßen, situationsspezifischen, stimmungsmäßigen *Kommando* umgesetzt werden.

Durch elektrische Hirnreizung konnte HUBER mit seinen Schülern (N. ELSNER, D. OTTO, W. KUTSCH u. a.) abgegrenzte Neuronengruppen identifizieren, die für das Kommando »Lockgesang«, »Werbegesang« und »Rivalengesang« zuständig sind. Damit diese Lautäußerungen sich nicht konfus überlagern, kommt der gegenseitigen Hemmung (s. S. 93) entscheidende Bedeutung zu.

Läsionen – mit penibler Operationstechnik werden an dem winzigen Grillenhirn bestimmte Bezirke ausgeschält – bestätigen die Befunde der elektrischen Reizung. Es gibt Belege dafür, daß einerseits nach Läsion des Zentralkörpers oder des Deutocerebrums das »Singen« – d. h. das rhythmische Auf- und Abstreichen der Hinterbeine an einer Flügelseite – ausfällt, andererseits – bei

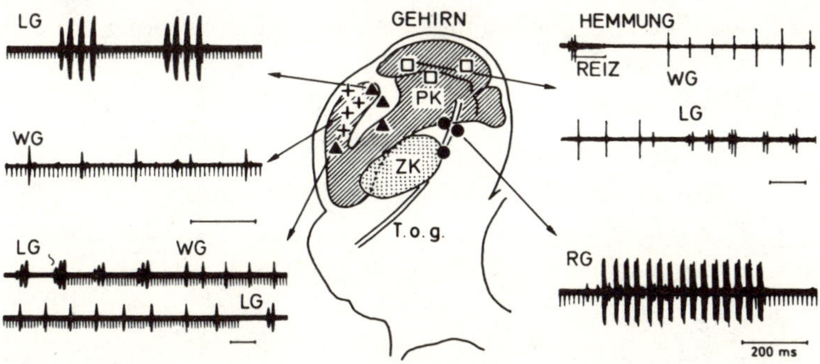

Bild 36: *Begrenzte motorische Gebiete im Gehirn der Grille werden elektrisch gereizt. Als Antwort können verschiedene Gesangsmuster registriert werden, die vollkommen dem natürlichen Gesang entsprechen.*
LG = Lockgesang
WG = Werbegesang
RG = Rivalengesang

Läsion des Pilzhutkörpers – zur völligen Enthemmung eines atypischen Gesanges führt. Um hier das Verschaltungsgefüge jedoch vollkommen zu verstehen, wird noch einige Zeit vergehen.

Durch umfangreiche vergleichende Untersuchungen konnte ELSNER diese Befunde an Feldheuschrecken im wesentlichen bestätigen. Dabei gab es, wie immer in der Biologie, wenn man einer Sache tiefer nachgeht, neue Überraschungen: Es gelang ELSNER bei einer Feldheuschrecke durch elektrische Reizung der entsprechenden Kommandozentren normalen Werbegesang und Rivalengesang auszulösen und gleichzeitig vom akustischen Empfangsapparat, also von Hörnerven, abzuleiten. Da zeigte sich, daß das Tier, während es selbst stridulierte, für den eigenen Gesang taub war. Es gibt also bei der Feldheuschrecke keine Rückkoppelung dergestalt, daß sie durch Abhören des eigenen Gesanges korrigierend eingreifen könnte. Auf der Suche nach den anatomischen Grundlagen fand man im Zentralnervensystem Interneurone, die funktionell und anatomisch so verschaltet sind, daß das schallverarbeitende System gleichzeitig mit dem schallproduzierenden System derart verbunden ist, daß sich beide Instanzen gegenseitig unterdrücken: Singt man, ist man für alle anderen akustischen Signale von außen taub; hört man zu, kann man nicht gleichzeitig singen. Auf welchem Niveau diese »laterale Hemmung« erfolgt – im Sinnesorgan, in den Vorzimmern der obersten Auswertungs- und Kommandozentren – ist noch zu erforschen.

Am Beispiel der Balz der Feldgrille werden steckbrieflich die zuständigen Neurone erfaßt, die am Informationsfluß sowohl beim Eingang der Sinneserregungen als auch bei der Weiterleitung zu den zentralen Schaltneuronen beteiligt sind; der Informationsfluß wird weiterhin zu den Neuronen verfolgt, die das Kommando weiterleiten, das die Antwort der Partnerin oder des Rivalen zeigt. Nach einer Filterung durch die Sinnesorgane selbst und die nachfolgenden Schaltneurone werden die einzelnen Elemente des Werbegesanges oder des Rivalengesanges als *Lautmuster* synthetisiert.

6. Hormone – Botenstoffe mit Langzeitwirkung

Das Zentralnervensystem ist die oberste Kommandostelle für sinnvolles Verhalten und für eine gegenseitige Verständigung. Es hat rasche »ad hoc«-Entscheidungen zu treffen, solche, die in jeder Situation ein klares »Entweder-Oder« verlangen. Damit ist eine schnelle, mobile Anpassung an die wechselnden Umweltsituationen garantiert. Dabei werden wichtige Ereignisse »um uns herum« eingefangen und in Form von elektrischer Erregung als potentielle Information an das Gehirn weitergeleitet, das dann ein entsprechendes Kommando entwirft.

Sinnvolles, koordiniertes Verhalten setzt voraus, daß im eigenen Haus für Ordnung gesorgt ist – Ernährung, Stoffwechsel, Atmung, Kreislauf, Ausscheidung der verbrauchten und giftigen Stoffe, Wachstum, Gonadenreifung usw. sollen da, ohne daß das Gehirn bewußt einschreitet, geregelt werden.

Es war eine ökonomische Meisterleistung der Evolution, viele lebenswichtige Funktionen des Organismus, die auf längere Zeit, auf Stunden, Tage, ja sogar auf Monate konstant zu halten sind, einem eigenen Informationszentrum, den *Hormonen* (hormao – ich wecke auf), zu überlassen; als Beispiele solcher hormonellen Aufgaben seien genannt: Blutzuckerkonzentration, Bluttfettwerte, Wachstum, Reifung der Gonaden.

Nachdem 1905 der englische Forscher E. H. STARLING erstmalig ein Hormon beschrieben hatte, das die Abgabe von Verdauungsfermenten aus der Bauchspeicheldrüse anregt, hat sich die Hormonforschung zu einem mächtigen, eigenständigen Gebiet entwickelt, gekrönt mit Einsichten in intimste Lebensabläufe des vegetativen Systems, das Tag für Tag seine Dienste tut; wo es versagt, ist der Tod unausweichlich, man denke nur an das Insulin.

Zuallererst sollten wir uns darüber klarwerden, daß sich auch Hormone eines *Senders*, eines *Nachrichtenkanals* und eines *Empfängers* bedienen.

Sender sind spezifische Drüsen, z. B. Hypophyse, Schilddrüse, Nebenniere, die ihr Sekret aber nicht wie Verdauungsdrüsen in einem eigenen Ausführgang weiterleiten, sondern direkt ins Blut abgeben; daher der Name *endokrine* Drüse, im Gegensatz zu den normalen exokrinen Drüsen. Der Nachrichtenkanal ist also das Blut insgesamt – wobei aber gleich das schwierige Problem zu lösen ist, wie denn ein bestimmtes Hormon gezielt an den richtigen Adressaten kommt. Da zirkuliert also z. B. das follikelstimulierende Hormon »FSH« in den Adern durch den ganzen Körper, aber nur im weiblichen Follikel kommt es zur Wirkung. Hier haben uns die Biochemiker weitergeholfen: Wie bei der Nachrichtenübertragung an den nervösen Schaltstellen, den Synapsen, findet man auch für die Hormonsignale im Zielgewebe Rezeptoren, die eine spezifische Nachricht übernehmen. Es gibt dafür zwei Wege dieser Nachrichtenübermittlung: Das Schilddrüsenhormon z. B. enthält fettlösliche Moleküle, die durch die Oberflächenmembran der Zielzelle eindringen. Diese verbinden sich mit Membran-Molekülen zu einem Komplex, der die Eiweiß- oder Enzymproduktion anregt.

Wesentlich diffiziler ist der Wirkungsmechanismus einer zweiten Gruppe von Hormonen, zu denen Adrenalin und Insulin gehören. Da ihr Sekret nicht fettlöslich ist, kann ihr Botenstoff nicht direkt durch die Zellmembran wandern; sie bedienen sich eines »Hilfsboten«, eines »Second messenger«, in der Weise, daß sie zunächst Rezeptormoleküle an der Membranaußenfläche aufsuchen. Nachdem sie dort einen Hormon-Protein-Komplex gebildet haben, ist ihre Aufgabe als »First messenger« erledigt; alles weitere wird dem »Second messenger« überlassen. Dieser »Second messenger« kann ein Kalzium-Ion sein, oder, wie in den meisten Fällen, das cAMP.

Nachdem das Hormon – als »First messenger« – sich wie Schlüssel und Schloß an das Rezeptormolekül außen an der Zellmembran gebunden hat, wird die an der Innenseite der Membran bereitstehende Adenylat-Cyclase durch Umlagerung innerhalb des Moleküls aktiviert; das hat wiederum zur Folge, daß das im Zellinneren gespeicherte ATP in cAMP katalysiert wird. Das cAMP kann jetzt in der Zielzelle die spezifischen Prozesse auslösen, die nach außen hin eben als Hormonwirkung erkannt werden – Blutzuckersenkung, Erhöhung der »Osmolalität«, d.h. des Salzgehaltes im Blut, usw. Erstaunlich ist, wie sparsam die Natur bei der Dosierung der *Hormonwirkung* vorgeht: Eine Lösung, in der 1 g Hormon in 1 000 000 000 000 l Wasser verrührt wurde, ist noch wirksam. Wäre unsere Zunge für ein Hormon ebenso empfindlich wie für Zucker, müßte man, zum Vergleich, dieselbe Menge Hormon in einen kleinen Swimmingpool schütten wie Zucker in die Kaffeetasse.

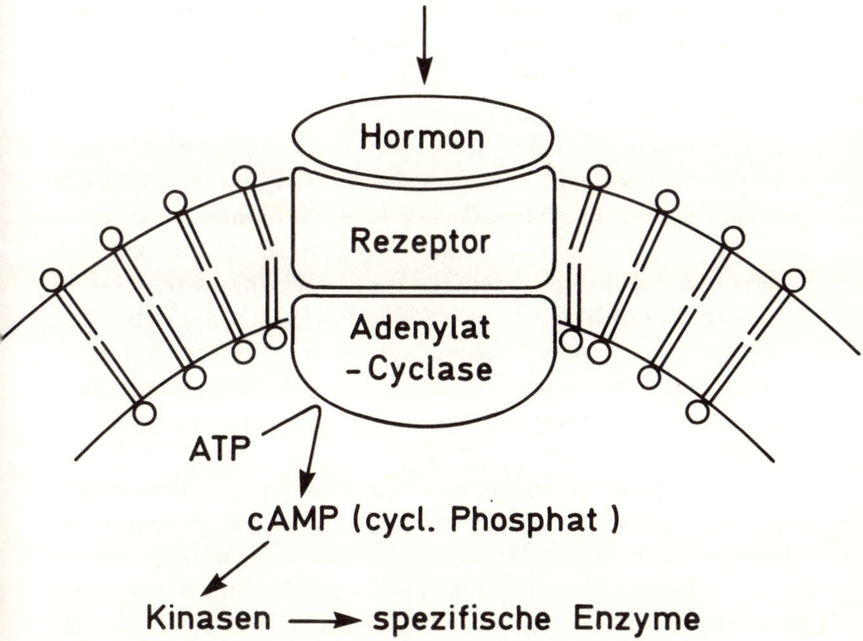

Bild 37: *Erste Stufe: das Hormon verbindet sich mit spezifischen Rezeptormolekülen der Zielzelle zu einem Hormon-Protein-Komplex (»First messenger«).*
Zweite Stufe: der »Second messenger« löst unter Mitwirkung von cAMP in der Zelle die spezifische Hormonwirkung aus.

Neurosekretion – eine übergeordnete Kontrollinstanz

Die hormonelle Regelung wird nicht den einzelnen Drüsenorganen – der Schilddrüse, der Nebenniere, den *Gonaden* – überlassen; ihre Tätigkeit wird durch das Gehirn überwacht, aber nicht in der Weise, daß von dort über Nervenfasern und Synapsen Befehle erteilt würden: Gewisse Nervenzellen geben selbst hormonartige Drüsensekrete ab, die ihrerseits ins Blut ausgeschwemmt und von dort an die zuständigen Hormondrüsen weitergeleitet werden. Es war eine der großen Entdeckungen dieses Jahrhunderts, als im Jahre 1928 E. SCHARRER bei seinen histologischen Untersuchungen an der *Epiphyse* der *Elritze* die überraschende Feststellung machte, daß in bestimmten Nervenzellen selber Sekrettröpfchen gebildet werden. Sekrettröpfchen in Nervenzellen? Das schien zu damaliger Zeit so unglaublich, daß es fünf Jahrzehnte dauerte, bis sich die wissenschaftliche Welt endlich durch immer neue Belege, die Berta SCHARRER nicht nur von Wirbeltieren, sondern auch von Insekten beibrachte, überzeugen ließ, daß bestimmte Nervengebiete im Gehirn ein sogenanntes *Neurosekret* in die Blutbahn abgeben, um andere Hormondrüsen in Tätigkeit zu setzen. Inzwischen ist das Gebiet der Neuroendokrinologie zu einer selbständigen Disziplin geworden. Es müßten mehrer Bücher geschrieben werden, um alle neuen Erkenntnisse zu erfassen. Beispielhaft sollen der Hypothalamus und die Hypophyse herausgegriffen werden.

Die Hypophyse ist ein winziger Hirnanhang des Zwischenhirns; sie produziert nicht weniger als neun verschiedene Hormone, die zum Teil wieder andere Hormondrüsen zur Ausschüttung anregen (s. u.). Bereits anatomisch kann man an der Hypophyse einen Hinterlappen, die Neurohypophyse, und einen Vorderlappen, die Adenohypophyse, unterscheiden. Im Hinterlappen werden zwei Hormone gespeichert, die nicht von der Hypophyse selbst stammen, sondern aus neurosekretorischen Zellen des Hypothalamus geliefert werden. Es sind das Oxytocin und das Vasopressin; das Oxytocin regelt die Kontraktion des Uterus und die Milchsekretion; das

Vasopressin ist verantwortlich für die richtige Wasserresorption in der Niere.

Im Vorderlappen werden von selbständigen Hormonzellen fünf Hormone sezerniert: zwei Geschlechtshormone – das sogenannte luteinisierende Hormon (LH) und das follikelstimulierende Hormon (FSH); ferner das Schilddrüsenhormon (TSH), ein Wachstumshormon (GH) und das Prolactin, das wiederum die Milch-

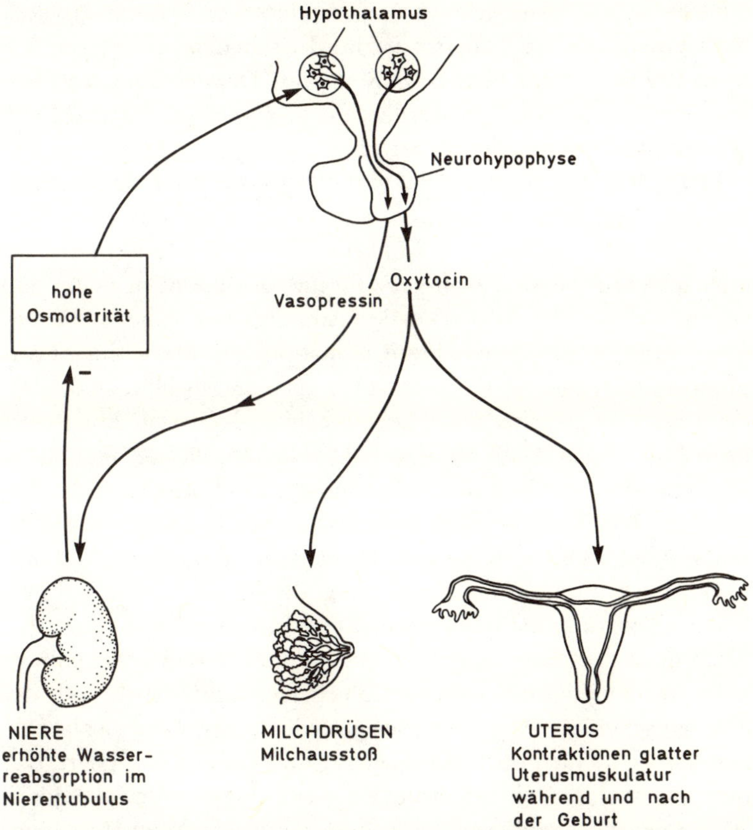

Bild 38: *Neurosekretorische Zellen des Hypothalamus schütten über die Neurohypophyse als Zwischenstation Oxytocin und Vasopressin ins Blut, die dann als Zielorgane den Uterus, die Milchdrüse und die Niere treffen.*

sekretion anregt, schließlich noch das adrenocorticotrope Hormon (ACTH, s. S. 132).

In allerjüngster Zeit hat man entdeckt, daß auch die Hormonproduktion des Vorderlappens vom Hypothalamus aus überwacht wird. Vier Neurosekrete stimulieren als sogenannte »Releasing Hormones« die Abgabe von FSH und Prolactin, von GH, von FSH und LH sowie von ACTH. Drei weitere Neurosekrete *hemmen* als »Inhibiting Hormones« die Freisetzung von GH, von Prolactin und von MSH (MSH, das Melanotropin, ein Hormon, das die Tätigkeit der Pigmentzellen stimuliert, wird im Zwischenlappen sezerniert.)

Im Rahmen dieses Buches muß auf eine Darstellung jener Hormonwirkungen verzichtet werden, die Stoffwechsel, Entwicklung, Wachstum, Osmoregulation betreffen.

Etwas eingehender sollen die Sexualhormone behandelt werden, die dem Organismus wichtige Anweisungen für das Fortpflanzungsverhalten geben. Die Funktion dieser Sexualhormone ist mehrschichtig. Sie sind zuallererst für die Ausbildung primärer und sekundärer Geschlechtsmerkmale zuständig; sie regulieren die Differenzierung bei der Entwicklung in männliche und weibliche Fortpflanzungsorgane, sie induzieren aber auch die Ausbildung des farbenprächtigen Hochzeitskleides beim männlichen Stichling oder beim Pfau. Auch das komplexe Balzverhalten, das der männliche Stichling in seinem Zickzacktanz zeigt, das den Lockgesang des Auerhahnes auslöst, schließlich das anschließende Brutpflegeverhalten, werden bis ins einzelne von den Sexualhormonen reguliert. Ektosteron ist nötig für die Stimulierung des Männchengesanges bei Vögeln, Progesteron für die Nestbautätigkeit der Vögel und Mäuse. Wichtig ist der Hinweis, daß männliche und weibliche Sexualhormone regelmäßig in beiden Geschlechtern nachweisbar sind; der *Titer* entscheidet, wie die Weichen gestellt werden. Dabei ist bemerkenswert und auch noch keineswegs physiologisch analysiert, daß das gleiche Hormon bei beiden Geschlechtern unterschiedliche Wirkung hat: Mit steigendem Androgenspiegel werden die Männchen der Säugetiere aggressiv, die Weibchen aber werden empfänglicher für die Werbung der Männchen. Man möchte natürlich gern wissen, wie denn dieses hormongesteuerte Verhalten auf das Nervensystem seine Information überträgt. Immerhin wissen wir, daß die Androgene und Östrogene zunächst vom Hypothalamus über Umweltreize, wie Klima, Jahreszeit, Entwicklungsreife, Nahrungsangebot, zur Sekretion stimuliert werden. Von dort wird dann die neue Order an jene Kommandozentren, die für eine endgültige Handlung zuständig sind, weitergegeben. Daß dabei Verhalten nicht als eine einmalige Handlung abläuft, sondern in ständiger Wiederholung bei der Balz, bei der Reviermarkierung, in der Aggression gegen den Rivalen langfristig anhält, mag die Komplexität eines Wirkungsgefüges andeuten, bei dem Neurosekretion, Sexualhormone, Sinneswahrnehmung, Motoneurone miteinander verflochten sind.

Wie vielseitig Sexualhormone wirken, wie sie koordinierend das gesamte Fortpflanzungsverhalten regulieren, sei an einem weitgehend unbekannten, aber gut untersuchten Fall, nämlich der kanadischen Strumpfbandnatter (Thammophila sistalis parietalis) dargestellt. Im voraus sei bemerkt, daß diese Natter sich nicht an das übliche Schema der Fortpflanzung bei Wirbeltieren hält. Wenn die Fortpflanzungszeit heranrückt, vergrößern sich bei letzteren in der Regel die Gonaden bei Männchen und Weibchen, und als Folge steigt der Blutspiegel für Androgene und Östrogene. Deren Rückkoppelung auf die zuständigen Hirnzentren löst das Balzverhalten aus.

Bei der Strumpfbandnatter sind sowohl Hoden wie auch Ovarien in der Begattungszeit noch völlig rückgebildet; erst nach der Begattung entwickeln sie sich zur vollen Größe und bilden Spermien und dotterreiche Eier aus. Was die Männchen angeht, so muß man sich natürlich fragen, wie sie denn ihre Spermien auf das Weibchen zur Befruchtung übertragen können. Die Sachlage hat sich geklärt, als man fand, daß das Männchen zunächst in der Tat eine »sterile« Begattung durchführt; dann erst entwickeln sich die Spermien, und diese Spermien bewahrt es bis zum nächsten Jahr auf. Der eigentliche Sinn solcher Regelung ist derzeit noch undurchsichtig; dagegen ist der biologische Sinn der »jungfräulichen« Begattung beim Weibchen klar und einsichtig: Das Weibchen verschwendet nicht nutzlos Energie für die Reifung der Eier für den Fall, daß es gar nicht zur Begattung kommt; der Dotter für die Eier wird also erst nach der Befruchtung gebildet, nachdem das Weibchen seine sommerlichen Jagdgründe aufgesucht hat, die bis zu 15 km vom Winterlager entfernt sind.

In dieses Winterlager – das sind tiefe Dolinen – ziehen sich Männchen und Weibchen im Herbst zurück, um die strenge kanadische Kälte, die nicht selten 40° C unter Null erreicht, zu überstehen. Bis zu 10000 Tiere hat man in einem einzelnen Lager gezählt. Wenn dann im Frühling die Temperatur bis auf 25° C ansteigt, wandern zuerst die Männchen aus, halten sich aber in der Nähe der Höhle bereit, um nach einem strengen Zeitplan die Begattung durchführen zu können. Sie haben nur wenige Tage die Chance, ein Weibchen zu erobern – bei einem Verhältnis von Männchen zu Weibchen wie 5000:1. Der Zeitplan ist dabei wichtig, denn die Weibchen sind in Eile, nach der Begattung brechen sie sofort zu ihren entfernten Jagdgebieten auf. Dort suchen sie ihre Beute, um Energie für die lebend zu gebärenden Jungen zu speichern; zusätzlich muß auch noch ein Fettpolster für die kommenden langen Wintermonate angelegt werden.

Die paarungsbereiten Weibchen, die jetzt aus der Höhle kommen, locken zunächst mit einem Sexuallockstoff, dem Vitellogenin, die Männchen an. Dieses Pheromon wird durch kräftige Atembewegungen über Blutkapillaren aus den gespreizten Schuppenfalten frei. Bis zu 100 Männchen stürzten sich auf ein derart lockendes Weibchen. Das Gerangel dauert aber nur kurze Zeit, denn in geradezu genialer Weise sorgt jenes Männchen, das vom Weibchen als der geeignete Partner akzeptiert wird, dafür, daß es in Ruhe die Paarung vollziehen kann, vor allem aber, daß das Weibchen nach der Begattung völlig unbelästigt von anderen Männchen bleibt und in sein Jagdrevier abziehen kann. Das erfolgreiche Männchen gibt nämlich während der Begattung ein »Abschreckungshormon« als Warnsignal ab, das das Weibchen abstoßend für die Männchen macht. Dieses Hormon steckt in einem gelatinösen Pfropf, der von den Nierenkanälchen abgesondert wird und mit dem das Männchen die Geschlechtsöffnung des begatteten Weibchens verschließt. Es genügt, mit diesem Pfropf ein paarungsbereites Weibchen am

Rücken abzureiben – es wird mit Sicherheit von den Männchen gemieden. Auf solche Weise sind also weitere Begattungen ausgeschlossen; das »selfish gene«, das eigennützige Gen, des vermutlich tüchtigsten Männchens hat seine Schuldigkeit getan.

Seltsame Wege ist hier die Evolution gegangen: Auf der einen Seite läßt sie Männchen in tausendfachem Überschuß erzeugen; dann wendet sie alle Kunst auf, um die Versuche der überzähligen Männchen, zur Paarung zu kommen, zu verhüten. Daß das Weibchen nach der Paarung durch hormonelle Antilockstoffe vor weiteren Zugriffen der Männchen geschützt wird, ist unter Wirbeltieren eine Sondermaßnahme der Strumpfbandnatter. Ähnliches findet man jedoch auch bei Heuschrecken und anderen Insekten. Die Massenproduktion der Männchen mag auch als Anpassung an die extremen klimatischen Bedingungen in Nordkanada, der nördlichsten Verbreitung von Reptilien, gesehen werden.

Hormone, die die Metamorphose der Insekten überwachen

Wenigstens am Rande seien jene Hormone genannt, die bei Insekten die Metamorphose, d. h. die Umwandlung der Larve zur Puppe und zur Imago, dem geschlechtsreifen Tier, regeln. Es ist ein Wechselspiel zwischen einem Häutungshormon, dem *Ecdyson* – einem Steroid – und dem sogenannten *Juvenilhormon*, einem Isoprenderivat. Diese komplizierte und umständliche Metamorphose hat zwei lebenswichtige Aufgaben zu erfüllen.

Zum ersten: Das Wachstum der Larven muß so reguliert werden, daß jeweils bei einer Häutung, wobei der Chitinpanzer gesprengt wird, ein schneller Wachstumsschub erfolgt. Dabei ist peinlich genau der richtige Zeitpunkt einer Häutung einzuhalten.

Zum zweiten ist zu bedenken, daß bei Insekten die Larven und Imagines in den überwiegenden Fällen (bei sogenannten holometabolen Insekten) an völlig verschiedene Lebensweisen angepaßt sind. Die flügellose Raupe beispielsweise nährt und mästet sich an Blättern, der Schmetterling fliegt munter hin und her und nippt gelegentlich an dem Nektar der Blüten. Über die Puppe, einem langen Ruhestadium, wird diese radikale Umwandlung vollzogen.

Für den geregelten Ablauf der Häutung selbst ist allein das Ecdyson verantwortlich, das in den Prothoraxdrüsen gespeichert wird. Es folgen etwa 4 bis 6 Häutungsstadien aufeinander; dabei ist es wichtig, daß die nachfolgende Puppenhäutung nicht zu früh und

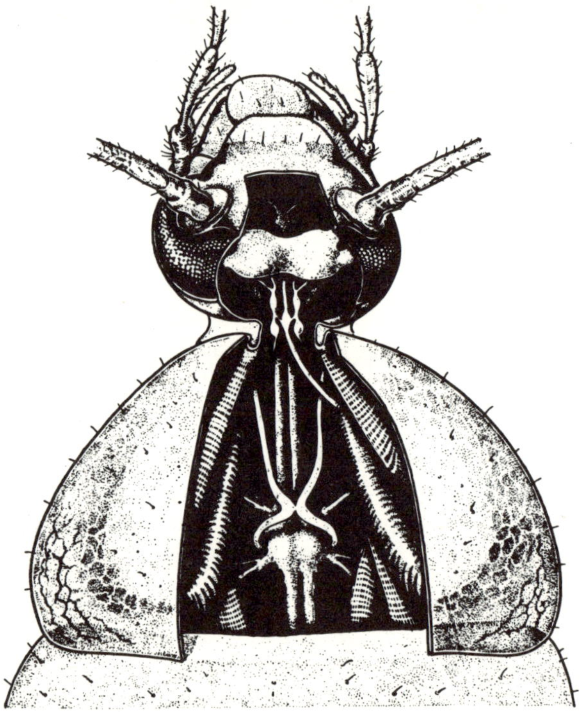

Bild 39: *Die Prothoraxdrüse sezerniert Ecdyson als Häutungshormon; ihre Tätigkeit wird von neurosekretorischen Zellen, den Corpora cardiaca überwacht; überwacht wird auch die Ausschüttung des Juvenilhormons, das in den Corpora allata gespeichert wird. Linkes Bild: Anatomie einer Küchenschabe; rechtes Bild: Funktionsablauf.*

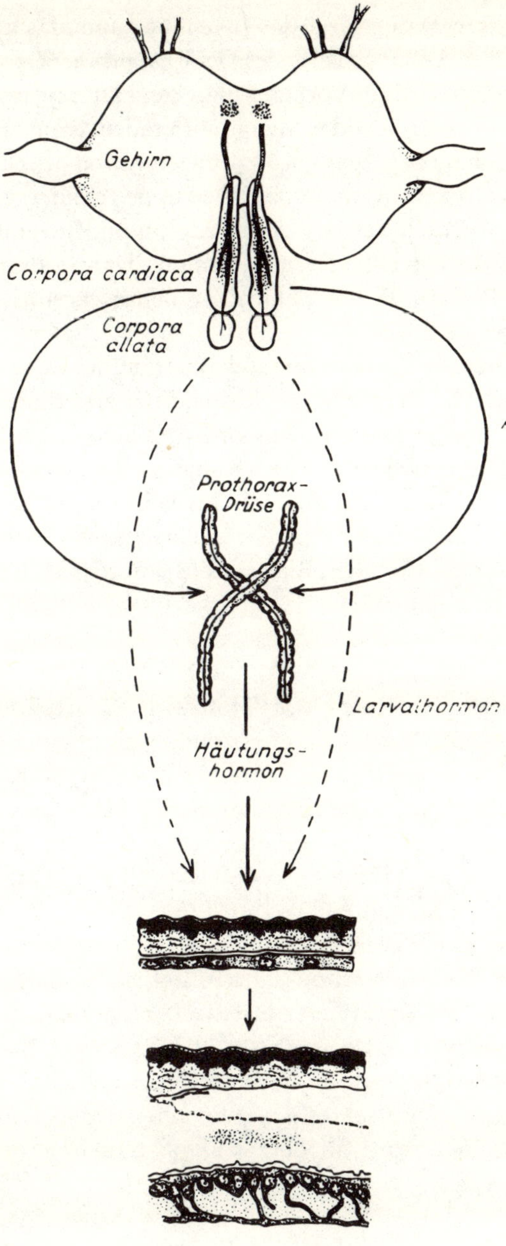
Gehirn
Corpora cardiaca
Corpora allata
Aktivations-
hormon
Prothorax-
Drüse
Larvalhormon
Häutungs-
hormon

nicht zu spät einsetzt. Dafür sorgt das Juvenilhormon, das in den Corpora allata, einer Anhangsdrüse des Gehirns, produziert wird. Dieses Juvenilhormon wird zur Vorbereitung einer Häutung ins Blut ausgeschüttet; ist es in genügender Menge vorhanden, dann erfolgt jeweils eine Larvenhäutung. Sinkt seine Konzentration aber unter einen bestimmten Grenzwert, dann wird die Puppe gebildet.

Dieses penible Wechselspiel zwischen Ecdyson und Juvenilhormon wird überwacht von einem Neurohormon, dem prothoracotropen Hormon (PTTH), das im Gehirn von neurosekretorischen Zellen abgesondert wird.

Bei Bienen wie bei allen Insektenstaaten übernimmt das Juvenilhormon auch noch die Regelung der Kastendifferenzierung. Den Imkern ist seit eh und je bekannt, daß eine weibliche Larve nach dem dritten Tag sich entweder zu einer Königin oder zu einer Arbeitsbiene entwickeln kann. Der *Titer* des Juvenilhormons, das die Brutammen dem Larvenfutter beigeben, entscheidet über das Schicksal der sich entwickelnden Biene: Königinfuttersaft hat ein Quentchen mehr Juvenilhormon.

Elementare Lebensprozesse, wie Stoffwechsel, Atmung, Kreislauf, Exkretion, werden langfristig und weitgehend autonom durch Hormone reguliert. Ihre Nachricht wird über das Blut und über spezifische Rezeptoren, die die Zellmembran besetzen, an die Zielgewebe übertragen. Kalzium und cAMP sind dabei als Mittler (»second messenger«) eingeschaltet.

Überwacht wird die gesamte hormonelle Regelung durch die sogenannte »Neurosekretion«, d. h. durch hormonartige Sekrete aus Nervenzellen höherer Instanzen. Hypothalamus und Neurohypophyse werden repräsentativ für Säuger, Corpora allata und Prothoraxdrüse für Insekten dargestellt. Das Wirkungsgefüge: Neurosekretion, Sexualhormone, Fortpflanzungsverhalten, wird an der Strumpfbandnatter beispielhaft dargelegt.

7. Biologische Regelung

Als Abschluß zum allgemeinen Teil kann alles, was bisher über Informationsverarbeitung und gegenseitige Verständigung dargelegt wurde, in einem *Wirkungsgefüge* zusammengefaßt werden. Dafür bietet sich eine moderne Disziplin der Biologie, die *Biokybernetik*, an. Biokybernetik versucht die Informationsverarbeitung und Informationsübertragung im Rahmen eines *Regelkreises* – als biologische Regelung – zu erläutern. Biologische Regelung wird heute sogar als Grundbedingung für die Entstehung des Lebens auf unserem Planeten gefordert. Leben bedeutet ja Fließgleichgewicht mit der sich ständig ändernden Umwelt; diese »Homöostasis« kann nur aufrechterhalten werden, wenn durch ständige *Rückkoppelung* auf eine Störung gegengeregelt wird.

Zwei Pioniere auf diesem Gebiet müssen genannt werden: Der Physiologe R. WAGNER hatte 1925 erstmalig darauf hingewiesen, daß bei Belastung eines Skelettmuskels mit einem Gewicht oder bei der unterschiedlichen Anforderung an den Blutdruck die eben genannte Rückkoppelung die entscheidende Information erteilt und damit einen Regelkreis schließt.

N. WIENER hat dann 1948 unter dem Namen »Cybernetics« mit Betonung der mathematischen und informationstheoretischen Gesetze der biologischen Regelung zu einem Durchbruch verholfen. Biologen, Mediziner, Mathematiker haben sich mit den Ingenieuren zusammengetan und mit Erstaunen festgestellt, daß der biologische Regelkreis mit den technischen Reglern das Prinzip gemeinsam hat. Wir haben hier den seltenen Fall vor uns, daß der menschliche Verstand, unabhängig von dem Vorbild der lebenden Natur, ein System erfunden hat, das im wesentlichen den technischen Fortschritt in diesem Jahrhundert kennzeichnet. Wir werden aber im folgenden feststellen, daß die biologische Regelung, die seit 3 Milliarden Jahren tätig ist, in ihrer Komplexität, vor allem in der *Vermaschung* vieler Regelkreise untereinander, dem technischen Regler doch noch überlegen ist.

Zunächst müssen wir uns über die Begriffe »Regelung« und »Steuerung« klarwerden. Eine Steuerung liegt dann vor, wenn eine Nachricht von außen auf einen Energiefluß oder einen Transportvorgang einwirkt. Sie verläuft in einer Einbahnstraße, d.h. nach einem festgefügten Programm. Beispiel: Ballwerfen, Tennisspiel. Bei der Regelung hingegen geht die Wirkung der Nachricht nicht unwiderruflich in einen programmierten Energiefluß oder einen Transportvorgang ein; die Wirkung, die sie hervorruft, fällt durch Rückkoppelung wieder auf das Geschehen zurück, und es ergibt sich somit ein geschlossener Regelkreis. Bei genauerer Analyse zeigen sich fast alle vermeintlichen Steuerungen im lebenden Organismus letztlich als Regelkreise, da immer wieder eine Rückkoppelung festzustellen ist.

a) Der Regelkreis

Grundelement biologischer Regelung ist der Regelkreis. In ihm ist eine Führungsgröße als »Regelgröße« für bestimmte Lebensäußerungen vorgegeben, z.B. für die Körpertemperatur, für den Blutdruck, für das Atemvolumen; diese Regelgrößen gilt es konstant zu halten. Es handelt sich in diesem Fall um einen »*Halteregler*«.

Sehr viele biologische Regler haben jedoch als Führungsgröße ein *Programm*, das bereits im voraus zu erwartende Änderungen der Umwelt mit einberechnet – *Programmregler*, *Vorhalteregler*. Bei einem plötzlichen Kälteeinbruch z.B., der über die Kälterezeptoren der Haut gemeldet wird und der zunächst nur die Körperschale trifft, wird vorsorglich durch intensive Körperbewegung, beim Menschen auch durch warme Kleidung, einer zu starken Abkühlung des Körperkerns, d.h. der Bluttemperatur, vorgebeugt. Dies entspricht auch dem Regler einer modernen Raumheizung, wo ein

Vorfühlregler bei rascher Abkühlung die Heizung schon frühzeitig in Gang setzt.

Auch periodische Änderungen der Führungsgröße zählen zu den Programmreglern: Der Tagesgang der Körperkerntemperatur, des Blutdruckes, des Sauerstoffpartialdruckes usw. wären hier zu nennen.

Da der technische Regler im Prinzip dem biologischen Regler entspricht, können wir zum besseren Verständnis einen Regelkreis zunächst an einem technischen Regler erläutern (Bild 40).

Es soll der Wasserstand im Wasserreservoir der Stadtwerke konstant gehalten werden. Der Wasserstand ist die *Regelgröße*, der Wasserbehälter ist die *Regelstrecke, Sollwert* ist die einzuregelnde Wasserstandshöhe.

Der Vollzug geschieht durch einen Schieber, d. i. das *Regelglied*, das den Zufluß mindert oder stärkt. Da der Verbrauch, d. h. der Abfluß, sich ständig ändert – dies ist die *Störgröße* –, muß auch das Regelglied, d. h. der Schieber, durch *Rückkoppelung* stets ein neues Kommando erhalten. Diese Rückkoppelung geschieht, indem der jeweilige Wasserstand, d. h. der *Istwert*, mit dem Sollwert verglichen wird. Zum Messen des Istwerts wird ein *Fühler* benötigt; das ist entweder ein Beobachter, der mit seinen Augen an der Skala den Istwert abliest, oder es ist eine technische Abstromdrossel. Der Istwert wird vom Fühler zum Regelzentrum weitergeleitet, das entweder eine zweite Person darstellt oder durch einen mechanischen Kraftschalter vertreten wird. Von dort wird das Kommando an das Regelglied weitergegeben. Das Wesentliche in diesem Regelvorgang ist, daß eine *Information* und nicht eine Energie an das Regelzentrum übermittelt wird. Durch Umpolung – d. h. durch negative Rückkoppelung – wird bei zu tiefem Istwert ein weiteres Öffnen des Zuflußkanals, bei zu hohem Istwert ein teilweises Schließen veranlaßt.

Wir könnten nun ohne weiteres versuchen, dieser Wasserstandsregelung die Blutmengenregelung beim Menschen gegenüberzustellen. Da aber die Blutmengenregelung, wie andere biologische Regelkreise, mit anderen Reglern vermascht ist, wird das System des einzelnen Reglers oft recht unübersichtlich und schwer verständlich. Wir wollen daher zunächst einen einfachen biologischen Regelkreis, die Regelung der Körpertemperatur, behandeln.

Als Regelgröße, die konstant zu halten ist, wählen wir also die Körpertemperatur. Regelstrecke wäre somit der gesamte Körper, insbesondere das Blut, wobei man allerdings bei der Temperaturregelung des Menschen unterscheiden muß zwischen Körperkern und Körperschale. Diese Körpertemperatur ist ständiger Störung unterworfen durch Erwärmung und Abkühlung; dies sind Außeneinflüsse, die als Störgröße sich bemerkbar machen. Durch diese Störungen wird laufend der Istwert verändert. Er muß durch Meßeinrichtungen, die »Fühler«, gemessen werden. Dies sind in unserem Fall die Wärmerezeptoren im vorderen Hypothalamus (das ist ein Teil des Zwischenhirns), die Kälterezeptoren und Wärmerezeptoren in der Haut.

Der so gemessene Istwert wird als Information an das Regelzentrum im Hypothalamus weitergegeben. Ihm ist auch die Führungsgröße aus dem genetischen Programm bekannt, z. B. 37,5 Grad. Im Regelzentrum des Hypothalamus werden nun Istwert und der als Führungsgröße vorgegebene Sollwert miteinander verglichen. Es wird bei Abkühlung eine Gegenmaßnahme im Sinn einer Aufwärmung, bei Überhitzung eine Gegenmaßnahme im Sinn einer Abkühlung befohlen – *Umpolung, negative Rückkoppelung*; dieses Kommando wird als Stellgröße an die ausführenden Instanzen, die Stellglieder, weitergegeben, die dann die entsprechende Korrektur vollziehen: Muskelzittern, Grundumsatzerhöhung über die Schilddrüse und Leber ermöglichen eine Temperaturerhöhung, Verengung der Hautblutgefäße verhindern eine noch stärkere Abkühlung. Als Gegenmaßnahmen bei drohender Überhitzung wären zu nennen: Erweiterung der Hautblutgefäße, die die Abstrahlung erhöht, Tätigkeit der Schweißdrüsen, die eine Verdunstung und

Bild 40: *Ein technischer Regler soll den Wasserstand der Städtischen Wasserwerke konstant halten – auch bei wechselndem Verbrauch. Der Ableser und der Schubgeselle (oben) werden durch die Automatik ersetzt (unten), wobei Schwimmer und Abstromdrossel miteinander verbunden sind und so das Stellglied informieren (nähere Erläuterung im Text).*

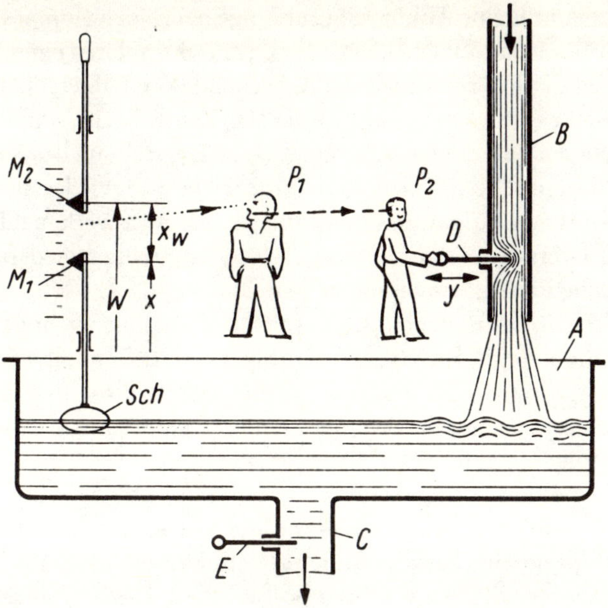
M2
M1
P1
P2
xW
x
W
D
y
B
A
Sch
C
E

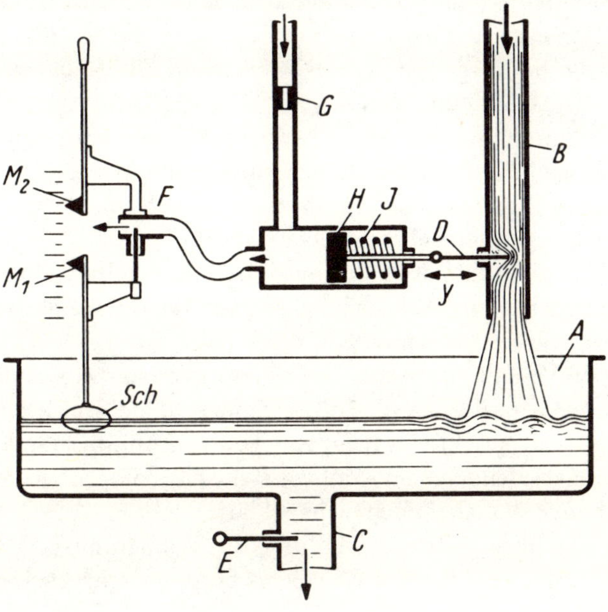
G
B
M2
F
H
J
D
M1
y
A
Sch
C
E

damit ebenfalls eine Abkühlung zur Folge hat. Noch einmal sei hervorgehoben: Das Entscheidende für das Funktionieren eines Regelkreises ist der Informationsfluß. Ausgehend vom Fühler, dem Meßwerk, fließt Information zum Regler der Zentralstelle, von dort zu den Stellgliedern, die das Kommando zur Herstellung des Sollwertes ausführen. Diese Gegenmaßnahme wirkt nun wieder als Information auf den Ausgangszustand zurück, das Meßwerk meldet den neuen Istwert dem Regler, der durch Rückkoppelung wiederum die entsprechende Gegenmaßnahme befiehlt.

In diesem Zusammenhang sei ergänzend auf eine wichtige Maßnahme im biologischen Regelkreis hingewiesen: Der Sollwert kann durch eine sogenannte *Führungsgrößenaufschaltung* in bestimmten Situationen verändert werden. Für die Temperaturregelung gilt das für folgende fünf Fälle:

1. Bei Fieber wird unter dem Einfluß von Toxinen der Sollwert von 37° bis auf ca. 41 °C erhöht – was die Abwehrmechanismen des Körpers entsprechend in Aktivität versetzt.
2. Bei Winterschläfern wird der Sollwert auf 4°–10°C abgesenkt. Erst wenn die Temperatur unter diese Sollwertgrenze sinkt, wird das Tier aktiv und heizt durch Bewegungen und Stoffwechselerhöhung die Körpertemperatur wieder auf. Die Sollwertverstellung folgt einer Jahresperiodik.
3. Tagesperiodisch wird der Sollwert der Körpertemperatur beim Menschen geändert. Wir finden ein Minimum um 5 Uhr morgens, ein Maximum um 18 Uhr abends. Die Unterschiede zwischen morgens und abends betragen 0,7° bis 2,1°C.
4. Unter dem Einfluß des Hormons Progesteron wird während der Schwangerschaft, aber auch im zweiten Teil des weiblichen Zyklus der Sollwert um etwa 0,5° erhöht.
5. Für den Verhaltensforscher besonders interessant, aber noch viel zuwenig erforscht, ist die Sollwertänderung bei seelischer Belastung; man spricht von Lampenfieber, von Angstzuständen, wo es einem siedendheiß im Kopf wird; die physiologischen Zusammenhänge sind aber noch nicht geklärt.

Bei oberflächlicher Betrachtung mag die Temperaturregelung als ein Halteregler erscheinen. Genaueres Studium zeigt aber, daß es sich hier um einen sehr genial organisierten Programmregler oder Vorhalteregler handelt. Wichtig ist in diesem Regelkreis, daß die Kerntemperatur konstant gehalten wird, während die Schalentemperatur in größeren Bereichen schwanken kann. Die Kälte- und Wärmerezeptoren der Haut dienen nun als Vorwarner. Sie melden frühzeitig eine Abkühlung oder Erhitzung der Schale, so daß der Organismus, noch ehe Abkühlung und Erhitzung bis in den Körperkern vordringen, Maßnahmen treffen kann, die der Gegenregelung dienen. Dazu gehören nicht nur Erhöhung des Stoffwechsels, Erhöhung der Aktivität, Muskelzittern oder im anderen Fall bei Überhitzung Schweißausbruch, erhöhte Durchblutung der Haut, sondern auch Maßnahmen, die vor Kälte schützen, d. h. warme Bekleidung, Aufsuchen eines kältegeschützten Unterschlupfes; bei Überhitzung Einschaltung von Ruhepausen, Aufsuchen eines Schattenplatzes usw.

Das Wesentliche eines *Proportionalreglers* (P-Regler) soll an Hand der Pupillenreaktion erläutert werden:

Unser Auge ist in seinen Sehleistungen in erstaunlicher Weise an unterschiedliche Lichtintensitäten angepaßt. Bei grellem Sonnenlicht bietet die Umwelt ca. 100000 Lux, aber noch bei schwachem Dämmerlicht von 2 Lux können wir Gegenstände nach längerer Anpassung unterscheiden. In erster Linie sind für solche Leistungen die Stäbchen und Zapfen, die für das Tag- und Dämmerungssehen unterschiedlich in Funktion gesetzt werden, verantwortlich. Zusätzlich ermöglicht aber die Pupillenreaktion eine Abschirmung gegen zu grelles Licht: Verengung der Pupille; bei schwachem Dämmerlicht wird durch Öffnung der Pupille alles Licht, was noch zur Verfügung steht, ins Auge eingelassen.

Die Regelgröße, die konstant gehalten werden soll, ist der Lichteinfall; bei der enormen Reaktionsbreite ist es aber einzusehen, daß diese Regelgröße, d. h. die Lichtintensität, die der Netzhaut geboten wird, nicht Tag und Nacht absolut konstant gehalten werden kann. Mit anderen Worten, die Pupillenweite folgt nicht linear wie bei einem sogenannten »Integralregler«. Sie kompensiert bei Sprüngen von einer Helligkeit zu einer höheren oder niedrigeren nicht 100%, sondern etwa nur 50% der Helligkeitsänderung.

Im einzelnen läuft der Regelvorgang, wie folgt, ab: Das einfallende Licht trifft die Lichtrezeptoren in der Netzhaut; über den Sehnerv wird diese Intensität zum Mittelhirn geleitet, von dort ergeht ein Kommando an die Pupillenmuskeln, die bei einer Zunahme der Lichtintensität die Pupille verengen, bei einer Abschwächung des Lichtes die Pupille erweitern. Vergrößerung des Lichteinfalls oder dessen Verminderung werden durch die Pupillenreaktion aber nur proportional kompensiert.

Wir müssen noch eine Besonderheit biologischer Regelung berücksichtigen, die grundsätzlicher Art ist: Biologische Regler sind fast immer untereinander verknüpft, *vermascht*, wie der Fachausdruck heißt; dadurch wird das System des einzelnen Reglers oft recht unübersichtlich und schwer verständlich. In vereinfachter Form wollen wir die Vermaschung zweier Regelkreise, nämlich Blutminutenvolumenregelung und Blutdruckregelung, darstellen. Zur Erläuterung müssen wir von der Blutdruckregelung ausgehen: Regelgröße für die Konstanthaltung des Blutdruckes ist der arterielle Blutdruck; der Istwert wird über Dehnungsrezeptoren im Carotis-Sinus (in der *Halsschlagader*) und in der Aortenwand dem Kerngebiet im Vaguszentrum gemeldet. Von hier aus werden durch Rückkoppelung zwei Gegenmaßnahmen über den Windkessel im Herzen und über die Arteriolen befohlen: Bei Überdruck werden Herzschlag und Herzschlagfrequenz gemindert sowie die *Gefäßkontraktion* herabgesetzt. Gegenläufige Maßnahmen werden bei Unterdruck veranlaßt.

Parallel zu der Erhöhung der Herzfrequenz wird das hormonelle System mit eingeschaltet. Aus dem Nebennierenrindenmark wird Adrenalin in die Blutbahn ausgeschüttet, wodurch mit Langzeitwirkung das Herz und Gefäßverenger zu erhöhter Aktivität angeregt werden. Auch Leber und Milz erhöhen ihre Aktivität, wodurch das Blutvolumen insgesamt vermehrt wird.

b) Zeitablauf der Regelung

Wenn eine Störung aus der Umwelt den Istwert vom Sollwert mehr und mehr entfernt, z. B. wenn bei erhöhtem Energieverbrauch der Blutzuckerspiegel sinkt, oder wenn bei akutem Wassermangel oder salzreicher Nahrung der osmotische Wert des Blutplasmas gefährlich ansteigt, dann setzt die Einregelung auf den Sollwert nicht spontan und sprunghaft, sondern mit einer zeitlichen Verzögerung, mit einer sogenannten *Totzeit* ein. Meist erfolgt die Einregelung in Form eines Einschwingungsvorgangs, der eine gewisse *Laufzeit* beansprucht. Die periodischen Einschwingungsvorgänge müssen bei einem gut funktionierenden Regler so verlaufen, daß sie sich mit abnehmender Amplitude möglichst rasch auf den Sollwert zubewegen (Totzeit und Laufzeit bestimmen letztlich die Güte des Reglers). Totzeit ist die Zeitspanne, die vergeht, bis das Regelglied auf die Störeinwirkung von außen reagiert. Laufzeit ist das Zeitintervall von dem Moment an, wo der Istwert durch die Störung eine Abweichung vom Sollwert erfährt, bis zur Ausführung des vom Regelzentrum befohlenen Kommandos durch die Regelglieder.

Regelung der Bevölkerungsdichte

Abschließend sei noch ein Regelsystem dargestellt, das in jüngster Zeit im Zusammenhang mit der Populationsdynamik, d. h. mit der Regelung der Bevölkerungsdichte, besonderes Interesse gefunden hat. Man fand nämlich heraus, daß Tierpopulationen eine Übervölkerung vorsorglich und sehr elegant vermeiden, indem sie nicht erst abwarten, bis Futtermangel eintritt; es werden frühzeitig Maßnahmen getroffen, die die Fortpflanzungsrate mindern und auch die Sterblichkeit der weniger lebensfähigen Individuen erhöhen. Bei Mäuse- und Rattenpopulationen, neuerdings auch bei Kaninchen, beim japanischen Hirsch, bei Wühlmäusen und Murmeltieren, hat man zwei hormongesteuerte Rückkoppelungs-Systeme analysiert, die populationsdynamisch wirksam sind: Das eine hemmt oder unterbindet die Fortpflanzung, das zweite vermindert die Resistenz gegen Infektionen, gegen Parasitenbefall usw. und erhöht allgemein die Sterblichkeit. Auslösender Faktor – die Störgröße – für diesen Regelmechanismus ist die zunehmende *»soziale Interaktion«*, d. h. eine gehäufte Begegnung der Artgenossen in ihrem Territorium, d. h. in ihrem abgegrenzten Lebensraum. Dies führt zum »sozialen Streß«. Als Folge von »Stressoren« (= biologisch schädliche Reize, die von Artgenossen ausgehen) treten im wesentlichen auf:

1. Das adrenokortikotrope System (ACTH) – Hormone der Nebennierenrinde – steigert seine Aktivität bis in den unphysiologischen Bereich, was zu erhöhter Sterblichkeit führt. Die Anfälligkeit gegen Infektionen und gegen Parasitenbefall nimmt zu, die Antikörper-Produktion wird herabgesetzt, übersteigerte ACTH-Produktion führt zu Glomerulus-Nephritis, also zu echter Nierenerkrankung, die Funktion des Hypophysenvorderlappens – eine Anhangdrüse des Zwischenhirns – läßt nach, was entsprechende stoffwechselbedingte Schädigungen zur Folge hat. Das Wachstum ist gehemmt. Das Körpergewicht nimmt ab.
2. Das gonadotrope System – Hormone, die die Tätigkeit der Geschlechtsorgane anregen – mindert seine Aktivität, dies führt zu einem Geburtenrückgang; wo noch Nachkommen erzeugt werden, können die Jungen nicht ordnungsgemäß aufgezogen werden, die Laktation, d. h. die Milchproduktion, ist unzureichend; die eigenen Jungen werden nicht selten aufgefressen.

Diese Systeme regulieren jedoch nicht nur quantitativ, sie treffen gleichzeitig eine qualitative Auslese: *Der Tüchtigste überlebt.* Dies wird dadurch erreicht, daß der soziale Streß stets den Rangtieferen zuerst trifft. Wurden einer Mäusepopulation gesunde Fremdlinge, die vormals in hoher Rangstellung standen, beigegeben, dann wurden sie anfällig gegen Krankheiten und gingen ein – als Verbandsfremde waren sie jetzt auf eine tiefere Rangstufe verwiesen worden und hatten deshalb stark unter den Stressoren zu leiden. Allgemein hat sich gezeigt, daß bei drohender Übervölkerung nur noch ein oder wenige dominante Weibchen Nachkommen erzeugen – auch wenn Futter, Wasser, Nistgelegenheit im Überfluß vorhanden sind.

Man kann durch beruhigende Psychopharmaka (z. B. Reserpin und Chlorpromazin) die Streßwirkung – und auch die Aggressivität – mindern, dann ist der Übervölkerung keine Schranke mehr gesetzt. Dies beweist: Die Stressoren wirken primär über das Zentralnervensystem. Der Regelkreis kann aber erst dann verstanden werden, wenn die Beziehungen der zentralnervös wirksamen Stressoren zu den hormonalen Prozessen quantitativ und qualitativ erfaßt werden. D. V. HOLST hat dies an den Spitzhörnchen (Tupaia helongeri), die in Sippen leben, mit großem Erfolg versucht.

Bild 41: *Biotest am Spitzhörnchen zur quantitativen Messung der Streßwirkung;*
links: dominantes Tier – keine Streßwirkung;
rechts: ein Tier unter Streß – mit gesträubten Schwanzhaaren

Der soziale Streß kann bei diesen Tieren quantitativ am Aufrichten der Schwanzhaare (wobei über Sympathicus die Arectores pili tätig sind) gemessen werden (Bild 41). Bei Störungen jeder Art, insbesondere bei Aggression von seiten des Artgenossen, bei Flucht, Angst, usw., aber auch bei gehäufter Begegnung mit den Sippengenossen, werden die Schwanzhaare eine kürzere oder längere Zeit gesträubt. Sofern ein dominantes Tier einem untergeordneten begegnet, sträubt nur das untergeordnete, das dominante nur dann, wenn es zu einer Aggression kommt. Mit dem Haarsträuben sind folgende populationshemmende Wirkungen verknüpft:

1. Drückt man die Zeit des Haarsträubens in Prozent eines 12-Stunden-Beobachtungstages aus, dann zeigt sich: Weibchen, die mehr als 20 % der Beobachtungszeit die Schwanzhaare gesträubt haben, versuchen andere Artgenossen, sowohl Männchen als auch Weibchen, zu begatten – fehlgesteuertes Verhalten infolge falschen Hormontiters. Die Jungen solcher Weibchen werden im Verlauf der ersten 2 Tage nach der Geburt gefressen – ganz gleich, ob es eigene Junge oder solche eines anderen Weibchens sind. Sind die sozialen Streßfaktoren so stark, daß mehr als 50 % der Tageszeit die Schwanzhaare gesträubt werden, dann werden die Weibchen völlig steril. Dies ist bedingt durch Degeneration der im Ovar heranreifenden Follikel. Beim Männchen unterbleibt die Samenproduktion, wenn mehr als 70 % der Beobachtungszeit Haarsträuben registriert wurde – »psychische Kastration«. Alle diese Vorgänge sind reversibel.
2. Je öfter die Schwanzhaare gesträubt werden, um so mehr verlieren die Tiere an Körpergewicht, die Jungtiere wachsen langsamer, die Leukozyten-Zahl steigt bei einem Schwanzsträuben von mehr als 20 % innerhalb von 1 bis 2 Tagen von etwa 3000 auf 6000 (in 8000 mm^2 Blut an). Bei mehr als 90 % Haarsträuben gehen die Tiere nach 8 bis 14 Tagen ein – auch wenn Futter im Überfluß vorhanden ist und wenn keinerlei Kampf stattgefunden hat.
3. Auch eine Verhaltensänderung im Brutpflegeverhalten ist mit dem Schwanzsträuben korreliert: Bei Schwanzhaarsträuben über 20 % müssen die Jungen, auch wenn das Milchangebot

noch ausreichend wäre, verhungern, weil die Mutter nicht mehr rechtzeitig füttert. Der normale 48-stündige Fütterungsrhythmus ist gestört. Es ist bekannt, daß psychische Spannungen, wie Angst, Wut oder Schmerz, das sympathische Nervensystem stark aktivieren und den Organismus auf diese Weise für heftige Aktionen vorbereiten, z. B. für die Flucht, den Angriff usw. Eine Aktivierung des sympathischen Nervensystems führt aber in einem gewissen Stadium zu einer Abgabe von Hormonen des Nebennierenmarks. Diese Hormone wiederum rufen eine Abgabe von ACTH und somit von Corticoiden – Hormonen der Nebennierenrinde – hervor, und man darf schließen, daß die Corticoid-Abgabe bei emotionalen Belastungen eine Folge der Abgabe von Nebennierenmarkhormonen ist, ferner, daß das Aufrichten der Schwanzhaare bei Tupaia durch eine Aktivierung des sympathischen Nervensystem ausgelöst wird, die gleichzeitig zu einer Abgabe von Nebennierenhormomen zwingt. So schließt sich der Regelkreis, der über soziale Strukturen das ZNS einbezieht und die hormonale Steuerung zu einem entscheidenden Regelglied in der Populationsdynamik macht.

Jeder Organismus steht in einem Fließgleichgewicht mit seiner inneren und äußeren Umwelt. Dies ist nur möglich über einen Regelkreis, der ständig durch Rückkoppelung den gestörten Sollwert – z. B. Rangordnung im Sozialverband, Körpertemperatur, Blutdruck – wieder herstellt. Dabei sind die einzelnen Elemente eines Regelkreises – Regelgröße, Störgröße, Fühler (als Meßsystem), Regler, Kommando (als Stellgröße) und ausführende Regelglieder – in einem Wirkungsgefüge organisiert.

Sollwertverstellung und Vermaschung mehrerer Regelkreise sind im biologischen Bereich in genialer Weise verwirklicht; auch die modernsten technischen Regler können damit nicht konkurrieren.

Auch die Populationsdynamik unterliegt einer strengen biologischen Regelung: Bei drohender Übervölkerung eines Lebensraumes werden frühzeitig – noch ehe Futter und Wohnraum knapp werden – Gegenmaßnahmen getroffen, die die Fortpflanzung einschränken oder ganz verhindern und die Anfälligkeit gegen Krankheiten, d. h. die Sterblichkeit erhöhen. Störfaktor ist der »soziale Streß«, d. h. die überhöhte Begegnung mit dem Artgenossen. Regelgrößen sind zwei Hormonsysteme: Das Nebennierenrindensystem erhöht seine Tätigkeit bis in den unphysiologischen Bereich; das gonadotrope System mindert seine Aktivität und führt zu Unfruchtbarkeit. Wichtig ist hierbei, daß nicht nur quantitativ, sondern auch qualitativ eine Auslese erfolgt: der »Tüchtigste« überlebt.

Teil II: Die einzelnen Sinnesgebiete im Dienste einer Biokommunikation

Im ersten Teil wurde versucht, allgemeine Grundlagen einer Biokommunikation zu behandeln. Der zweite, spezielle Teil soll an ausgewählten Beispielen darlegen, wie die verschiedenen Tiergruppen ihren Sendeapparat an die Sinnesleistungen des Empfängers adressieren. Dem Homo sapiens werden sich dabei neue Welten eröffnen, die unseren Sinnen und unserem Verständigungssystem verschlossen sind. Ich hoffe, da und dort das Staunen über solche genialen Leistungen einer gegenseitigen Verständigung wecken zu können.

1. Kommunikation mit Hilfe chemischer Signale

Allgemeine Prinzipien

Kommunikation mit Hilfe chemischer Signale war sicherlich in der Evolution der erste erfolgreiche Versuch, eine Verständigung unter artgleichen Individuen zu ermöglichen. Duftstoffe werden allenthalben beim Stoffwechsel, sozusagen als »Nebenprodukt«, frei. Schon bei Braunalgen, bei Grünalgen, bei Bakterien ist solche Kommunikation mit Hilfe chemischer Signale unter Gameten nachgewiesen. Desgleichen kennen wir solche Kommunikation bei Einzellern und bei Schleimpilzen; sie wird diffiziler und komplexer bei Insekten und erreicht wohl ihren Höhepunkt bei den Säugetieren. Im Vergleich zur zentralen Informationsverarbeitung von akustischen und optischen Signalen ist jene im olfaktorischen Bereich zwar durchaus einfach, aber keineswegs primitiv zu nennen. Um ihre Prinzipien zu verstehen, sollten wir uns in Ergänzung zu Seite 68f. die Vorteile und Nachteile einer Kommunikation mit Hilfe chemischer Signale klarmachen.

Vorteile sind, daß diese Signale auch bei Nacht gesendet werden können, daß sie Hindernissen ohne Umschweife ausweichen, ferner, daß deren Produktion keine komplizierten Organe benötigt; das Öffnen einer Drüsenspalte gibt für Stunden, ja für Tage den Duftstoff frei. Ferner: Minimale Mengen des Duftstoffes reichen aus, um beim Partner eine Antwort auszulösen.

Für das Seidenspinnermännchen genügen 1000 Moleküle/cm^3, um es zum Weibchen zu locken. Wenn man die Gasgesetze befragt, welche Menge das bedeutet, dann sind wir Menschen in unserer Vorstellungskraft überfordert. Ein cm^3 enthält nämlich 10^{19} Moleküle dieses Duftstoffes. Hätten wir 1 kg des Bombykols – das ist der Lockstoff des Seidenspinnerweibchens – zur Verfügung und würden wir ihn in Frankfurt am Main verdampfen lassen, dann würde der Luftraum über der gesamten Bundesrepublik so mit diesem Duftstoff gesättigt, daß jeder cm^3 über dem Boden 1000 Moleküle enthielte; man könnte damit etwa in Berchtesgaden und in Hamburg mit dieser Duftprobe ein Seidenspinnermännchen anlocken. Die Reichweite von Duftsignalen ist enorm – kilometerweit; zumal sie vom Wind verdriftet werden. Man braucht nicht wie bei akustischen Signalen immerfort aufs neue zu senden, wie Grillen und Singzikaden dies stundenlang tun; nein: man setzt eine Duftmarke, wie das der Gemsbock in seinem Revier tut, s. Bild 7, S. 32), oder man entläßt eine Duftwolke aus einer Drüse wie das Schmetterlingsweibchen, und die Nachricht wird von selbst eine längere Zeit im Luftraum schweben.

Gerade in diesem Punkt liegt aber auch ein Nachteil: Man kann die Nachricht nicht beliebig löschen, um z. B. etwas Neues zu melden. Im Vergleich zu akustischen und optischen Signalen wird die Nachricht auch nicht momentan, sondern zum Teil mit erheblicher *zeitlicher Verzögerung* übermittelt. Man muß warten, bis die Duftmoleküle vom Sender bis zum Empfänger durchdringen. Ein weiterer Nachteil ist darin zu sehen, daß der Parameter »Intensität« als spezifisches Signal kaum zu gebrauchen ist. Es gibt zwar einige interessante Ansätze, daß beispielsweise bei hoher Intensität ein Duftstoff abschreckend wirkt, bei geringer Konzentration anlockend; aber genauere quantitative Untersuchungen stehen noch aus.

Um den gesamten Prozeß der Informationsverarbeitung im Duftbereich zu verfolgen, müssen wir uns zunächst einige Besonderheiten am Signaleingang, also Sonderleistungen der chemischen Sinnesorgane klarmachen: Da ist zum ersten eine geradezu unglaubliche Empfindlichkeit der einzelnen Riechzelle – ein einziges Duftmolekül kann sie bereits erregen; das gilt sowohl für die Nachtschmetterlinge als auch für die Nase des Aals und des Hundes. Man hat einen Aal darauf dressiert, daß er in einer von drei Tonröhren seinen Schlupfwinkel suchte; er durfte aber nur in jenes Röhrchen hineinkriechen, in dem es nach Rosenduftöl roch. In den beiden duftlosen Röhrchen gab es jeweils einen leichten Elektroschock. H. TEICHMANN, der diese Versuche durchführte, konnte

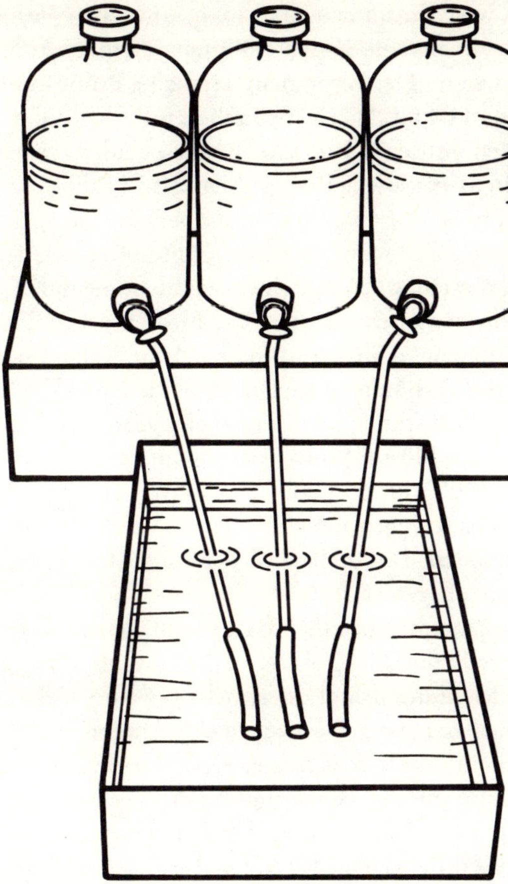

Bild 42: *Versuchsanordnung für die Aaldressur: In zunehmender Verdünnung wird eine der drei Flaschen mit Rosenduftöl beschickt. Die Tonröhren in der unteren Wasserwanne dienen als Unterschlupf. Das Tier darf aber nur in jene Röhre kriechen, in der es nach Rosenöl riecht. In den anderen Röhren erhält es einen leichten Elektroschock. Um eine Ortsdressur zu vermeiden, werden die Flaschen immer wieder untereinander ausgetauscht.*

das Duftöl so weit verdünnen, daß man, um einen Vergleich zu bringen, 1 cm^3 in den Bodensee schütten, dann umrühren und 58fach verdünnen mußte. Wenn man dann eine Probe aus dem See herausnimmt und damit das Duftröhrchen füllt, kann der Aal dieses noch von den duftlosen Röhrchen unterscheiden. Der Physiker schüttelt da den Kopf; solche Empfindlichkeit ist für ihn schon deswegen »unglaublich«, weil sie im Rauschen der übrigen elektrischen Aktivität der Zelle untertauchen müßte. Aber wiederum hat die Natur aus diesem Dilemma einen geradezu genialen Ausweg gefunden. Wenn man sich zunächst die Elementarprozesse in der Riechzelle klarmacht, dann kann man sich in Anlehnung an die Enzymchemie die Verbindung des Duftmoleküls mit dem Rezeptor so vorstellen: Das Duftmolekül trifft auf ein Substrat und paßt sich diesem nach dem Schlüssel-Schloß-Prinzip an, wobei in der Membran der Sinneszelle durch »Isomerisation«, d. h. Änderung der Raumstruktur des Rezeptormoleküls, Poren für Na^+- und K^+-Ionen geöffnet werden. Dadurch wird der Ionenstrom frei und ein Aktionspotential ausgelöst.

Was nun das Rauschen betrifft, so ist einzuräumen, daß zwar die einzelne Riechzelle durch ein einzelnes Duftmolekül erregbar ist; seine isolierte Meldung dringt aber nicht bis zum Gehirn durch. Erst wenn von den 25 000 Riechzellen der Antenne eines Seidenspinnermännchens mindestens 200 Rezeptoren gleichzeitig feuern, wird die Meldung durchgegeben und damit das Hintergrundrauschen, das durch Spontanaktivität der Zellen entsteht, übertönt; der Fachmann würde sagen, das »Signal-Rausch-Verhältnis« hat das kritische Maß überschritten.

Der Neuroanatom bestätigt diese Befunde: Die von den Riechzellen abziehenden Fasern vereinigen sich, d. h. konvergieren zu größeren Nervenfasern, die schließlich im Gehirn in Nervenknoten enden. Das Verhältnis der Konvergenz ist hier 4000 : 1; die peripheren Fasern werden auf diese Weise zu einem Riechnerv zusammengefaßt.

Dies ist eine erste wesentliche Funktion der zentralen Instanzen: Summation der Eingangssignale in einem einzelnen Neuron und damit Überwindung des kritischen Signal-Rausch-Pegels.

In den übergeordneten Instanzen des Gehirns wird dann ein völlig neuer und sehr wesentlicher Prozeß der weiteren Informationsverarbeitung eingeleitet. Es ist das Gegenstück zur Konvergenz: »Divergenz« heißt diese Maßnahme, die wir schon im allgemeinen Teil kennengelernt haben. Die aufsteigenden Fasern teilen sich in mehrere Seitenzweige, bis zu 70 je Stammfaser. Sie münden in Zentren, in denen Meldungen aus den mechanischen und thermischen Sinnesbereichen eingehen. Damit ist die Grundlage für eine schon erwähnte *»multimodale Informationsverarbeitung«* gegeben. »Plastisches Riechen« nennen wir dies bei der Honigbiene, wenn sie in eine Blütenröhre kriecht und den Lavendelduft »kapillar« riecht.

Die wichtigste – und schwierigste – Aufgabe im Duftbereich ist die *qualitative* Unterscheidung von Hunderttausenden verschiedener Artdüfte. Wie schon auf S. 32 erwähnt, geben sich Weibchen der Nachtschmetterlinge allein durch ihren Sexuallockstoff zu erkennen; eine heimkehrende Biene zeigt ihren »Paß« in Form des Stockduftes, den sie in ihrem Haarkleid und ihrem Wachsüberzug mitgenommen hat, vor. Ameisen legen koloniespezifische Duftspuren am Boden, womit sie gleichzeitig alarmieren und ihr Revier markieren. Säugetiere als Makrosmaten verwenden Duftmarken, um ihr Revier zu umzäunen, das Balzverhalten zu koordinieren und Gefahren anzuzeigen. Für die zentrale Verarbeitung dieser scheinbar unübersehbaren Vielfalt und Komplexität stehen zwei Wege offen:

1. Bereits die Riechrezeptoren lassen sich nach ihrer Empfindlichkeit klassifizieren. Es gibt unter ihnen »Spezialisten«, die nur auf bestimmte engumgrenzte Molekülgruppen ansprechen. Da gibt es »Grasrezeptoren«, solche, die auf eßbare Früchte, z. B. Zitronen, ansprechen. Es gibt »Pheromonrezeptoren«, die nur durch ein sehr enges Duftspektrum mit hoher chemischer Spezifität erregbar sind; Sexuallockstoffe gehören dazu. Dann findet man auf der Insektenantenne »Generalisten«, die ein breites Duftspektrum abdecken, d. h. auf mehrere, aber verwandte Duftstoffe ansprechen. Dazu zählt man viele Rezeptoren für Pflanzendüfte.
2. Dies erfordert aber zentrale Neurone, die zum einen die Erregungen aus den einzelnen Rezeptorklassen *summieren*, zum anderen

die unterschiedliche *qualitative* Zusammensetzung als typisches *Duftmuster* erkennen.

Auf diesem Gebiet stehen wir freilich noch vor einer »black box«; der Zugang zu ihr wird nicht leicht sein. Immerhin wurde von J. BOECKH im Gehirn der Küchenschabe ein pheromon-sensitives Neuron identifiziert, das sowohl auf den Sexuallockstoff »Periplanon« wie auch auf dessen Komponenten »Oktanol«, »Eucalyptol« und »Lemonöl« anspricht. Die Reaktion auf die Teilkomponenten ist aber viel schwächer und bruchstückhaft. Volle Wirkung zeigt nur der kombinierte Lockstoff.

In der Evolution einer Biokommunikation stellt die Verständigung über Duftstoffe einen ersten Versuch dar. Sowohl der Sendeapparat, der aus einfachen Duftdrüsen oder gar als Nebenprodukt des Stoffwechsels die entsprechenden Signale bietet, als auch der Empfangsapparat in den Chemorezeptoren und in den informationsverarbeitenden Zentren stehen auf unterster Stufe.

Vorteile:

Minimale Mengen eines Duftstoffes können über weite Entfernung, auch über Hindernisse hinweg und auch bei Nacht, ihre Signale senden. Ferner: Die ungeheure Vielfalt und Kombinationsmöglichkeit von Düften erlaubt nicht nur einen Ausweis der Artzugehörigkeit, auch die Feststellung der Rangordnung im Verband und persönliche Identifizierung sind möglich. Konvergente Verschaltung mit anderen Sinnesmodalitäten – Tastsinn, Temperatursinn – ergibt ferner ein spezifisches »Duftmuster«.

Nachteile:

a) Duftstoffe erreichen den Empfänger nicht unmittelbar – so wie akustische und optische Signale; sie müssen durch Luft

Bild 32: *Mit Lucifer Yellow wurden einige Nervenzellen nach Reizung und elektrophysiologischer Ableitung imprägniert und »persönlich« mit ihrer Funktion identifiziert (vgl. S. 101).*

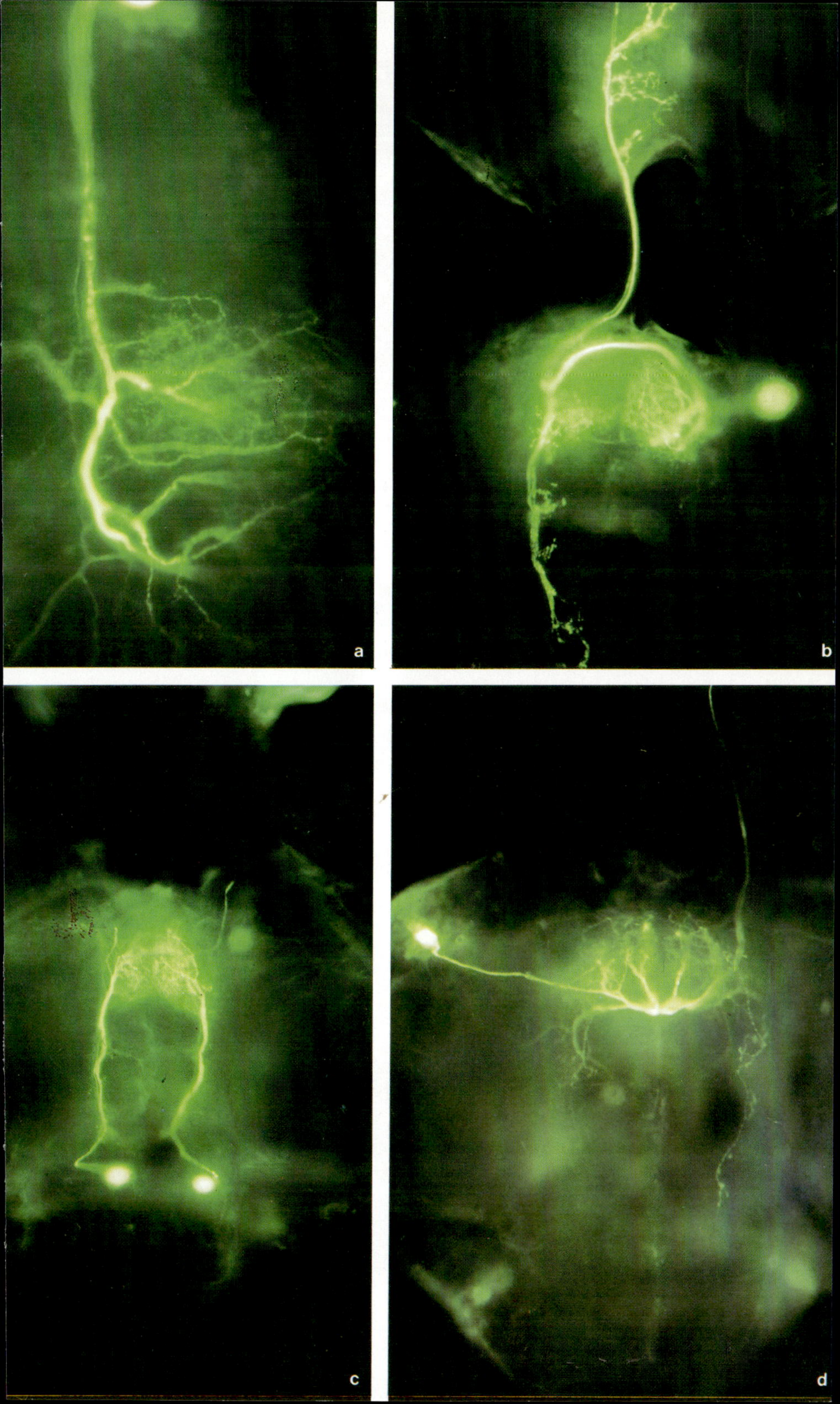
a
b
c
d

bzw. Wasser diffundieren und können durch Wind bzw. Wasserwellen verdriftet werden.

b) Duftmarken lassen sich nicht augenblicklich wieder löschen; der schon erwähnte ökonomische Vorteil kann sich, wo es sich um rasche und flexible Kommunikation handelt, nachteilig auswirken.

Funktion chemischer Signale

Wenn wir jetzt danach fragen, wie, wann und wo chemische Signale für eine gegenseitige Verständigung eingesetzt werden, müssen wir mit Überraschung feststellen, wie vielfältig ihre Funktion im gesamten Tierreich sein kann. Bei einer groben Einteilung können wir unterscheiden

1. Sexuallockstoffe, sogenannte Sexualpheromone, die die Geschlechtspartner zusammenführen.
2. Duftstoffe, die zum Spurenlegen dienen, um die Orientierung der Nestgenossen zu einem Ziel und die Rückkehr zum Heimatnest zu erleichtern.
3. Duftstoffe, die zur Markierung eines Territoriums verwendet werden.
4. Schreckstoffe, die einen Fischschwarm vor gefährlichen Zonen in ihrem Biotop warnen.
5. Alarmstoffe, mit deren Hilfe Nestgenossen vor drohender Gefahr gewarnt werden oder zur Mithilfe bei der Ausbeutung einer Nahrungsquelle aufgerufen werden.
6. Aggregationspheromone, die beim Borkenkäfer dazu dienen, durch Massenanlockung von Artgenossen die Widerstandskraft

---

Bild 54: *Ein »Feuerbaum«, entzündet von den synchronen Morsezeichen von Pteroptyx malacae-Männchen (vgl. S. 204).*

der befallenen Bäume zu schwächen, so daß die Parasiten ein Leichtes haben, ihre Bohrgänge anzulegen.

7. Duftstoffe, die die Hierarchie im Verband anzeigen und im Insektenstaat die Differenzierung der Kasten übernehmen.

a) Sexuallockstoffe

Bereits bei Braunalgen hat man eine Substanz als »Allo-cis-Buten« identifiziert, die von weiblichen Gameten abgegeben wird und die männlichen Gameten der eigenen Art anlockt. Das ist eine simple, aber elementare Kommunikation, die für die Arterhaltung entscheidend ist. Das gilt auch für das »A-Gamon« ($C_{20}H_{25}O_5$) von Mucor mucedo, einem Pilz; dieses A-Gamon läßt sexuell differenzierte Hyphen des anderen Geschlechtes sprossen.

Wir beschränken uns im folgenden auf Insekten und Wirbeltiere.

Die Weibchen vieler Schmetterlingsarten tragen am Abdomenende Duftsäckchen, die sie ausstülpen, um dadurch ihre Bereitschaft zur Kopulation kundzutun; dabei wird ein Duftstoff freigegeben, der die Männchen aus weiter Entfernung, wie schon erwähnt, anlockt. Während die Chemorezeptoren auf den männlichen Antennen äußerst empfindlich auf diesen Sexuallockstoff reagieren, sind die recht kümmerlichen Antennen der Weibchen für ihren eigenen Duftstoff »taub«. Auch höhere Konzentrationen bleiben im Elektroantennogramm (EAG) unbeantwortet. Wieder finden wir dieses seltsame Phänomen: Der Sender ist auf sein eigenes Signal nicht »ansprechbar«.

Für die etwa 200000 Schmetterlingsarten wurden bisher nur etwa 30 verschiedene Strukturen der Sexualpheromone aufgeklärt. Man kann sie ohne Schwierigkeit synthetisch herstellen; es sind einfache oder doppelt ungesättigte aliphatische Alkohole, Acetate, Aldehyde (s. Bild 9). In jüngster Zeit sind diese Sexuallockstoffe für eine *biologische Schädlingsbekämpfung* interessant und aktuell geworden: Da sie nur auf den arteigenen Geschlechtspartner wirken, kann man sie selektiv in den Feldern, Wäldern und Gärten ausbringen. Erste Erfolge stellen sich bereits ein: Man legt den Lockstoff, den man synthetisch herstellt, in Fallen aus und vernichtet die gefangenen Männchen in großen Massen – zu Tausenden und Millionen – und verhindert dadurch ihre Kopulation mit den Weibchen. Freilich ist der Erfolg bis jetzt immer noch nicht ganz befriedigend: Die Männchen sind eben in so großer Überzahl, daß sie nicht alle von den Fallen abgefangen werden können. Große praktische Bedeutung hat die Fallenmethode dadurch bekommen, daß sie einen drohenden Massenbefall anzeigt. Man kann also die Anwendung von Insektiziden prospektiv auf kurze Zeit beschränken.

Man wendet heute auch eine zweite Bekämpfungsmethode an, die sogenannte »Verwirrungsmethode«. Dabei verteilt man den Lockstoff gleichmäßig im Biotop, so daß eine gezielte Duftorientierung der Männchen zu den Weibchen nicht mehr möglich ist. Für den Apfelwickler, den Pfirsichwickler, die Mittelmeerfruchtfliege, die Olivenfliege und auch für den Kornkäfer sind bereits schlechte Zeiten angebrochen. Noch einmal sei betont, daß diese Sexuallockstoffe schon bei niedrigster Konzentration wirksam sind; da sie zudem flüchtig sind, ist keine Gefahr einer Anreicherung in Pflanzen, im Boden oder gar im Grundwasser zu befürchten. Noch wichtiger aber ist ihre hohe Spezifität – anders als die Insektizide vernichten sie nicht eine ganze Lebensgemeinschaft in einem Biotop, sondern nur jene Schädlingsart, auf die das Pheromon gemünzt ist. Eine kleine Einschränkung ist allerdings zu machen: Eingehende Forschungen in jüngerer Zeit haben eine Überraschung, besser gesagt: eine Enttäuschung hinsichtlich der geforderten spezifischen Lockwirkung der Sexualstoffe gebracht: Wenn man im sogenannten »Kreuztest« den Männchen einer Art den Lockstoff nicht nur der gleichen Art, sondern auch verwandter Arten anbietet, stellt man fest, daß diese Sexuallockstoffe in einem gewissen Bereich doch »transspezifisch« wirksam sind. Der Biochemiker stellt im Vergleich mehrerer Sexualpheromone fest, daß im engeren Verwandtschaftsbereich ihre Molekülstrukturen einander sehr ähnlich sind. Es hat sich mit diesen Forschungen ein neues Prinzip der Taxonomie, d. h. der Einordnung der einzelnen Arten zu Verwandtschaftsklassen, ergeben. Während man früher nur nach morphologischen Merkmalen geordnet hat, kann man jetzt auch eine »chemische Taxonomie« verwenden, also die Verwandtschaft aufgrund von Ähnlichkeiten der Sexuallockstoffe festlegen.

Für den Biologen war diese Angelegenheit enttäuschend, weil ein Sexuallockstoff ja ein sauberes, artspezifisches, d. h. *digitales* Signal darstellen soll; nur so lassen sich Fehlkopulationen vermeiden. Wie hat sich die Evolution aus diesem Dilemma geholfen? Zwei Ideen hat hier die Natur verwirklicht: Zum einen wird durch *räumliche und zeitliche Isolierung* der Arten eine Abgrenzung ermöglicht. Räumlich bedeutet, daß jede Art ihren eigenen Lebensraum wählt; zeitlich bedeutet, daß die Aktivitätsphasen für die Balz tageszeitlich und jahreszeitlich eng festgelegt sind. W. L. ROELOFS in Buffalo hat ein zweites Prinzip sexueller Isolation gefunden: Die Sexuallockstoffe enthalten durch die Bank nicht nur *eine*, sondern mehrere Lockstoffkomponenten. Ferner hat er überzeugend nachgewiesen, daß die *quantitative* Zusammensetzung dieser Duftstoffgemische artspezifisch und somit für eine saubere Isolierung bei der Balz verantwortlich ist. Nicht die Duftkomponente für sich, sondern ihr qualitatives und quantitatives *Muster* ist der Ausweis für jede Art. Für den Homo sapiens als Mikrosmat ist solches Mustererkennen im geruchlichen Bereich schwer vorstellbar. Wir dürfen aber durchaus ein optisches Muster unserer Wahrnehmungswelt mit dem Duftmuster, das sich einem Schmetterlingsmännchen anbietet, vergleichen. Für das Verständnis der Evolution der 200 000 Schmetterlingsarten, die wir heute kennen, ist die Erkenntnis hilfreich: Eine quantitative Änderung des Duftmusters – auch eine Umlagerung im Molekül, d. h. eine Stereoisomerisation – scheint durch Mutation durchaus möglich.

Daß die *Säugetiere* mit ihrem hochempfindlichen Riechapparat und ihrem vielgestalteten Drüsensystem Duftsignale für die gegenseitige Verständigung nutzen, braucht uns nicht zu überraschen. Was speziell die Sexuallockstoffe betrifft, so überrascht allerdings, daß diese nicht nur auf die direkte Anlockung des Geschlechtspartners gemünzt sind, sondern über einen komplizierten hormonellen Einfluß eine wichtige Wirkung auf die gesamte Fortpflanzung haben. Da wäre beispielsweise der »Bruce-Effekt« zu nennen: Wenn bei Mäusen ein sippenfremdes Männchen in ein Revier eindringt,

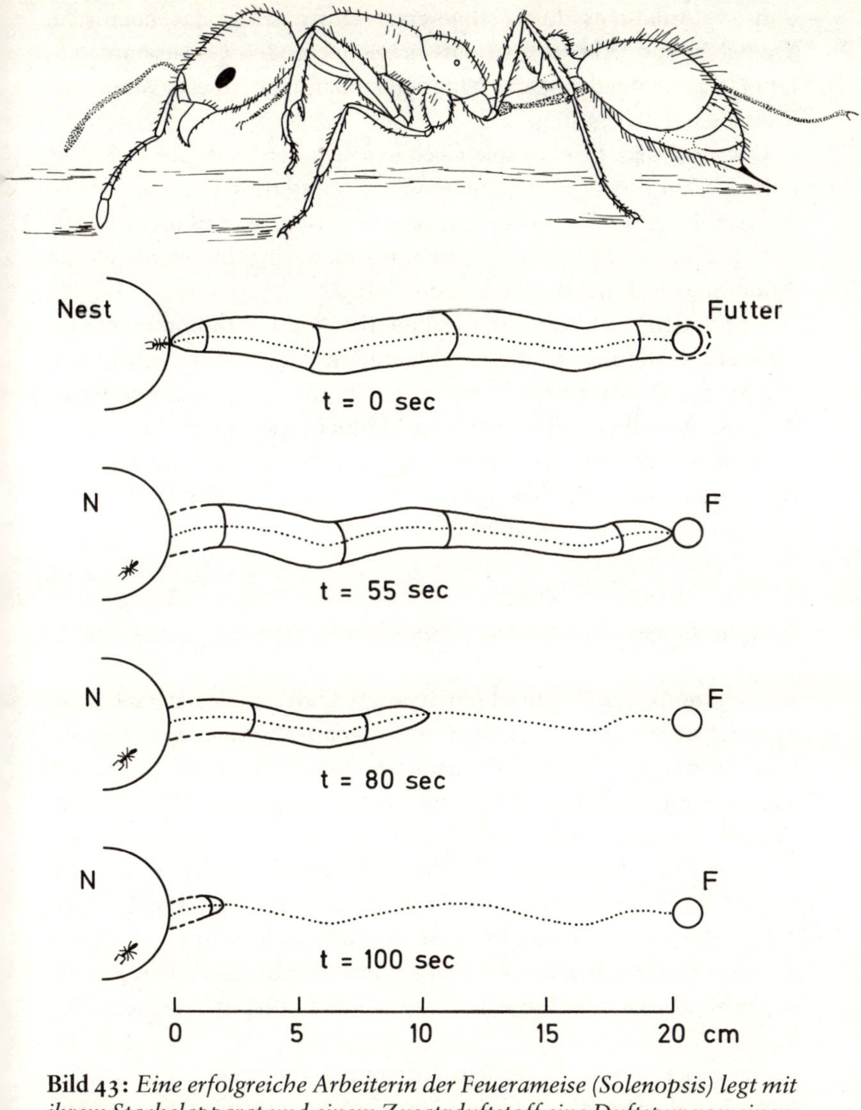

Bild 43: *Eine erfolgreiche Arbeiterin der Feuerameise (Solenopsis) legt mit ihrem Stachelapparat und einem Zusatzduftstoff eine Duftspur von einem Futterziel zum Nest. Die unteren Spurenbilder zeigen, in welcher Zeit der Duft wieder verschwindet.*

dann veranlaßt es durch abgesetzte Duftmarken das heimische Weibchen zum Abortus, so daß es wieder in den Östrusstatus gelangt. Das eingedrungene Männchen kann auf diese Weise das Weibchen neu begatten.

Der »Ropartz-Effekt« spielt sich in folgender Weise ab: Der Duft eines Verbandsgenossen in einer Mäusepopulation läßt die Nebennierenrinde eines Weibchens stärker wachsen, so daß mehr Corticosteroide, also Nebennierenrindenhormone, erzeugt werden. Eine Abnahme der Fruchtbarkeit ist die Folge.

Durch den »Whitten-Effekt« bewirkt eine Duftkomponente im Urin eines Männchens die Beschleunigung des Östruszyklus beim Weibchen. Dieser Effekt ist besonders dann zu beobachten, wenn man die Weibchen vorher von den Männchen getrennt hat.

Allgemein läßt sich zu diesen interessanten Erscheinungen sagen, daß Duftsignale offenbar schon frühzeitig die für eine Kopulation nötigen Maßnahmen auch physiologisch einleiten.

b) Spurenlegen bei Ameisen, Termiten und Bienen

Bei staatenbildenden Insekten werden Duftsignale vielfach zum Spurenlegen vom Nest zu einer ergiebigen Futterquelle verwendet. Eine heimkehrende Ameise alarmiert zunächst im Nest durch aufgeregtes Herumlaufen. Mit dem Sekret bestimmter Hinterleibsdrüsen werden dann am Boden Duftmarken abgesetzt; oft wird auch das Sekret der Giftdrüse mit einem Tröpfchen aus dem Enddarm als Duftmarke benutzt. Die alarmierten Nestgenossen folgen diesen Marken und finden so zum Ziel (s. Bild 43). WILSON konnte erfolgreich alarmierte Tiere der Feuerameise Solenopsis saevissema durch eine künstlich ausgelegte Duftspur zu einem Ziel locken.

Auch bei Termiten werden Duftspuren zu einem Futterziel gelegt. Sie dienen gleichzeitig dem Gefahrenalarm. Die Termite Zootermopsis betupft dabei den Untergrund in kurzen Abständen mit dem Sekret einer Drüse an der Hinterleibsspitze. Für Reticulitermes konnte für diese Duftmarke Cis-3-cis-6-trans-8-do-

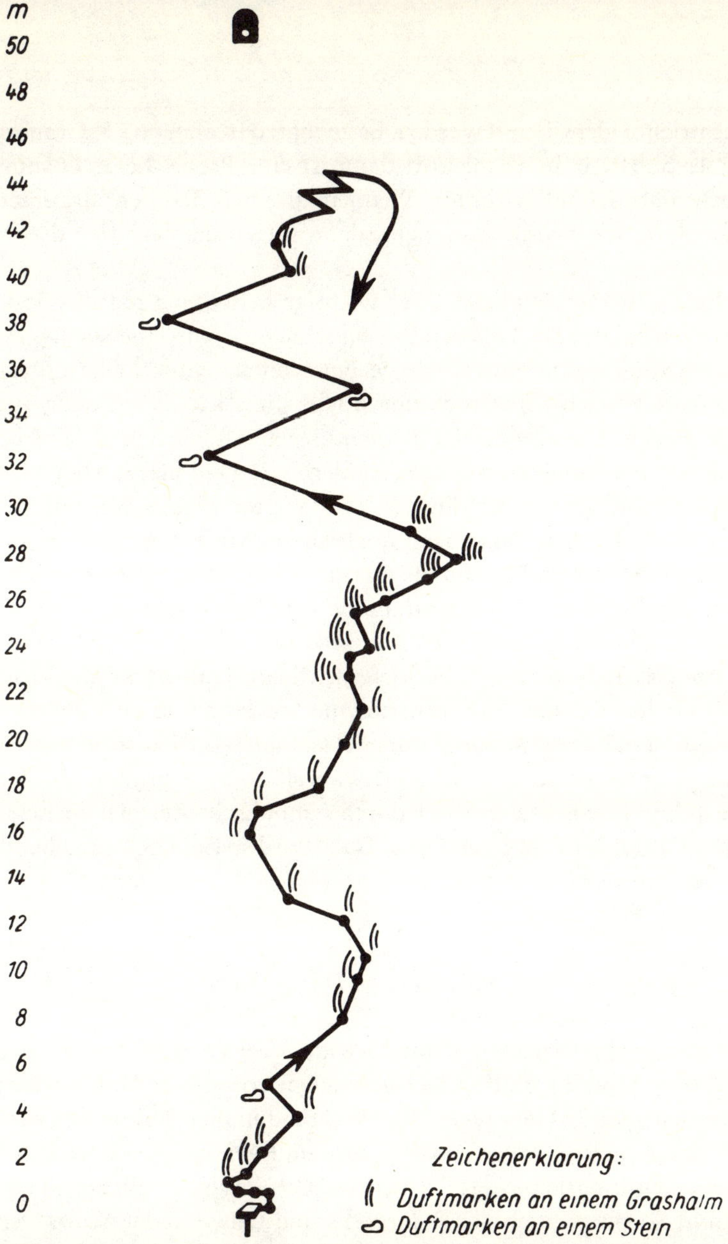

Bild 44: *Eine Trachtbiene von Scaptotrigona legt nach mehreren Sammelflügen Duftmarken vom Futterplatz zum Stock und lotst anschließend die vorher alarmierten Genossinnen entlang dieser Duftspur zum Ziel.*

decatrienol identifiziert werden. Es genügt, daß man 10^{-12} Gramm dieser Substanz in 10 ml löst, dann ist eine Probe dieser Lösung noch alarmierend wirksam. Wenn man einen Tropfen auf einer Glasplatte fadenförmig auszieht, dann folgen die Termiten dieser Spur.

Eine außergewöhnliche, aber wichtige Bedeutung hat das Spurenlegen bei den stachellosen Bienen erreicht. Wenn eine Suchbiene von Scaptotrigona eine ergiebige Futterquelle entdeckt hat, alarmiert sie zunächst im Stock durch lebhafte Zick-Zack-Tänze auf den Waben. Die alarmierten Bienen fliegen aus, suchen aber nicht ziellos in der Umgebung herum, sondern sammeln sich zunächst als kleiner Schwarm vor dem Flugloch und warten weitere Weisung ab. Nachdem die erste Suchbiene noch einige Male vom Futterplatz heimgekehrt ist und nochmals alarmiert hat, fliegt sie beim nächsten Sammelflug nicht schnurgerade zum Stock zurück, sondern landet alle 2–3 m am Boden und setzt auf einem Steinchen oder einem Grashalm aus der Oberkieferdrüse eine Duftmarke ab. Dann holt sie den alarmierten Schwarm vom Stock ab und lotst ihn entlang dieser Duftstraße zum Futterziel (s. Bild 44). Dies ist zweifellos eine primitivere Vorstufe zum Schwänzeltanz unserer Honigbiene, die indirekt im finsteren Stock durch symbolische Zeichen die Lage eines Futterzieles anzeigen kann. Dazu wird später noch eingehend zu berichten sein (s. S. 224).

c) Reviermarkierung mit Hilfe von Duftsignalen

Zu diesem interessanten Kapitel wurde bereits ausgiebig berichtet (s. S. 40). Hunde, Wölfe, Füchse machen von dieser Duftmarkierung sehr häufig Gebrauch. Wie der Hund immer und immer wieder durch kurzes Urinieren versucht, sein Revier zu markieren und fremde Duftmarken eines Rivalen zu überpinseln, ist allgemein bekannt. So tut es auch der Polarfuchs und teilweise der Wolf. Der Wolf wie auch der Fuchs, der Graufuchs und der Rotfuchs, markieren aber mit Vorliebe auf andere Weise: Sie reiben ihre Nackengegend, die sie vorher mit ihrem eigenen Urin benetzt haben, an einem

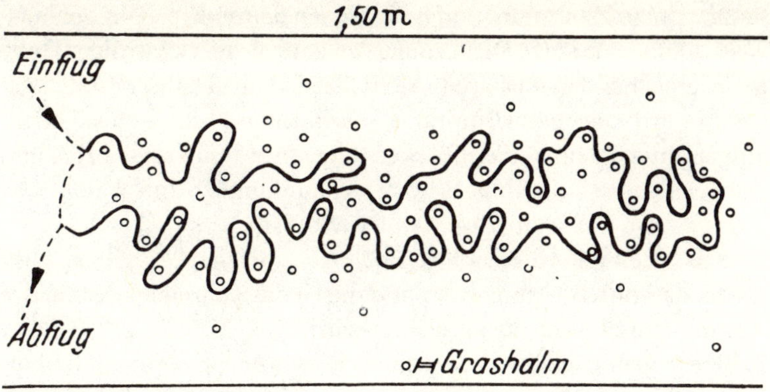

Bild 45: *Hummelmännchen versammeln sich an bestimmten optisch ausgezeichneten Balzrevieren und markieren gemeinsam in ständigem Rundflug Grashalme, Baumwipfel usw. mit dem Sekret ihrer Oberkieferdrüse.*

Bild 46: *Ein Männchen der Gartenhummel reitet auf dem Blatt eines Apfelbaumes und legt dabei eine Duftmarke aus dem Sekret der Oberkieferdrüse.*

Baum, einem Zaunpfahl und hinterlassen damit ihren Personalausweis: »Hier war ich!« Dies erinnert an ein sehr merkwürdiges Duftmarkieren bei den Eisbären: Sie wälzen sich mit ihrer Genickgegend in ihrer eigenen Urinpfütze, anschließend schreiten sie hochaufgerichtet an einem Felsbrocken oder einer Steilwand vorbei und bringen da ihre Urinfahne so hoch wie nur möglich an – je höher sie abgesetzt ist, um so abschreckender wirkt sie.

Vieles bleibt auf diesem Feld noch zu erforschen; so gibt es Hinweise, daß durch Urinmarken und durch das Fellreiben der soziale Zusammenhalt im Rudel gesichert wird.

Eine eigenartige Reviermarkierung wurde bei Hummelmännchen entdeckt: Hummelvölker sind ja sehr selten, und die Wahrscheinlichkeit, daß ein Männchen ein Weibchen ausfindig macht, ist nicht sehr groß. Da tun sich die Männchen einer weiteren Umgebung zusammen, sammeln sich an bestimmten optisch ausgezeichneten Geländemarken und machen hier Rundflüge, wobei sie Grashalme oder Buschäste oder Baumwipfel mit Hilfe des Sekretes ihrer Mandibeldrüse markieren. Das Revier wird ständig abgeflogen, und je mehr Männchen sich daran beteiligen, um so auffallender wird das Revier für die Weibchen, die dann in diese Balzbahnen einfliegen und begattet werden können (s. Bild 45 u. 46).

d) Schreckstoff der Fische

Eine einzigartige Funktion von Duftsignalen hat K. V. FRISCH bei schwarmbildenden Fischen entdeckt. Er hat seinerzeit eine Elritze im Wolfgangsee markieren wollen – was man sehr leicht dadurch erreicht, daß man den Seitenliniennerv am Hinterende des Fisches mit einem winzigen Schnitt durchtrennt, dann färbt sich das Hinterende dunkel. Als er diese Elritze wieder zu ihrem Schwarm, der seit Wochen zahm an die Futterstelle gekommen war, zurückwarf, wurde der Schwarm so verschreckt, daß alle Fische wie wild auseinanderstoben und tagelang, ja wochenlang nicht zum Futter erschienen. In langwieriger Analyse ergab sich folgender Sachverhalt: Wenn eine Elritze verletzt wird – unter normalen Verhältnissen, wenn z. B. ein Hecht sie schnappt – wird aus der Hautwunde ein chemischer Stoff, das Ichthyopterin, frei, das ein Warnsignal für die übrigen Artgenossen im Schwarm ist; diese stieben vor Schreck davon und meiden diese Gefahrenstelle wochenlang. Das betreffende Individuum ist in unserem Fall natürlich verloren, aber noch in letzter Sekunde gibt es ein Alarmsignal ab, um so seine Artgenossen zu retten. Man hat auf der Suche nach diesem Schreckstoff in der Haut sogenannte Kolbenzellen gefunden: blindgeschlossene Zellen, prall mit Sekret gefüllt. Das Sekret wird nur bei Verletzung frei, wobei wenige Moleküle in einer Lösung für die genannte Alarmwirkung genügen. Dieses Signal ist nicht streng artspezifisch, sondern kann auch fremde Artgenossen verschrecken, sofern sie der engeren Verwandtschaft der Elritze zugehören. Je weiter die Taxonomie abrückt, um so schwächer die Schreckwirkung. Wie bei den erwähnten Nachtschmetterlingen kann man also auch hier aufgrund dieses hochempfindlichen Biotests eine chemische Taxonomie aufstellen; in diesem Fall mußte man die alte Systematik der Knochenfische revidieren, indem man Rotfeder und Aitel neu einzuordnen hatte. Auch die Kaulquappen der Erdkröte, die ja in Schwärmen zusammenleben, auch einige Schneckenlarven benutzen solche Schreckstoffe, um gefahrvolle Örtlichkeiten zu meiden.

e) Alarmstoffe bei Ameisen, Wespen, Bienen, Termiten

Weite Verbreitung haben Duftsignale als Alarmsubstanzen bei den Insektenstaaten. Verschiedene Drüsensysteme – Analdrüsen, Giftdrüsen, Oberkieferdrüse, Dufourdrüse – geben bei Störung des Ameisennestes ein *Alarmsekret* frei, das benachbarte Nestgenossen in höchste Erregung versetzt und zur gemeinsamen Verteidigung veranlaßt. Wenn beispielsweise eine Wächterbiene am Flugloch gestört wird, rennt sie zunächst in den Stock, wobei sie das Stachelrinnenpolster mit dem Alarmsekret – Isoamyl-Acetat – freigibt. Dann kommt sie mit einer Schar alarmierter Bienen aus dem Flugloch, bereit zum gemeinsamen Angriff. Für Wespen, auch für Termiten gilt eine ähnliche Strategie des gemeinsamen Angriffs nach erfolgter

Alarmierung. Als Alarmsubstanzen wurden u. a. identifiziert: Methyldisulfid, Tridecan, Citronellal, Hexenal, Heptanon. Die letzteren Duftsubstanzen sind vor allem bei Ameisen bekannt geworden, wo sie eine sehr eindrucksvolle Massenalarmierung hervorrufen. Speziell die Soldaten werden durch diese Alarmsubstanzen alarmiert. Sie versammeln sich am Nesteingang zur Abwehr; auch bei der Verteidigung des Revieres werden solche Alarmstoffe eingesetzt.

f) Aggregationsduftstoffe der Borkenkäfer

Wenn ein Nadelbaum vom Borkenkäfer befallen wird, geschieht dies stets in Form einer *Masseninvasion.* Zunächst fliegen nur einzelne Männchen (bei polygamen Arten, d. h, wo die Männchen mehrere Weibchen besitzen), bzw. einzelne Weibchen (bei monogamen Arten, d. h, wo die Männchen nur ein Weibchen haben) einen potentiellen Wirtsbaum an. Wird er als geeignet erkannt, dann legen diese »Pionierkäfer« einen ersten Brutgang an. Gleichzeitig wird ein hochwirksames »Aggregationspheromon« abgegeben, das in Anhangsdrüsen des Enddarmes gebildet wird. Gemeinsam mit freiwerdenden Duftkomponenten des Wirtsbaumes lockt es andere Artgenossen an, die ebenfalls mit ihrem Aggregationsduftstoff einen Massenanflug bewirken. Die wesentlichen Bestandteile dieser Borkenkäferlockstoffe sind: Terpenalkohole, Verbenol, Frontalin u. a.; es sind allesamt ringförmige Verbindungen.

Wichtig sind Befunde aus neueren Forschungen, daß die einzelnen Komponenten für sich allein kaum eine Lockwirkung zeigen – das gesamte Bukett, gemeinsam mit den Terpenen des Wirtsbaumes, muß angeboten werden, um einen wirksamen Massenbefall zu garantieren.

Man mag die Frage stellen: Wozu denn dieser Aufwand an komplexen Locksignalen für einen Massenbefall, wo doch jedes einzelne Tier für sich allein, ohne Konkurrenz, die Brutgänge für die Nachkommen anbieten könnte? Der Botaniker gibt uns einen ersten Hinweis: Tannen und Fichten verschließen jede Wunde in der *Bastschicht* mit einer Harzabsonderung. So geschähe es auch mit den Bohrgängen der Borkenkäfer, die ja ihre Gänge in den nährstoffreichen Bast, das Phloem, bohren. Nun weiß man von mehreren Arten der Borkenkäfer, daß sie auf ihrer Körperdecke *Pilzsporen* mittragen, mit denen sie die Wände ihres Bohrganges impfen. Sehr rasch breitet sich im Splint ein Pilzgeflecht aus, das wiederum die Harzabsonderung des Wirtsbaumes verhindert. Aber nur bei einem gleichzeitigen Massenbefall ist die Abwehrkraft der Bäume genügend geschwächt; das ist sicher auch ein Grund, warum die Borkenkäfer bevorzugt kränkelnde Bäume befallen.

Bei solcher Strategie dürfen wir natürlich nicht jenes Problem außer acht lassen, das ein Massenbefall zwangsweise nach sich zieht: Was geschieht, wenn der Massenbefall zur echten Konkurrenz, vor allem unter den Männchen wird? Es muß zumindest Vorsorge getroffen werden, daß sich die quer verlaufenden Bohrgänge der Larven nicht überschneiden; dies würde der Fall sein, wenn die Muttergänge zu eng beieinander lägen.

Die Lösung ist denkbar einfach; sie wurde an der Douglas-Fichte, der Douglasie, die in Nord-West-Amerika ein wichtiges Nutzholz liefert, gefunden: In dem Lockstoffgemisch des Weibchens ist das Methyl-Cyclo-Hexenon (MCH) enthalten. Es wirkt nur in äußerst geringer Konzentration anlockend; steigt sein Titer, wird es zum »Repellent«, d.h. zu einem Abwehrstoff für die Männchen. Sobald ein Männchen in den Freßgang eines Weibchens vorgedrungen ist und sich zur Paarung anschickt, veranlaßt es das Weibchen, durch ein charakteristisches Zirpen vermehrt MCH abzugeben. Auch die Männchen selbst produzieren MCH, sowie ein anderes Männchen als Rivale sich nähert. Damit ist das Verbotsschild für die nachfolgenden Rivalen ausgehängt. Es kommt noch hinzu, daß auch die Weibchen, während sie ihren Muttergang bohren, *zirpen*, was Weibchen in der Nachbarschaft auf Distanz hält. Nähert sich ein solches bis auf 10 cm, so zirpt die Revierbesitzerin ohne Unterbrechung. Auf solche Weise wird eine zu enge Bevölkerung im Wirtsbaum vermieden.

(Das Zirpen wird dadurch erzeugt, daß eine feingerippte Feile auf der Unterseite der Flügeldecken an zwei Schrillzähne am Abdomenende gerieben wird.)

Nebenbei sei bemerkt: Auch die natürlichen Feinde der Borkenkäfer – das sind Erzwespen, einige Fliegenarten, einige Käferarten – lassen sich von diesen Aggregationspheromonen anlocken. In unseren Monokulturen freilich, die den genannten Feinden keine Nistmöglichkeit mehr bieten, verschiebt sich das Gleichgewicht zugunsten der Borkenkäfer – ein warnendes Beispiel, wie die Störung einer Biozönose in unserer Kulturlandschaft den Massenbefall von Schädlingen heraufbeschwört.

Auch bei anderen Käferfamilien, bei Schaben und sicher auch bei weiteren Insektengruppen, bewirken Aggregationslockstoffe den Zusammenschluß größerer Gruppen. Schaben geben mit dem Kot eine Substanz ab, die andere Artgenossen anlockt und so Ansammlungen an reichlichen Futterplätzen oder günstigen Schlupfnischen bewirkt.

Sogar die (scheinbar) primitiven Schleimpilze sondern in einem bestimmten Stadium ihres Entwicklungszyklus, dem sogenannten Amöboid-Stadium, einen Aggregationsstoff, das »Acrasin« ab, das benachbarte Zellen anlockt. Diese locken dann mit ihrem »Acrasin« weitere Zellen an, wodurch sich das »vielzellige« Stadium ergibt.

Neuere Untersuchungen haben gezeigt, daß auch in einem Kornspeicher bei Befall mit dem gefürchteten Kornkäfer (Tribolium) Aggregationspheromone die Besiedlungsdichte regeln. Zunächst suchen sich vereinzelte Käfer gegenseitig durch Chinone (das sind Abkömmlinge des Benzols) anzulocken; auch Männchen und Weibchen finden auf diese Weise zueinander. Mit zunehmender Besiedlungsdichte übernimmt das Chinon eine andere Funktion, indem es die »Respektdistanz« der Individuen zueinander regelt – »Komm mir nicht zu nah!« Auf solche Weise wird eine gleichmäßige Verteilung im gesamten Kornspeicher garantiert. Schließlich wirken die arteigenen Chinone bei drohender Übervölkerung abstoßend; sie sind also vom Lockstoff zu einem Repellent geworden. Offensichtlich ist hier die Intensität des Duftstoffes der regelnde Parameter.

Von besonderem Interesse oder, biologisch gesehen, von hoher arterhaltender Bedeutung ist solche Repellentwirkung bei vielen

Schlupfwespen, die ihre Eier in Raupen fremder Arten ablegen. Die Jungen zehren dann an der vorher durch einen Stich gelähmten Wirtslarve und fressen sie bei lebendigem Leib auf – unter möglichst langer Schonung der lebenswichtigen Organe. Für das Weibchen ist es wichtig, vorher zu prüfen, ob die Wirtslarve nicht schon befallen ist. Ein Duftstoff, den der junge Parasit als Repellent abgibt, verhindert, daß Weibchen von *Trichogramma evanescens* die Wirtseier doppelt belegen. Auch Ephialtes, eine Schlupfwespe, die einige Zentimeter tief ihren Legestachel in einen Bohrkanal des Holzwurmes einsenkt, zeigt dabei eine erstaunliche Orientierungsleistung: Es wird mit den Antennen nicht nur geprüft, wo die Holzbocklarve zu finden ist; gleichzeitig wird auch unterschieden, ob die Wirtslarve noch frei oder bereits parasitiert ist.

g) *Duftstoffe als Weichensteller bei der Kastendifferenzierung der sozialen Insekten*

Am Rande wenigstens sei auf jenes merkwürdige Phänomen hingewiesen, daß Duftstoffe sich auch bei der Differenzierung von Kasten bei Termiten, Ameisen und Bienen beteiligen. Auf diesem Gebiet sind die wahren Zusammenhänge noch keineswegs voll aufgeklärt. Die Honigbiene mag das Problem aber wenigstens andeuten. Man weiß, daß die Anwesenheit einer gesunden Königin in einem Bienenvolk die Entwicklung der Ovarien bei den vielen Tausend Arbeiterinnen hemmt; das Signal, das die Königin abgibt, ist die sogenannte Queen-Substance, die Trans-9-Keto-2-Decenoid-Säure und die Trans-9-Hydroxy-2-Decen-Säure, die beide aus der Mandibeldrüse stammen. Dieses Sekret wird in ständigem Futteraustausch zwischen den Stockbienen verteilt; es wirkt über den Stoffwechsel hemmend auf die Ovarienentwicklung. Gleichzeitig aber ist eine Duftkomponente an diesem Hemmechanismus beteiligt. Daneben kennt man die Koschevnikov'sche Drüse, die im Stachelrinnenpolster zu finden ist und einen typischen Königinnenduft abgibt. Fehlen diese beiden Substanzen – wenn also die Königin verlorengeht oder wegen Alter und Krankheit funktionsunfähig geworden ist –, dann geht das Volk der Weisellosigkeit entgegen. Das bedeutet eine Katastrophe für das Volk und liefert es letztlich dem völligen Verfall aus: Es entstehen aus Arbeiterinnen Afterweisel, die nachträglich ihre Ovarien entwikkeln. Diese können Eier ablegen, allerdings nur unbesamte Drohneneier, weil sie nie begattet wurden. Ein Drohnenvolk kann für sich aber nicht existieren. Auch wenn die Queen-Substance in zu geringer Konzentration angeboten wird, etwa wenn die Königin zu alt ist und damit nicht mehr genügend Queen-Substance liefert, oder auch, wenn das Volk zu individuenreich geworden ist und der Raum in der Beute zu eng wird, dann erreicht die Queen-Substance einer einzigen Königin nach der tausendfachen Aufteilung (auf 100000 oder mehr Individuen!) nicht mehr den Schwellenwert der Hemmwirkung bei allen Arbeiterinnen. In diesem Fall werden zunächst nicht die Ovarien der Arbeiterinnen zur Entwicklung angeregt, sondern es werden, soweit noch junge weibliche Larven in den Brutzellen zur Verfügung stehen, einige junge Königinnen herangezogen. Es entstehen Weiselzellen, die Ersatzköniginnen liefern und damit die Volksteilung durch Schwärmen ermöglichen.

Funktionell lassen sich Duftsignale in folgende Klassen einteilen:

1. Sexuallockstoffe, die die Geschlechtspartner zusammenführen.
2. Duftstoffe, die zum Spurenlegen dienen.
3. Duftstoffe, die zur Markierung eines Territoriums verwendet werden.
4. Schreckstoffe, die einen Fischschwarm vor gefährlichen Zonen warnen.
5. Alarmstoffe, die Nestgenossen zur gemeinsamen Verteidigung auffordern.
6. Aggregationspheromone, die durch Massenanlockung

von Borkenkäfern die Widerstandskraft der befallenen Bäume schwächen.

7. Duftstoffe, die die Hierarchie im Verband anzeigen und bei der Steuerung der Kastendifferenzierung beteiligt sind.

2. Kommunikation mit Hilfe mechanischer Signale

In den letzten Jahrzehnten haben sich ungeahnte neue Welten hinsichtlich der Kommunikation mit Hilfe mechanischer Signale aufgetan. Ganz grob können wir dieses Gebiet aufteilen in Kommunikation durch

taktile Reize,
Vibrationsreize,
akustische Reize.

Taktile Reize und Propriorezeption

Taktile Reize haben in erster Linie die Aufgabe, dem Organismus, der sich über die Haut mit seiner gesamten Oberfläche der Umwelt aussetzt, den direkten Kontakt mit dieser Umwelt zu ermöglichen. Die Körperoberfläche der Insekten ist mit Tasthaaren übersät; auf unserer Haut finden sich zahllose Druckpunkte, besonders zahlreich an »feinfühligen« Körperstellen, wie der Fingerbeere, wobei das Prinzip der lateralen Hemmung ein scharfes »Druckmuster« abbildet (s. Bild 28).

Die Funktion taktiler Reize für eine Kommunikation kann hier nur angedeutet werden. Da ist die gegenseitige Körperpflege, die besonders intensiv bei Säugetieren ausgebildet ist, zu nennen; das Belecken, das Körperkraulen, das Puffen, das Anschmiegen dienen dem sozialen Kontakt zwischen Eltern und Jungen und auch zwischen den Kumpanen in einem Verband. Das Auflegen und Tappen mit der Vorderpfote, das Puffen mit der Schnauze sind Freundschaftsgesten beim Hund und bei der Katze; das Männchen erbittet damit vom Weibchen Auskunft, inwieweit es zur Kopula bereit ist; daß der gesamte Balzablauf und die Kopula selber durch vielfache taktile Reize gesteuert werden, braucht nicht im einzelnen geschildert zu werden.

Eine besonders wichtige Funktion taktiler Signale, die vom Laien verständlicherweise meist übersehen wird, ist die sogenannte »Propriorezeption«. Ihr ist die Aufgabe gestellt, den Organismus über die Stellung der Körperglieder zueinander zu informieren, mit anderen Worten »Ordnung im eigenen Haus zu schaffen«. Dabei muß auch die Spannung der Muskeln der jeweiligen Ruhe oder einem Bewegungsablauf angepaßt werden. Erst so ist die Grundlage für eine Orientierung des gesamten Organismus im Raum gegeben. Haarpolster an den Gelenken der Insekten, ferner Spannungsrezeptoren an ihrem Chitinpanzer, beim Menschen Gelenkrezeptoren, geben Auskunft über die Position der Körpersegmente bei Insekten, oder der Beine, der Arme und des Kopfes bei Wirbeltieren. Dazu kommen die hochempfindlichen »Muskelspindeln«, die den jeweiligen Spannungszustand der Muskelfasern anzeigen. Man hat die Zahl der Signale, die beim Menschen durch Körperstellung, durch Bewegungsformen, durch Abtasten möglich sind, auf ca. 200 geschätzt. Am Rande sei bemerkt, daß auch Strömungsreize im Wasser oder in der Luft eine Aggregation und Koordination im ziehenden Vogel- oder Fischschwarm ermöglichen, wobei eine präzise Orientierung zu Strömungsreizen, die vom Artgenossen induziert werden, gefordert werden muß.

Tastrezeptoren, die die gesamte Körperoberfläche überdekken, sind für taktile Signale verschiedenster Art empfänglich; sie gelten dem Geschlechts- und Sozialpartner.

Propriorezeption, die die taktile Kontrolle der Stellung der Körperglieder zueinander übernimmt, schafft durch interne Kommunikation »Ordnung im eigenen Haus«.

Vibration

Es ist nicht einfach, dem Menschen, der vornehmlich mit Auge und Ohr seine Umwelt erschließt, die Möglichkeiten, die Vibrationssignale für eine Kommunikation zu bieten haben, verständlich zu machen. Aber es gibt Tiergruppen, wie die Spinnen oder viele Insekten, die vorwiegend in einer Welt des Vibrationssinnes leben und sich durch Vibrationssignale untereinander verständigen. Dem Nichtfachmann ist erfahrungsgemäß wenig über mögliche Reize und Signale, denen eine Vibration zugrunde liegt, bekannt. Zum besseren Verständnis des Folgenden müssen wir uns ein wenig mit der elementaren Physik der Vibrationsreize vertraut machen.

Mit der Vibration kommt ein wichtiger Informationsfaktor ins Spiel: die *Frequenz*. Druckreize als Sinusschwingung werden nach ihrer »Amplitude« (s. unten) oder ihrem »Massenfluß« (mass flow) rhythmisch geboten. Mit der Amplitude kann man die Intensität, mit ihrer zeitlichen Aufeinanderfolge die Frequenz anzeigen, was wir im akustischen Bereich als Tonhöhe empfinden – hier reicht die Frequenz bis zu 150000 Hz. Vibration und Schall könnte man (für den Laien) dadurch voneinander trennen, daß man Vibrationsschwingungen niederer Frequenz dem Schall höherer Frequenzen zuteilt. Man könnte auch sagen, Vibration wird nur auf nahe Entfernung, Schall auf weitere Distanz wahrgenommen. Der Fachmann charakterisiert allerdings Vibrationsreize etwas diffiziler. Er teilt sie in drei Klassen ein:

1. Der Sender übermittelt dem Empfänger rhythmische Druckreize, indem er direkten Kontakt mit ihm hält – *rhythmische Kontaktvibration*. Das Fühlertrillern der Ameisen und Bienen als Bettelbewegung um Futter gehört hierher; Grillenmännchen benutzen Fühlertrillern als Einleitung zur Balz; auch aggressive Drohung wird oft durch derlei Kontaktvibration angezeigt.
2. Rhythmische Körperbewegungen des Senders werden über den Luftraum oder im Wasser als Druckschwingungen weitergeleitet; allerdings wird diese Art der Vibration nur auf relativ kleiner Distanz wirksam – *Medienbewegung im Nahfeld*. Als Beispiel

wäre hier das bekannte Tüten und Quaken der Bienenköniginnen zu nennen, die Balz des Spinnenmännchens (s. S. 166), der SOS-Alarm bei Blattschneiderameisen (s. S. 172).

3. Der Sender bringt durch rhythmische Bewegung an der Grenzfläche Luft/Boden oder Luft/Wasser den soliden Untergrund in Mitschwingung; diese Schwingungen werden dem Empfänger weitergeleitet – *Grenzflächenvibration.*

   Der Teichwasserläufer (s. S. 170) wird uns dazu ein eindrucksvolles Beispiel liefern.

Da jede Vibration als Sinusschwingung verläuft, ist eine Abgrenzung zwischen Vibration und Schall nicht ganz einfach. Physikalisch betrachtet, gibt es keine scharfe Grenze zwischen den beiden Reizparametern. Auch Schallwellen werden als rhythmische Medienbewegung über Luft bzw. Wasser weitergeleitet. Was sie von Vibrationsschwingungen abgrenzt, ist, wie schon erwähnt, ihre hohe Frequenz und ihre größere Reichweite. Sicher könnte man den »luftgetragenen Schall« abgrenzen, aber da es auch einen substratgetragenen Schall im Wasser gibt, gilt diese Differenzierung nicht generell.

Eine Bemerkung sei zur Reizschwelle der Vibrationssinnesorgane angefügt: Bei Insekten finden wir das Subgenualorgan in den Vorderbeinen, bei Spinnen die Spaltsinnesorgane in allen acht Beinen als hochempfindliche Rezeptoren ausgebildet. Wenn wir die Intensitätsschwelle an der Amplitude der Sinusschwingung messen, dann ist eine Schabe noch für eine Amplitudenschwingung von 0,000004 µm ansprechbar (!). Drei beliebig gewählte Beispiele sollen zumindest Bewunderung dafür wecken, wie solche Leistungen für eine gegenseitige Verständigung nutzbar gemacht werden.

1. Vibrationsreize in der Umwelt der Spinnen
2. Das Wellenspiel der Wasserläufer
3. SOS-Alarm bei Ameisen

a) Vibrationsreize in der Umwelt der Spinnen

Wenn wir von der Signalübermittlung, die eine Spinne durch ihr Netz von einer zappelnden Beute erhält, absehen, finden wir nicht minder hochorganisierte Vibrationssignale, die Männchen und Weibchen bei der Balz zusammenführen. F. G. BARTH (1982) beschreibt unter 50 Webspinnenarten in aufsteigender Evolution drei Typen:

1. Als »primitiv« wird folgende Strategie der Männchen gedeutet: Ein Männchen der Gattungen Argiope, Nephila, u. a. nähert sich dem Weibchen in seiner Warte vorsichtig mit sachten Schritten; es versucht eine Erschütterung des Netzes möglichst zu vermeiden, damit seine Annäherung nicht mit einer zappelnden Beute verwechselt wird; dann aber, wenn es sich genügend genähert hat, versucht es das Weibchen gefügig zu machen, indem es mit seinen Pedipalpen – das sind Kiefertaster – das Weibchen streichelt.
2. In der Gattung Argiope gibt es andere Arten, bei denen die Männchen sich zunächst der Warte nähern, dann ein Loch in das Netz schneiden und über dieses Loch von der Kante aus einen »Hochzeitsfaden« spinnen; durch Zupfen an diesem Hochzeitsfaden (rubbing lines, slaping, bouncing, jerking) werden alle Künste aufgewendet, um das Weibchen zur Kopulation zu verlocken.
3. Besondere Vorsicht ist für die Männchen anderer Gattungen, zu denen auch die Kreuzspinne gehört, geboten; vor allem wenn das Weibchen hungrig ist, wird der Freier gerne als Beute verzehrt. So ist es verständlich, daß das Männchen sich nur in der Peripherie des Netzes aufhält; es spannt zunächst einen Hochzeitsfaden von einem Zweig oder Grashalm aus zu dem äußersten Strang eines Netzradius. In einem – zum Teil stundenlangen – Zupfkonzert, in das auch das Weibchen, wenn es voll gesättigt ist, antwortend eingreift, wird die Stimmung für die Kopula bis zum Gipfel gesteigert. Männchen der Gattung Zygilla und Aranea wenden einen weiteren Trick an, um sich vor der Gefräßigkeit des Weibchens zu schützen: Sie schneiden den Signalfaden, den das Weib-

chen mit seinen Vorderbeinen in der Warte festhält – in Erwartung einer zappelnden Beute – durch und spannen statt dessen einen eigenen Hochzeitsfaden, der offenbar für das anschließende Zupfkonzert besonders präpariert ist.

Es besteht auch kein Zweifel, daß das Weibchen seinen männlichen Artgenossen als Freier erkennt, indem es sein Zupfkonzert als geordnetes, rhythmisches Vibrationssignal von dem wirren Geräusch einer zappelnden Fliege unterscheiden kann.

Solches Filtern der artgemäßen Signale ist vor allem bei solchen Spinnen vonnöten, die in einem sozialen Verband von einigen Hundert in einem einzigen Netz friedlich zusammenleben. Sie vertragen sich nicht nur untereinander, sondern helfen sich gegenseitig, wenn es um die Bewältigung einer großen Beute geht. Da gibt es die winzig kleinen Mallos-Spinnen von Mexiko, von denen sich bis zu 30 Tiere auf eine fette Fliege stürzen, sie im Netz überwältigen und gemeinsam aussaugen. Das Netz dient hier als mechanischer Filter, der von der zappelnden Fliege nur die Hauptfrequenzen zwischen 30–700 Hz weiterleitet, wofür die sensiblen Sinnesorgane der Spinnen maximal erregbar sind.

Besonders hochorganisiert sind die Verständigungsmethoden bei Theridion saxatilis. Das Weibchen fängt Ameisen als Beute und teilt diese mit ihren Jungen, die etwa einen Monat gemeinsam in einem Schlupfwinkel ihres Netzes verweilen. Wenn diese jungen Spinnen voreilig aus der Ecke eilen, vor allem, wenn gerade eine Ameise im Netz zappelt und erledigt werden muß, werden sie von der Mutter energisch zurechtgewiesen und mit heftigem Netzwippen zurückgejagt. Später dürfen sie dann der Mutter beim Fang helfen; dann werden die Jungen durch ein neues Alarmsignal zur Mithilfe herbeigerufen.

Bei der Gattung Metabus werden Vibrationssignale sogar zur Nachbarschaftshilfe eingesetzt. Es werden die Netze der einzelnen Weibchen durch »Hilfsfäden« miteinander verbunden; bis zu 70 Netze sind so miteinander verkoppelt. Wenn Gefahr im Verzug ist – durch einen fremden Eindringling – wird das eine Netz heftig in Schwingung versetzt, die Nachbarnetze schwingen mit, was offenbar der Vorwarnung dient; aber auch die Beutetiere werden gemeinsam ausgesaugt. Es wird vermutet, daß hierbei ein spezifischer »*Beutealarm*« die Nachbarn zusammenruft.

b) Das Handwerk der Diebsspinnen – Klepto-Parasitismus

Es ist kaum zu glauben: aber im Spinnennetz gibt es noch allerlei ökologische Nischen – sowohl für harmlose Gäste wie auch für hinterlistige Diebe, sofern diese es verstehen, das Verständigungssystem der Besitzerin umzumünzen. Man muß sich vorsichtig in so ein Spinnennetz einschleichen, indem man alle Vibrationen, wie sie eine zappelnde Beute auslöst – also hohe, sprunghafte Frequenzen –, vermeidet. Ero furcata schleicht sich so unbemerkt ins Netz anderer Arten ein, schneidet ein Loch ins Netz, ergreift einen der freigelegten Speicherfäden und ahmt durch Zupfen an diesem Speicherfaden das Zappeln einer gefangenen Fliege nach. Die Netzeigentümerin kommt herausgeeilt, läuft der Diebin direkt in die Arme, wird getötet, und das Netz wird von Ero übernommen. So spart man sich die Mühe, selbst ein Netz zu spinnen.

Auf harmlose Weise schleichen sich demgegenüber Kommensalen – das sind Gäste – in das Netz der großen Spinne Nephila clavipes ein; sie gehören der Gattung Argyrotes an, die die winzigen Mücken, die Nephila gar nicht beachtet, aus dem Netz wegfangen und dieses auf solche Weise säubern. Da sich diese kleinen Mücken mit sehr hoher Frequenz zu erkennen geben, werden sie von der großen Nephila nicht wahrgenommen.

Es bleibt noch zu bemerken, daß viele Spinnen ganz auf ein Netz verzichten und als Vagabunden umherziehen. Sie nehmen dann für den Beutefang wie auch für die Balz optische Signale zu Hilfe; aber daneben werden immer noch mechanische Signale, wie Trommeln und Stridulieren – sozusagen aus Tradition – für die Verständigung zwischen Männchen und Weibchen benutzt. Von einem dieser Vagabunden, der nächtlich in Zentralamerika lebenden Cupiennis salei, hat BARTH überraschende und neuartige Systeme der Kommunikation bei der Balz berichtet. Diese Spinne sucht zum Rendezvous Bromeliazeen, Agaven oder Bananenstauden auf. Auch wenn Männchen und Weibchen zunächst bis zu 1 m voneinander entfernt sind, führt sie das Balzspiel des Männchens zueinander. Dies läuft wie folgt ab: Das Weibchen hat bereits in der näheren Umgebung ein »Aphrodisiakum«, ein Lockparfüm, ausgesetzt, wodurch das Männchen veranlaßt wird, heftig mit Beinen und Pedipalpen auf das Blatt zu klopfen, und zwar, wie es sich für den Artgenossen gehört, in festgelegter Frequenz und in vorgeschriebenem Rhythmus. Das Weibchen antwortet ebenfalls mit spezifischen Vibrationssignalen, bleibt aber ruhig sitzen und wartet ab, bis sich das Männchen genähert hat.

Bei der Signalübertragung auf Pflanzen treten freilich einige besondere Probleme auf:

Es muß das Hintergrundrauschen, das z. B. durch Windbewegung entsteht, weggefiltert werden. Das Männchen von Cupiennis klopft mit Beinen und Abdomen mit ca. 50 Hz in Intervallen von 350 ms. Dazu klopfen die Pedipalpen mit 115 Hz. Das Weibchen antwortet ganz knapp nach jeder Silbe des Männchens mit 20–50 Hz mit einem tieferen und breiteren Frequenzband. Krabbelt hingegen eine Beute in der Nähe herum, dann ist diese durch ein unregelmäßiges Rauschen zwischen 400–700 Hz zu erkennen.

Man muß bei der Übertragung der Balzsignale auch in Betracht ziehen, daß auf dem Weg über die Pflanze die Vibration eine Dämpfung erfährt. Sie ist allerdings auf der Bananenpflanze äußerst gering – bei niederer Frequenz 0,3–0,4 dB/cm. Dadurch kann das Signal bis auf 1,5 m weitergetragen werden. Zum Vergleich: longitudinale Vibrationen entlang des Radius werden in einem Spinnennetz mit 1–12 dB auf 7 cm gedämpft. Das Beutezappeln, das eine höhere Frequenz bis 300 Hz aufzeigt, wird bis zu 18 dB/7 cm gedämpft.

c) Das Wellenspiel der Wasserläufer

Die Wasserläufer, die in eleganter Behendigkeit auf dem Wasserspiegel dahinschlittern – ihre dichtbeborsteten Beinspitzen verhindern das Durchbrechen des Oberflächenhäutchens –, nutzen in vielfältiger Weise das Spiel mit Wasserwellen zum Beutefang, zum Orten von Hindernissen, vor allem aber zur innerartlichen Kommunikation. Bei der Balz der Männchen und beim Rivalenverhalten gegenüber Konkurrenten, bei der Abgrenzung eines Revieres werden Wasserwellen als distinkte Vibrationssignale in den Dienst von Identifikation und Lokalisation gestellt.

Der Teichwasserläufer sucht sich ein Territorium um schwimmende Blätter herum, die später ein Eiablageplatz für das Weibchen sein sollen, und verteidigt dieses, indem er beim Umherschwimmen ständig mit den Vorderbeinen rhythmisch auf die Wasseroberfläche klopft. Das dabei entstehende Wellenmuster ist ein Warnsignal für männliche Konkurrenten, die da am Revierrand lauern. Gleichzeitig lockt dieses Wellenspiel auch ein paarungsbereites Weibchen an: »Hier ist ein Männchen mit Revierbesitz«.

Die Weibchen verhalten sich freilich recht still und schwimmen ruhig weiter umher. Die konkurrierenden Männchen hingegen antworten mit sehr lebhaftem Wellenschlag; so können die Revierbesitzer sehr leicht einen Rivalen von einem ruhig schwimmenden Weibchen in der Nähe unterscheiden. Dringt ein Rivale ins Revier ein, dann wird bei dessen Annäherung ein immer heftigeres Warnsignal abgegeben; zieht sich der Eindringling nicht zurück, wird er entweder in wilder Jagd vertrieben oder, wenn er sich als der Überlegene erweist, als neuer Revierinhaber etabliert.

Dem sich schüchtern nähernden Weibchen gleitet das Männchen vorsichtig ein Stück entgegen, ändert jetzt seine Warnsignale in ganz kurze rhythmische Klopfsignale, die ebenfalls von den Vorderbeinen erzeugt werden. Sie bedeuten Werbung in einem intimeren Sinn. Glückt es dem Männchen auf solche Weise, ganz dicht an das Weibchen heranzukommen, dann werden die Mittelbeine für die Werbung zu Hilfe genommen, indem sie mit ganz kurzen Wellenstößen schlagen. Auch während der Paarung senden die Vorderbeine immer noch sporadisch die typischen Werbesignale aus; aber gelegentlich scheint das Männchen in eine heikle Situation zu geraten: Kommt unverhofft ein Rivale in die Nähe, muß der Eindringling durch Warnsignale sofort vertrieben werden. Da die Vorderbeine aber schon anderweitig beansprucht werden, übernehmen die Mittelbeine diese Aufgabe; es wird also ein distinktes Kommando von den Vorderbeinen auf die Mittelbeine umgeschaltet.

Ist die Kopula ohne Zwischenfall geglückt, weist das Männchen dem Weibchen den von ihm vorgesehenen Eiablageplatz an, wobei es das Weibchen immer fest im Griff hält; auch während der Eiablage, die an den Rändern der schwimmenden Blätter erfolgt, werden die üblichen Warnsignale ausgesendet. Um dieses Balzspiel ganz würdigen zu können, muß man bedenken, daß bei seinem Ablauf auf der Wasseroberfläche allerlei Störgeräusche als Hintergrundrauschen weggefiltert werden müssen. Der Wind erzeugt ebenfalls Wasserwellen und Wassertropfen, oder läßt ein Blatt auf das Wasser fallen. Wie sollen dabei die artspezifischen Signale identifiziert und lokalisiert werden?

Zum besseren Verständnis, was hier die Sinnesorgane und die zentrale Informationsverarbeitung zu leisten haben, muß nochmals ein wenig Physik über die Eigenschaften von Oberflächenwellen eingefügt werden. Wie bei einer Schallwelle sind auch für eine Oberflächenwelle Frequenz und Amplitude die wichtigsten Parameter. Dabei ist zu beachten, daß die Ausbreitungsgeschwindigkeit einer Wasserwelle von der Oberflächenspannung und der Schwerkraft abhängig ist. Die Oberflächenspannung kommt durch Koppelung der H_2O-Moleküle zueinander, sowie durch Verunreinigungen der Oberfläche zustande. Unterhalb einer Frequenz von 4 Hz ist die Schwerkraft in ihrem Einfluß vorherrschend, über 46 Hz die Oberflächenspannung; zwischen 4–46 Hz konkurrieren beide Kräfte untereinander.

Verfolgt man ein Wellenspiel in der Natur, so wird man feststellen, daß jede Welle, während sie sich ausbreitet, ein ganzes *Spektrum* verschiedener Frequenzen und Amplituden entwickelt. Die Amplituden werden gedämpft, die Frequenz mit zunehmender Entfernung vom Zentrum auseinandergezogen.

Uns interessiert in erster Linie, wie die beschriebenen Balz- und Warnsignale von dem Hintergrundrauschen anderer Wellen, die der Wind, ein fallendes Blatt, ein Regentropfen oder auch eine zappelnde Fliege erzeugen, unterschieden werden. Einige Hinweise mögen genügen: Wind erzeugt Wasserwellen sehr niederer Frequenz – die Grenze ist bei ca. 10 Hz. Eine zappelnde Fliege hingegen erzeugt Frequenzen zwischen 5 und 150 Hz, ihr Wellenmuster ist also nicht nur durch höhere Frequenzen, sondern auch durch eine größere Bandbreite, vor allem aber durch Arhythmie, durch Unordnung in der Zeitstruktur der Frequenz und Amplitude gekennzeichnet. Außerdem: wenn ein Blatt ins Wasser fällt, ist nach mindestens 1 Sekunde wieder Ruhe, eine zappelnde Fliege kann sich bis zu 60 Sekunden über Wasser halten.

Die artgemäßen Signale zeichnen sich durch lange Dauer, durch stereotype Wiederholungen, vor allem aber durch ihre Rhythmik und durch die Auswahl jener Frequenz, für die die Sinnesorgane am empfindlichsten sind, aus; ihre höchste Empfindlichkeit liegt zwischen 30–40 Hz. Das zuständige Sinnesorgan ist das sogenannte »Johnston'sche Organ« an der Basis der Fühler. Die Fühler werden durch die Wasserwellen in Mitschwingung versetzt und übertragen diese auf die Sinneszellen an ihrer Basis. Unterhalb 10 Hz liegt die Amplitude für den Schwellenwert eines Reizes so hoch, daß die Tiere für jedes Hintergrundrauschen, also für Wellen, die der Wind erzeugt, taub sind – eine beneidenswerte Einrichtung, um sich gegen nutzlosen Umweltlärm abzuschirmen!

d) SOS-Alarm bei der Blattschneiderameise

In einem Nest der Blattschneiderameisen, das 100 qm im Dschungel besetzen kann, ca. 5 m in die Tiefe reicht und einige Millionen Individuen beherbergt, kann nur ein hochorganisiertes und vielfältiges Kommunkationssystem die harmonische Zusammenarbeit der Einzelindividuen garantieren. Man findet eine strikte Arbeitsteilung unter den verschiedenen Kasten; zu diesem Problem wird später noch eingehend berichtet werden. Hier sei nur von der Kaste der Fouragiere und der Brutpflegerinnen kurz berichtet. In Brasilien wurde noch vor einigen Jahrzehnten die Blattschneiderameise Atta als »Staatsfeind Nr. 1« bezeichnet. Sie hat in Zitronenplantagen, in Eukalyptuswäldern usw. großen Schaden angerichtet. Über Nacht werden heute noch Büsche und Bäume kahl gefressen, sofern ein Raubzug darüber herfällt. Da zieht eine Armee von Außendienstarbeitern aus, die Tiere schneiden mit ihren Oberkiefern aus den Blättern pfenniggroße Stücke heraus und tragen diese wie ein Sonnenschirmchen zum Nest; eine einzige Ameise trägt bis zu 300 Blattstücke pro Nacht ein. Die Innendiensttiere übernehmen diese Blattstücke, zerkauen sie sorgsam und legen mit dem Brei einen Komposthügel an; andere Gruppen kommen jetzt, um auf dem so bereiteten Kompost Pilzhyphen zu impfen, die auf diesem Kulturboden prächtig gedeihen und die Zellulosewände der Pflanzenzellen chemisch aufbereiten. Die knöllchenförmigen Anschwellungen der Pilzhyphen werden von den Brutpflegerinnen beschnitten, an die Larven verfüttert, aber auch an die übrigen Nestgenossen verteilt. Wie lebenswichtig diese Symbiose zwischen Ameise und Pilz ist, mag man daraus ersehen, daß die Königin vor dem Hochzeitsflug ihre Backentaschen mit einer Probe aus dem Pilzgarten füllt, um dann bei der neuen Nestgründung selber eine neue Pilzkultur anzulegen.

H. MARKL hat bei dieser Blattschneiderameise ein seltsames Alarmierungssystem entdeckt, das wir »SOS-Alarm« nennen können:

Bei starkem Tropenregen kommt es immer wieder vor, daß einige der vielen faustgroßen Höhlen im Nestinnern einstürzen und viele Tiere dabei verschüttet werden. Die verschütteten Ameisen geben SOS-Alarm, indem sie mit einer scharfen Chitinleiste in der Taille an einer Rippenleiste am Vorderrand des Abdomens auf- und abraspeln. Das gibt einen erheblichen Schallpegel von ca. 70 db; für das menschliche Ohr ist dieser ächzende Laut durchaus aus der Nähe zu hören. Die Ameisen nehmen den rhythmischen Stridulationslaut mit ihren sehr empfindlichen Vibrationsorganen in den Beinen, dem »Subgenualorgan«, als Erschütterung wahr. Die Stridulation wird als Bodenerschütterung mit niederfrequenten Schwingungen von ca. 500–200 Hz abgestrahlt. Gezielte Messungen konnten nachweisen, daß die Ameisen diesen Stridulationslaut noch aus 5 cm Verschüttungstiefe wahrnehmen. Auf Menschengröße umgerechnet entspräche dies immerhin einer Tiefe von 10 m! Die Ameisen in der Nachbarschaft werden augenblicklich alarmiert und suchen jene Stelle auf, wo die Vibration am stärksten ist, fangen an dieser Stelle an zu buddeln, um die verschütteten Nestgenossen zu befreien. MARKL hat einer Gruppe das Stridulationsorgan ausgeschaltet; diese Tiere konnten, wenn sie verschüttet wurden, die Nestgenossen nicht mehr alarmieren.

Lohnt sich solcher Aufwand in einer Kolonie von Millionen von Individuen, wo doch der Verlust von ein paar Dutzend oder Hundert sterilen Arbeiterinnen nicht ins Gewicht fällt? Aber die Verluste könnten sich summieren. Vor allem, wenn bei einem Erdrutsch die Königin verschüttet würde und nicht sofort befreit werden könnte, würde dies das Ende der Kolonie bedeuten. Man ist also eingeübt für den Ernstfall. Es wurde auch herausgefunden, daß die Königin wesentlich intensivere Stridulationslaute erzeugt als die Arbeiterinnen.

Vibration als taktiles Signal nimmt als neuen Parameter die Frequenz auf. Für eine Biokommunikation bietet sie sich an:
1. als rhythmische Kontaktvibration,
2. als Medienbewegung im Nahfeld,
3. als Grenzflächenvibration.
Das Zupfkonzert am Spinnennetz zwischen Männchen und Weibchen, das Wellenspiel des männlichen Teichwasserläufers, das den Rivalen vom eigenen Revier abhält und das Weibchen lockt, der SOS-Alarm verschütteter Blattschneiderameisen geben Beispiele, wie wirksam Vibrationssignale einer gegenseitigen Verständigung dienen können.

3. Akustische Kommunikation

Verständigung mit Hilfe akustischer Signale kennen wir in höchster Vollendung sowohl bei Wirbeltieren wie bei Insekten. So wie chemische Signale benötigen auch akustische sehr wenig Energie. Die Reichweite akustischer Laute übertrifft in vielen Situationen die von chemischen und optischen Signalen. Für *Möwen* wurde sie auf 200 m errechnet, für die Brüllaffen auf 1 km; Präriehühner können sich sogar auf 3 bis 5 km unterhalten. Abgesehen davon, daß man auch bei Nacht signalisieren kann, ist zu betonen, daß akustische Laute *direkt* und persönlich an den Empfänger adressiert werden. Dafür sind hohe Frequenzen besonders geeignet, weil sie nur begrenzte Reichweite haben und daher nicht von einem Fremden abgehört werden können.

Ein großer Vorteil akustischer Kommunikation ist die *Flexibilität* der Verständigungszeichen. Während Pheromone viele Drüsen und Kombinationen für eine Differenzierung brauchen, genügt hier ein einziges Lautorgan, um eine Vielfalt von Signalen zu produzieren. Die harmonische Struktur, die Sequenz der einzelnen Laute, ihre Rhythmik, ihre Intensität können in verschiedenster Kombination als distinkte Signale angeboten werden. Ein großer Vorteil akustischer Kommunikation ist ferner, daß die Laute den Partner *sofort* erreichen und daß sie auch gleich wieder verschwinden. Gerade dieser letzte Punkt kann bei der Verständigung mit Hilfe von Duftsignalen große Probleme aufwerfen.

Zur Funktion sei generell vorausgeschickt: Der Sender *identifiziert* sich als Artgenosse, als Revierbesitzer, als Männchen, das für die Kopulation bereit ist, als Rivale. Er *lokalisiert* seinen Standort, wie dies auch der Partner tut, der antwortet.

Je dichter besiedelt von mehreren Arten ein Biotop ist, um so komplexer und differenzierter werden die Signale. Neben der Identifizierung und der Lokalisierung werden auch die *Motivation*, der *Status*, die *Rangstellung* mitgeteilt. Dafür dienen Lockgesang, Kampflaute, Balzgesang, Stimmfühlungslaute usw.

In vollendeter Weise hat sich diese Fähigkeit der Modulation akustischer Signale die menschliche Sprache zunutze gemacht (s. S. 246).

Wenigstens sollen hier einige kurze Bemerkungen über die Nachteile akustischer Kommunikation gemacht werden: Bei der Weiterleitung des Schalls über Land wird dieser verzerrt, etwa durch Unebenheiten des Untergrundes, durch Blätter, durch Gräser, durch Baumstämme. A. MICHELSEN aus Odense in Dänemark hat hierüber als Biophysiker aufschlußreiche Untersuchungen angestellt. Um nur die wichtigsten Störfaktoren zu nennen:

1. *Reflexion:* Schallwellen werden frequenzabhängig nicht nur beim Auftreffen auf Hindernisse, auf Unebenheiten im Boden reflektiert – soweit die schalldichten Hindernisse die Wellenlänge übersteigen –, auch das Medium Luft reflektiert teilweise den Schall, wobei Temperatur und relative Feuchtigkeit im Spiele sind. Besonders stark werden Schallwellen von der Luft reflektiert, wenn an heißen Sommertagen die aufgeheizten Luftmassen vom Boden aufsteigen.
2. *Absorption:* Vor allem hohe Frequenzen werden in Luft stark absorbiert. Die Ultraschallpeillaute der Fledermäuse beispielsweise reichen nicht weiter als 2 bis 3 m(!). Geeignete Schallschlucker sind allgemein poröse Materialien, wie Glaswolle, die zur Ausstattung »schalltoter« Räume benutzt wird.
3. *Refraktion:* Damit wird eine abrupte Änderung der Ausbreitungsgeschwindigkeit der Schallwellen definiert. Die Dichte des Mediums, sowie Wind und Temperatur sind in verschiedenem Grade daran beteiligt:

   An sonnigen Tagen nimmt die Temperatur mit zunehmendem Abstand vom Boden ab, ebenso die Schallgeschwindigkeit; die Schallwellen werden daher nach oben abgebogen. In klarer Nacht hingegen, wo sich ein »Kaltluftsee« über den Boden legt,

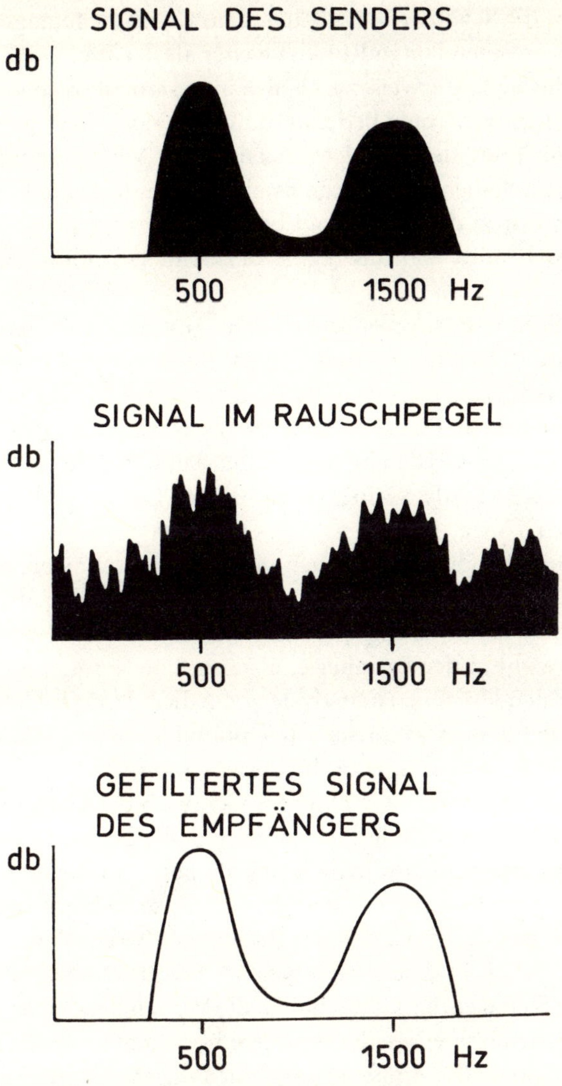

Bild 47: *Der ausgesandte doppelgipfelige Quaklaut von 500 Hz und 1500 Hz (oben) wird durch Umweltrauschen erheblich verzerrt (Mitte). »Matched filter« im Sinnesorgan lassen nur die Originalfrequenz der entsprechenden Signale passieren (unten).*

werden die Schallwellen wie in einem Kanal eingefangen – man hört dann einen lauten Ruf viel weiter als bei Tag.

Akustische Signale erweisen sich also insgesamt als recht störanfällig, vor allem wenn man bedenkt, daß es da noch Geräusche in der Umgebung gibt, die mit dem eigentlichen Verständigungssignal nichts zu tun haben. Somit ergibt sich die grundlegende Frage, welche Operationen der Empfänger bei der Informationsverarbeitung durchführen muß, um das Signal des Senders optimal herauszuhören.

Speziell für akustische Botschaften gibt es dafür zwei Möglichkeiten: 1. Das übermittelte Signal kann aufgrund seines *zeitlichen Musters*, also durch seine Struktur in Silben und Versen, erkannt werden. 2. Daneben gibt es natürlich noch eine weitere Struktur, die sich aus den Frequenzeigenschaften aufbaut. Auch wir erkennen ja ein Lied an seiner rhythmischen Gestalt und seinen verschiedenen Tönen.

Eine mustergültige Untersuchung zu diesen Fragen hat R. R. CAPRANICA an der Cornell-Universität unternommen. Er hat die Informationsverarbeitung der akustischen Signale beim Ochsenfrosch sowohl in der Peripherie, also im Sinnesorgan, als auch in den zentralen Hörzentren analysiert. Da diese Untersuchungen als Modellfall für eine akustische Kommunikation bei Wirbeltieren gelten dürfen, sollen sie näher beschrieben werden.

Die erste Frage war, wie man das Geräusch der Umgebung, den »weißen Lärm«, verdrängt, wie man ihn »überhört«.

Unsere Toningenieure kennen da als beste Strategie den sogenannten »matched filter«, der den Hintergrundlärm wegfiltert. Voraussetzung dafür ist, daß der Empfänger bereits darüber informiert ist, welche Frequenz oder welches Frequenzmuster das zu erwartende Signal enthält. Dies haben die Verhaltensforscher in zahlreichen Fällen immer wieder bestätigen können. In der Regel ist es eine angeborene Kenntnis, sie kann auch durch späteres Lernen ergänzt oder ersetzt werden. Um nun dieses artspezifische Lautsignal vom Hintergrundrauschen zu trennen, gibt es zwei Möglichkeiten: Entweder das Sinnesorgan ist bereits mit größter Empfindlichkeit auf diese spezifische Frequenz des Artsignales eingestellt, oder aber in höheren Zentren des Nervensystems wird das überbrachte Lautmuster erst entsprechend herauskristallisiert. Aus Bild 47 ist zu ersehen, daß das ausgesandte Signal des Ochsenfrosches ein typisches Frequenzmuster hat, wobei ein »bimodales Spektrum« mit zwei deutlichen Gipfeln erscheint. Ein erster Gipfel bei etwa 500 Hz, ein zweiter bei 1500 Hz. Durch das Hintergrundrauschen wird dieses Signal erheblich verwischt, wie die mittlere Figur zeigt; die untere Kurve stellt dann den idealen Frequenzfilter dar, der dem Empfänger als Detektor für das artgemäße Signal dient. Dieser Signalfilter muß nicht unbedingt auf einen einzigen Ort im gesamten Hörsystem des Tieres lokalisiert sein. Er kann durchaus auf verschiedene Instanzen verteilt werden, etwa dadurch, daß eine Vorsortierung in der Peripherie stattfindet und der verbleibende Teil im Zentralnervensystem gefiltert wird.

Beim Ochsenfrosch wurden sowohl Lauterkennung als auch Lokalisation der Lautquelle in allen Einzelheiten untersucht. Zunächst müssen wir uns über die physikalischen Eigenschaften der bekannten Quaklaute, die dazu dienen, die Weibchen anzulocken, klarwerden. Dazu ist ergänzend zu bemerken, daß diese Quaklaute im Chor erfolgen; Dutzende und Hunderte von Männchen arbeiten zusammen, um diesen Lockruf möglichst wirksam zu machen. Es ist nachgewiesen, daß sie sich gegenseitig zum »Singen« anregen. Die einzelnen Quaklaute erfolgen in Abständen von ca. 1/100 Sekunde etwa sechsmal aufeinander, wobei jeder Quaklaut, wie schon erwähnt, zwei Frequenzspitzen hat. In der Mitte liegt eine Talsohle mit einer sehr leisen Frequenz bei etwa 900 Hz. Man kann diese Quaklaute auf Tonband aufnehmen und wieder einem männlichen Ochsenfrosch vorspielen; dann wird er sofort zum Mitsingen angeregt. Wenn man einen der beiden Gipfel wegläßt, hat dieser Lockruf keine Wirkung mehr; das gleiche kann man auch mit künstlichen Quaklauten erreichen. Wir stellen also noch einmal fest – und das ist wichtig –: Die optimale Lockwirkung stellt sowohl für die Männchen untereinander wie auch für die Weibchen das normale Frequenzmuster mit zwei Frequenzgipfeln dar.

Als wichtige Frage ergibt sich aber jetzt, wie die beiden gefilterten Frequenzgipfel summiert oder irgendwie anders zusammengefügt werden. Wir haben ja erwähnt, daß nur beide Gipfel zusammen eine Lockwirkung ausüben. Was ist das für eine Operation im Zentralnervensystem? Wird da hintereinander summiert, oder ist es eine simultane Musterwahrnehmung der bimodalen Frequenzgipfel?

CAPRANICA hat uns in eindrucksvoller Weise gelehrt, wie man eine so schwierige Frage experimentell angehen kann. Man muß zuallererst die anatomischen Grundlagen im Hörorgan untersuchen. Man findet da eine spezifische »Frosch-Papille« und eine »Basilar-Papille«. Jede dieser Papillen ist mit Hörzellen ausgestattet, auf denen, wie gewohnt, eine Dachmembran liegt, die durch Schallwellen in Schwingung versetzt wird und damit die Hörhaare abbiegt. Die Frosch-Papille ist mit etwa 1500 Haarzellen besetzt, die von etwa 1000 Hörfasern innerviert sind und zum 8. Cranialnerv ziehen. Die Basilar-Papille weist nur etwa 90 Haarzellen auf und wird von etwa 500 Primärfasern innerviert. Durch Ableitung mit Mikroelektroden läßt sich nachweisen, daß die Frosch-Papille am empfindlichsten auf eine Frequenz von 500 Hz erregt wird; ihre Erregung wird durch höhere Frequenzen bei etwa 1000 Hz durch laterale Hemmung unterbunden. Die Basilar-Papille hingegen ist am leichtesten bei 1500 Hz erregbar und wird ebenfalls durch die mittlere Frequenz bei 1000 Hz stark gehemmt. Damit ist gezeigt, daß bereits in der Peripherie eine Selektion der Lautsignale durch den Empfindlichkeitsbereich bei 500 Hz und bei 1500 Hz gegeben ist. Die Signalfilter für die tieferen Frequenzen, wie auch für die Mittelfrequenz, haben ihren Sitz in der Frosch-Papille, während die hohen Frequenzen in der Basilar-Papille ihr Erregungszentrum haben.

Noch einmal müssen wir aber jetzt die Frage stellen, ob es ein Zentrum im Gehirn des Ochsenfrosches gibt, das fähig ist, die von der Frosch-Papille und der Basilar-Papille eingehenden zweigipfeligen Erregungen simultan zu verarbeiten und miteinander zu einem artspezifischen Signal zu kombinieren. Mit anderen Worten: Gibt es im Hörzentrum »Detektoren«, die den Quaklaut in seinem *komplexen Frequenzmuster* als artspezifisches Signal erkennen; gibt es einen »mating call detector«? Man hat fieberhaft im Mittelhirn durch Ableitung der elektrischen Potentiale nach solchen Hörkernen gesucht, aber man mußte enttäuscht aufgeben. Kein Neuron, keine Population von Hörnervenzellen wurde gefunden, die wirklich dieses Signal als Ganzes aufnehmen und verarbeiten. Vier Jahre lang ließ man das Problem ungelöst, bis dann überraschenderweise eine Forschergruppe beim Teichfrosch und beim Laubfrosch in einer anderen Hirnregion, nämlich im Thalamus des Zwischenhirns, isolierte Hörzellen gefunden hat, die selektiv auf die kombinierte Erregung aus den unteren Zentren, nämlich dem Mittelhirn, *simultan* antworten. Diese Zellen waren also nicht auf einen speziellen Frequenzbereich des Quaktones eingestellt, sondern waren imstande, die gefilterten Signale zu vereinen, zu einem *Lautmuster* zu kombinieren. Wie diese Summierung und Kombination neurophysiologisch zu verstehen ist, d. h. wie die Verschaltung der beiden Erregungen erfolgt, muß noch näher erforscht werden, aber wir dürfen jetzt den Thalamus als einen »mating call detector« bezeichnen.

Derlei Detektoren, die also imstande sind, Erregungen aus verschiedenen Frequenzbereichen zu einem Gesamtmuster zusammenzufügen, zeigen eine elementare Leistung des Zentralnervensystems. Wir werden ihr auch bei anderen Tiergruppen, sogar bei Insekten, wieder begegnen; noch mehr: es gilt dies nicht nur für den akustischen Bereich, sondern genauso auch für die optische und auch für die chemische Signalverarbeitung.

Betont sei in diesem Zusammenhang, daß letztlich die anatomische Untersuchung des Froschgehirns zur Entdeckung des »mating call detectors« geführt hat; dies zeigt uns, daß man Morphologie und Physiologie niemals voneinander trennen kann, denn jede morphologische Struktur spiegelt ihre Funktion im physiologischen Bereich.

CAPRANICA hat sich aber mit dieser Entdeckung nicht zufrieden gegeben. Neben der Analyse des Frequenzmusters ist zum Erkennen des artspezifischen Signals auch das *zeitliche* Muster heranzuziehen. Dieses zeitliche Muster ist einmal gegeben durch die Silbenfolge, die zu einem Vers zusammengefügt wird, aber auch durch die Amplitudenmodulation, d. h. durch die an- und absteigende Intensität des einzelnen Silbenlautes. Das zeitliche Muster des Quaklautes von zwei nordamerikanischen Kröten (Bufo americanus und Bufo fowleri) dauert bei der einen Art für den einzelnen Quaklaut etwa zehn Sekunden, bei der zweiten Art nur etwa zwei Sekunden. Der einzelne Quaklaut ist dann noch aufgelöst in einzelne Pulse oder Silben, die in großer Regelmäßigkeit aufeinander folgen. Das Oszillogramm aus den Hörzellen zeigt, daß jede Silbe sauber mit einer entsprechenden Erregung beantwortet wird. Wieder ergibt sich aber die Frage, wie dieses zeitliche Muster aus den einzelnen Erregungen zusammengesetzt, kombiniert wird. Um es kurz zu sagen: Auch für dieses zeitliche Auswerten des Quaklautes gibt es Detektoren, die im Mittelhirn gefunden wurden. Sie haben die Aufgabe, die periodisch einlaufenden Erregungen aus der Peripherie zu einem Gesamtmuster im Zentrum zusammenzufügen. Man hat einzelne Neurone im Mittelhirn, und zwar im Torus semicircularis, gefunden, die nur durch die spezifische zeitliche Aufeinanderfolge der Silben Erregung zeigen. Dies wird besonders deutlich, wenn man die Quaklaute von nahverwandten Arten vergleicht, die sich aber deutlich in ihrem zeitlichen Muster unterscheiden. Wir können also auch hier von »matched temporal filters« sprechen; es ist letztlich eine Gestaltwahrnehmung wie im optischen Bereich, nur ist hier das zeitliche Muster entscheidend. Wie in diesem Fall die Verschaltung im Zentrum erfolgt, ist noch völlig unklar. Gibt es da eigene Neurone im zentralen Hörzentrum, die spezifisch auf die Dauer eines einzelnen akustischen Signales ansprechen?

Wir sind ausgegangen von der Frage, welche Operationen der Empfänger vollzieht, um eine akustische Erkennung des Sendersignales zu vollziehen, wobei er sowohl die Frequenzmodulation wie auch die zeitliche Musterung des Verständigungssignales analysieren und erkennen muß. Als optimale Strategie für diese Operation haben wir die »matched filter detection« kennengelernt. Es gibt bereits in der Peripherie Bandpaßfilter, d. h. Hörbereiche für niedere Frequenzen wie auch für höhere Frequenzen. Im Zentralnervensystem, d. h. im Thalamus, wurde ein Hörzentrum gefunden, das als Quaklautdetektor imstande ist, die getrennt eingehenden Erregungen aus den Frequenzfiltern zu einem artgemäßen Signalmuster zu kombinieren. Des weiteren gibt es im Mittelhirn einen zeitlichen Filter, der die Amplitudenmodulation und die Silbenrate zu einem artspezifischen Zeitsignal zusammensetzt. Damit ist schon ein sehr tiefer Einblick in die zentrale Informationsverarbeitung gewonnen.

Um eine akustische Botschaft in seinem Informationsgehalt voll erfassen zu können, muß der Empfänger sowohl die Frequenz wie das zeitliche Muster analysieren. Für diese Analyse sind Filtersysteme vorhanden. Das Filter für die spektrale Analyse, d. h. für die Tonhöhe, liegt im Thalamus. Im Mittelhirn liegen die Filterneurone für das zeitliche Muster der Lautsignale. Das Prinzip der Frequenzdetektoren und der Zeitmusterdetektoren scheint allgemein in der akustischen Kommunikation vorhanden zu sein. Rätselhaft bleibt, wie solche spezifische Informationsverarbeitung genetisch festgelegt wird oder durch Lernprozesse moduliert werden kann.

Der Gesang der Vögel

Was können die Vögel mit ihren Gesängen, die uns jedes Jahr im Frühling und Sommer erfreuen und über die schon so viel gedichtet wurde, mitteilen? Da ist als erstes der *Reviergesang* zu nennen; es ist jener Gesang, den wir vom Frühjahr bis in die Sommermonate hinein frühmorgens in unseren Gärten, Feldern und Wäldern hören. Er hat eine doppelte Funktion:

Zum einen ist er ein Lockgesang, der den männlichen Besitzer eines Revieres anzeigt und ein unverpaartes Weibchen anlockt – zum gemeinsamen Nestbau, zur Kopulation, zur Pflege der Nachkommen. Nach der Verpaarung sichert der Reviergesang den weiteren Kontakt des Elternpaares; er synchronisiert die vielen Tätigkeiten im gesamten Ablauf der Fortpflanzung. So hat man gefunden, daß das Weibchen, während das Männchen singt, besonders eifrig mit dem Nestbau beschäftigt ist; auch die Eireifung wird durch den Reviergesang beschleunigt. Der Reviergesang hat auch die Funktion, Kontakt mit dem Partner zu halten, wofür allerdings dann bei der Aufzucht der Jungen eigene Nestrufe ausgebildet sind.

Die zweite Funktion des Reviergesanges ist der ersten genau entgegengesetzt: Er dient als *»Kampfruf«* dem Rivalen gegenüber, der ebenfalls ein Revier sucht und eventuell den Besitz streitig machen will. »Revier besetzt« ist also als weitere Information im Reviergesang enthalten. Er stellt eine kampflose Auseinandersetzung zwischen Rivalen durch ritualisierte Signalgebung dar.

Wie bei der chemischen Kommunikation fragen wir auch hier nach der räumlichen und zeitlichen *Reichweite* des Vogelgesanges und nach seiner *Spezifität*.

Da anders als Duftstoffe akustische Signale, wie schon erwähnt,

Stundenplan des Reviergesanges einheimischer Singvögel

Aufgenommen Mitte Mai, Morgendämmerung begann um 4 Uhr 46.

Vogelart	Zeit des Beginnes
Gartenrotschwanz	3.25
Hausrotschwanz	3.48
Amsel	3.52
Rotkehlchen	3.56
Mönchsgrasmücke	3.59
Kohlmeise	4.05
Zaunkönig	4.07
Zilp-Zalp	4.09
Buchfink	4.13
Girlitz	4.19
Mauersegler	4.32

praktisch ohne Verzögerung, aber dafür nur momentan wirken, muß der Gesang immerfort wiederholt werden. Aber es gibt unter den einzelnen Vogelarten eine Vereinbarung zur Ökonomie des Reviergesanges. Es genügt zur »abgemachten« Morgenstunde – bei einigen Arten auch noch abends – seinen Gesang hören zu lassen, dann ist für den ganzen Tag und die folgende Nacht festgelegt, wem das Revier gehört. Bei uns fangen die Rotschwänzchen als erste bei beginnender Dämmerung mit ihrem Reviergesang an (s. Tabelle S. 184); dann folgen Amsel, Rotkehlchen, Grasmücken, und als letzte hört man Feldlerchen und den Goldammer. Pirol und Kuckuck halten sich nicht an diese Tagesperiodik.

Was die Spezifität des Reviergesanges betrifft, so ist diese auch dem Laien klar – er ergötzt sich tagtäglich an den vielen Liedern der Singvögel, die jede Art eindeutig ausweisen. Sicher werden auch optische Signale beim Erkennen des Partners und des Rivalen einbezogen – die rote Kehle des Rotkehlchens ist ein optischer »Schlüsselreiz« im Sinne von Tinbergen; aber der Gesang hat zweifellos eine Signalwirkung auf größere Entfernung und, wie schon angedeutet, auch im dichten Wald, wo man sich optisch nicht aus größerer Entfernung sehen kann. In der Nähe mögen dann optische Signale die Information über Artspezifität und Motivation redundant absichern. Selbst der kundige Ornithologe hat Schwierigkeit, etwa unsere vier heimischen Grasmückenarten optisch zu unterscheiden; wenn er aber im freien Gelände ihren Gesang hört – den der Klappergrasmücke, der Mönchsgrasmücke, der Dorngrasmücke, der Gartengrasmücke, dann bereitet ihm – und sogar auch dem Laien – die Unterscheidung keine Schwierigkeiten. Das gleiche gilt für unsere Laubsänger: Fitis-, Weiden-, Waldlaubsänger (s. Bild 5).

Ein Problem ergibt sich allerdings aus der Beobachtung, daß die Männchen vieler Arten sich angewöhnt haben, den Gesang anderer Arten nachzuahmen, es ist das sogenannte »Spotten«. Damit drükken diese Männchen, wie etwa bei unserem Buchfink, verschiedene *Dialekte* aus. Während wir über den Selektionswert des Spottens nur spekulieren können – die Haubenlerche und der rotrückige Würger übernehmen ihre Silben sogar überwiegend als Zitate von anderen Arten (!) –, hat P. R. MARLER an der Rockefeller University eine biologisch interessante Erklärung gefunden. In der Gegend nördlich von New York gibt es eine Finkenart, deren Männchen viel herumvagabundieren, dabei die Dialekte anderer Populationen abhorchen und sie dem eigenen Gesang einordnen. Interessant ist nun, daß die Weibchen einer Population solche männlichen Partner bevorzugen, die einen besonders dialektreichen Gesang aufweisen. Ohne Zweifel ein Selektionsvorteil für die Population: Die weitgereisten Vagabunden werden ihren Nachkommen aufgrund ihrer weiten Geländekenntnisse vielerlei neue Biotope anzubieten haben.

Neben dem Reviergesang haben *Warnlaute* eine weitere Funktion zu erfüllen: Warnrufe gegen den Bodenfeind sind durch sehr kurze rhythmische Signale gekennzeichnet und eng artspezifisch; demgegenüber sind Luftwarnrufe, die vor großen Tagraubvögeln warnen, als langgezogene hochfrequente Laute zu kennzeichnen. Es sind analoge Signale, die über die Artgrenzen hinaus wirksam sind.

Bei den Jungvögeln dient weiterhin das optische Flugbild der Identifizierung von Freund oder Feind: Eine Attrappe mit schlankem, langem Vorderende bedeutet eine Ente; solche mit kurzem, plumpem Vorderende einen Habicht (s. Bild 48).

Bei einigen Arten hört man die Jungen noch vor dem Schlüpfen im Ei piepen; damit wird die Entwicklung aller Jungen eines Geleges synchronisiert, und die Eltern werden auf die Stimme ihrer Jungen geprägt, z. T. werden auch die Jungen auf ihre Elterntiere geprägt, wenn sie untereinander respondieren.

Säugetiere

Neben chemischen und optischen Signalen benutzen Säugetiere ausgiebig auch akustische Laute für ihre Verständigung. Rangordnung, Motivation, Revierbesitz, Gefahr werden durch Laute, die in der Regel komplexe Mischlaute sind, angezeigt. Über das akustische Verständigungsrepertoire beim Totenkopfäffchen hat D. PLOOG

Bild 48: *Die Vogelattrappe links wird zum Raubvogel oder zur harmlosen Ente, je nachdem in welcher Richtung sie über den Jungvögeln vorbeizieht. Das Pluszeichen deutet an, daß die Jungen sich vor der Attrappe ducken, das Minuszeichen zeigt an, daß keine Reaktion erfolgt. In der mittleren Reihe gibt es Übergänge von der Entenattrappe zur Raubvogelattrappe.*

mit seinen Mitarbeitern eingehende Untersuchungen durchgeführt, die hier stellvertretend für die akustische Verständigung bei Säugetieren geschildert werden sollen.

Die kleinen Totenkopfäffchen – ein einzelnes Tier wiegt nicht mehr als 700 Gramm (!) – treiben sich in großen Verbänden von 100 und mehr Individuen in den Wipfeln des tropischen Urwaldes herum. Das Klangspektrum weist, grob genommen, fünf Lautgruppen aus, die sehr klar bestimmten sozialen Funktionen zugeordnet sind.

Gruppe 1: Wenn ein Tier von seiner Gruppe außer Sichtweite geraten ist, sucht es durch hohe Pieplaute, als Fiepen bezeichnet, den Kontakt wiederherzustellen. Daneben hört man ein Piepen als Stimmfühlungslaut, wobei sich die Tiere auch unter Sichtkontakt den Zusammenhalt sichern; je größer die Distanz, um so häufiger ruft man sich zu. Die jungen Äffchen unterhalten sich beim Spiel durch Piepsen, dem von den Forschern eine interessante Nebenfunktion zugedacht wird: Beim Spiel üben die Jungtiere durch Greifen und Scheinbeißen ein, wie sie später, wenn sie erwachsen sind, ernste Aggressionen durchzustehen haben. Damit dies aber nicht jetzt schon in Ernst ausartet, signalisiert das Piepen: »Ich tue dir nichts, alles ist nur Spiel.«

Wenn Gefahr droht, etwa durch ein rasch sich bewegendes Objekt, veranlaßt das »Warnpiepen« die Tiere zur Flucht, wobei sie ihr gemeinsames Versteck aufsuchen.

Gruppe 2: Während Piepen den Kontakt mit der Gruppe aufrechterhalten soll, dienen Zwitscherlaute dazu, Distanz voneinander zu halten, z. B. beim gemeinsamen Füttern. Es zeigt gleichzeitig gute Stimmung an: »Ich fühle mich wohl, aber komm mir nicht zu nahe!«

Gruppe 3: Bellen und Kakeln, mit tiefen Frequenzen unter 1000 Hz und breitbandig, erregt Unruhe oder löst sogar Alarm aus. Im Unterschied zum wahren Piepen zeigt dieses breitbandige Kakeln langsam sich nähernde große Objekte an, z. B. ein Pelztier.

Gruppe 4: Fauchen wird einem Gegner ins Gesicht geschleudert; durch zusätzliches Kopfgreifen betont der Partner seine eigene dominante Position. Dieser Gruppe hat D. PLOOG auch das Quarren der Säuglinge zugeordnet; es sind hohe rhythmische Laute; die Tiere verlangen dadurch ihre Milch.

Gruppe 5: Starke Erregung löst Schreilaute aus; es sind länger anhaltende Rufe, kombiniert aus Anteilen aller bisher aufgeführten Lautgruppen.

Beim Rhesusaffen ist allein die Ton*höhe* der entscheidende Signalgeber – es werden damit Dominanz und Unterwerfung angezeigt:

Ein angriffsbereites Tier weist sich dadurch aus, daß es in seinem »Murren« tiefe Frequenzen einschließt. Ein breites Frequenzspektrum mit hoher Intensität und oftmaliger Wiederholung ist typisch für ein ausdauerndes Defensivverhalten. Hohe gedehnte Laute zeigen Unterwerfung an, wobei völlig erschöpfte und absolut unterlegene Tiere extrem hohe Laute (über 4000 Hz) hören lassen.

Gemeinsam für Vögel und Säuger gilt, daß ihre akustischen Signale komplexe Lautmuster darstellen, die sich aus mehreren Parametern zusammensetzen. Sie stellen durch hohe Redundanz einen »geschützten Code« dar. Dabei können durchaus Bruchstücke ungenau und unvollständig sein; solange das Gesamtmuster angeboten wird, ist damit noch eine korrekte Kommunikation möglich. Die Variabilität von Teilstücken kann aber sehr wohl neue Information einbringen: Es wurde mehrfach nachgewiesen, daß das Grundmuster die Artzugehörigkeit, Änderung in Nebenkomponenten den »Dialekt« einer Population, ja sogar das Individuum anzeigen. Der »Hahnenschrei« kann durchaus individuell moduliert sein: Man nimmt an, daß der erste Abschnitt die Artzugehörigkeit, der zweite die Individualität zeigt.

In diesem Zusammenhang wäre auch nochmals die Frage zu erörtern, inwieweit solche Lautmuster angeboren, inwieweit sie erlernt sind. Offensichtlich ist das Grundmuster durchweg angeboren, aber kleine Änderungen in Nebenkomponenten können ortsspezifisch und intraspezifisch erlernt werden.

Die Angelegenheit wird dadurch noch komplizierter, daß akustische Signale vielfach durch optische Zeichengebung verstärkt und abgesichert werden. Auch der Mensch nimmt in seinem Gespräch Handbewegungen und Mimik zu Hilfe, wenn es gilt, wichtige Passagen zu unterstreichen, vor allem um seine Motivation auszudrükken. »Ich warne Dich«, sagt er und droht dabei mit erhobenem Finger.

An dieser Stelle sollte die akustische Kommunikation der höheren Säugetiere, wie die unserer Totenkopfäffchen, der menschlichen Sprache gegenübergestellt werden. Ausführlich wird dazu in einem eigenen Kapitel Stellung genommen (S. 241). Hier nur eine grundsätzliche Bemerkung: Wir müssen die vokale Kommunikation im tierischen Bereich von der verbalen Sprache streng unterscheiden. Vokale Kommunikation ist stets affektgebunden, sie ist in ihrer Struktur und in ihrer Zuordnung zu bestimmten Verhaltensweisen, also auch in ihrer Funktion, streng angeboren; demgegenüber sind die Elemente einer echten Sprache unbegrenzt austauschbar; sie sind symbolisiert, sie werden in ihrer Bedeutung und Zuordnung erlernt.

Singende Fische

Nur am Rande sei vermerkt, daß sich auch viele Fische akustisch verständigen können. Es gab seinerzeit in den zwanziger Jahren großes Staunen, als K. V. FRISCH eindeutig nachweisen konnte, daß Fische ein empfindliches Hörvermögen haben. Seine Schüler, insbesondere T. A. WOHLFARTH, haben hierzu die anatomische Grundlage geliefert.

Welche akustischen Signale die Fische in ihrem Biotop abhören, ist weitgehend rätselhaft. Aber man kennt über 100 Arten »singender Fische«; da gibt es die »Trommler«, die ihre Schwimmblase durch daran festgewachsene Muskeln in Vibration versetzen. Man kennt die »Krächzer«, die ihre Schlundzähne gegeneinander reiben, wobei sie eine mittlere Frequenz von 350 Hz erzeugen. Mit diesen Lauten wird das Revier abgezäunt. Es wird vermutet, daß auch bei der Paarung dieser Gesang Signalwert hat; aber weitere Untersuchungen stehen noch aus.

Insekten

Neben den Vögeln und Säugetieren zeigen die Grillen, Heuschrekken und Singzikaden ein reiches Repertoire an akustischen Verständigungssignalen. Wir kennen Lockgesang, Werbegesang, Rivalengesang. Bereits zu Beginn dieses Jahrhunderts hatte sich der Wiener Gymnasialprofessor J. REGEN einen simplen, aber genialen Versuch zur Verständigung zwischen Grillen-Männchen und -Weibchen ausgedacht: Er hielt vor ein zirpendes Grillenmännchen eine Telefonmuschel, im Nachbarraum eilte Frau Grille erregt ans Telefon.

Der *Lockgesang* soll ein paarungsbereites Weibchen aus der Umgebung anlocken, der *Werbegesang* leitet die komplexe Paarung ein; der *Rivalengesang* dient der Revierverteidigung eines Revierbesitzers.

Wie in Teil I, Kapitel 5, anhand der Balz der Feldgrille dargelegt wurde, hat uns die akustische Kommunikation bei Insekten ungeahnte neue Einblicke in die Informationsverarbeitung im Sinnesorgan und im ZNS des Empfängers gebracht.

Vögel, Säugetiere und Insekten nutzen meisterhaft und in vielfältiger Weise die Möglichkeiten, akustische Signale für eine gegenseitige Verständigung einzusetzen. Reviergesang, Rivalengesang, Warnlaute, Werbegesang, soziale Kontaktlaute wurden beispielhaft vorgestellt.

4. Kommunikation mit Hilfe optischer Signale

Kein Sinnesorgan ist in den letzten Jahrzehnten in seinen Leistungen so eingehend untersucht worden wie das Auge – Linsenauge und Facettenauge gleichermaßen. Angefangen bei den molekularen Prozessen am Sehpigment über das Hell-Dunkel-Sehen, das Farbsehen, das Bildsehen bis hin zum Mustererkennen, haben wir Einblick in die strukturellen Grundlagen und die physiologischen Bedingungen. Im Vergleich zu akustischen und chemischen Signalen ist jedoch über die Verwendung von optischen Signalen relativ wenig bekannt. Dies hat vielleicht seinen Grund darin, daß optische Signale vom Sender »nebenher« und unbewußt angeboten werden. Jede Körperhaltung, jeder Gesichtsausdruck, jede Gangart verrät bei uns Menschen unweigerlich unsere »Laune«, auch das, was wir im Schilde führen. Man kann durch energische Hand- oder Beinbewegung seinen Zorn oder seine Forderung »betonen«. Es gäbe eine umfangreiche Literatur über das Repertoire dieser »somatomotorischen Signale«. In unserem Zusammenhang sei hervorgehoben, daß es sich um ritualisierte Bewegungsmuster handelt, die in allen Einzelheiten organisiert sind, aber stets als Grundlage Elemente aus »normalen« Bewegungen benutzen. Oft treten sie in *Begleitung* mit diesen Bewegungen – dem Schreiten, dem Atmen, dem Schwimmen, dem Kriechen – auf.

Ökonomisch betrachtet, ergibt sich dabei eine günstige »Kosten-Nutzen-Rechnung«. Daneben erfordert optische Kommunikation aber doch eine recht aufwendige Signalisierung, die erheblich mehr Energie erfordert, als etwa im chemischen und akustischen Bereich. Wenn wir danach fragen, woher denn das Material kommt, mit dem optische Signale dargestellt werden, dann müssen wir zuallererst körperfremde und körpereigene Signale unterscheiden. Das Männchen des Gärtner-Laubenvogels aus Neuguinea baut sich zum Rendezvous eine schmucke Laube, die bis zu 1 m im Durchmesser hat. Da wird mit Zweigen und Moos ein halbrunder Laufgang angelegt, in den das Männchen bei der Balz durch die eine Öffnung hineinrennt und aus dem er bei der anderen wieder herauskommt. Dabei präsentiert es dem Weibchen seinen orangeroten Nacken. Dieser Laubengang wird vorher – in tagelanger Arbeit – mit allerlei Zierrat ausgeschmückt, etwa mit dem Panzerskelett blauschimmernder Glanzkäfer, mit schillernden Muschelschalen, die ein Zaun abgrenzt, der wiederum mit farbigen Früchten bestückt wird.

Körpereigenes Material wird verwendet, um sich selbst ein Trachtkleid anzulegen – in Form eines Farb- oder Schattenmusters. Das kann man dann sein Lebtag als Dauersignal tragen. Es dient als Erkennungs- und Locksignal für den Artgenossen, als Warnsignal für den Rivalen oder einen gefährlichen Räuber. Sehr oft werden hierfür Abfallpigmente, d. h. Endprodukte, die aus dem Stoffwechsel anfallen, benutzt, wie Pterine. Man kann auch durch allerlei Tricks Strukturfarben herstellen, etwa das Blau der Vogelfeder; so werden auch hier die Kosten für optische Zeichen minimal gehalten.

Ehe wir auf die Pragmatik eingehen, sollten wir, wie in den vorausgehenden Kapiteln, Vor- und Nachteile optischer Kommunikation klarstellen. Für uns Menschen, denen das Auge die reichhaltigsten Eindrücke vermittelt, liegt der Vorteil auf der Hand:

1. Die Nachricht erreicht momentan – mit Lichtgeschwindigkeit – den Empfänger.
2. Intensität, Farbe, zeitliche Ordnung können als Parameter benutzt werden.
3. Raummuster und Bewegungsmuster bieten sich in geradezu unbegrenzter Kombination an.

Um aber ein Muster aus dem weißen Lärm der Umgebung herauszufiltern, sind anspruchsvolle, zentralnervöse Verarbeitungsprozesse vonnöten: Es müssen die sogenannten kohärenten, d. h. zueinander passenden Faktoren aus den Einzelelementen zu einer Mustereinheit zusammengefügt werden: Kontur, Gleichheit oder Ähn-

Bild 49: *Die gleichen Elemente, die im oberen Bild zufällig verteilt sind, geben unten ein geometrisch erkennbares Muster, sowie diese Elemente einander symmetrisch zugeordnet werden.*

lichkeit von Merkmalen, Symmetrie, Geometrie, Goniometrie, Kontrastgrenzen (s. Bild 49). Mustererkennen heißt aber nicht nur Zusammenfügung von Details; dem Syntheseprozeß muß eine Filterung unwichtiger Zeichen vorausgehen. Die erwähnte laterale Hemmung leistet dabei wichtige Hilfe. Ein Beispiel: die 6000 Ommatidien einer Honigbiene ermöglichen 10^{18} Musterkombinationen allein durch unterschiedliche Hell-Dunkel-Kontraste. Wir wissen aber, daß die Biene sich nur wenige Muster einprägt – solche, die durch Sternform oder lappige Struktur den Blüten ähneln. Über *Nachteile* optischer Kommunikation wurde bereits berichtet (s. S. 68).

Wenn wir jetzt versuchen, die Pragmatik, d. h. die Funktion optischer Kommunikation zu durchleuchten, so ist es nicht ganz einfach, die einzelnen Funktionen optischer Signale eindeutig voneinander zu trennen; sie gehen oft – anders als im olfaktorischen oder mechanischen Bereich – unvermittelt ineinander über; sie können sogar miteinander vermischt sein; beispielsweise zur Verteidigung, zum Drohen, zum Anzeigen der Dominanz und bei der Balz.

Der Übersicht halber versuchen wir trotzdem zu klassifizieren. Dann können wir unterteilen:

1. Warn- und Alarmsignale,
2. Defensiv- und Aggressionssignale,
3. Dominanz- und Unterwerfungssignale,
4. Territorialsignale,
5. Balz- und Brutpflegesignale,
6. Optische Kontaktsignale im Sozialverband.

Im folgenden können nur einige wenige Beispiele zum jeweiligen Sozialstatus ausgewählt werden. Sie sollen vor allem zeigen, wie wandelbar – in rascher Wechselfolge – die einzelnen Signalklassen miteinander kombiniert werden können.

Drohen

Besonders eindeutig und vielseitig lassen sich optische Signale als Drohgebärde verwenden. Wirkungsvoll wird dabei neben der Gestalt auch die Bewegungskomponente mit eingeschaltet. Bild 50 zeigt in einer Bildserie den drohenden Bock der Oryx-Antilope (die in Afrika zu Hause ist), wie er mit erhobenen Hörnern den Rivalen aus seinem Weidegrund vertreibt. Ohne jede Verletzung – da gibt es kein Puffen und Drängeln –, allein durch optische Symbolzeichen wird eine eindeutige Aufforderung erteilt: »Geh weg von hier, du hast hier nichts zu suchen.« Der Partner als der Unterlegene versteht und befolgt die Nachricht.

Symbolisch wird Drohen auch durch Zähnefletschen, durch scheinbares Zubeißen verwirklicht (s. Bild 51). Der Hirsch richtet sich drohend auf seinen Hinterbeinen auf und schlägt mit den freien Vorderbeinen – zum Schein – auf den Gegner ein.

Dominanz

Von diesen reinen Drohgebärden muß man jene unterscheiden, die die Rangstellung eines Individuums in der Gruppe anzeigen sollen – es ist das sogenannte »Imponiergehabe«, das das dominante Tier dem unterlegenen Partner immer wieder bietet. Imponieren kann man auf vielerlei Weise, etwa indem man Gebiß oder Hörner als Waffen zeigt, indem man sich schnaubend hoch aufrichtet, indem man dem Vorbeiziehenden den Weg versperrt, indem man sich breitseits in voller Größe dem Rangtieferen zeigt. Dabei wird angedeutet: »I am the boss.« Es ist sehr eindrucksvoll zu beobachten, wie der Rangtiefere – »ohne sein Gesicht zu verlieren« – sich aus der Affäre zieht: Das dominante Tier bleibt stehen, baut dem Partner eine goldene Brücke, indem es mit starrer Genickwendung den Kopf zu ihm wendet: »Wenn du verschwindest, sind wir quitt.« Der Unterlegene zieht daraufhin ab.

Man darf hier durchaus ein typisches Imponiergehabe beim Menschen erwähnen: das arrogante steife Kopfwenden seitwärts, das der Boß dem spröden Untertanen gegenüber zeigt.

Bild 50: *Rivalenkampf der Oryx-Antilope durch rein optisches Imponiergehabe:*
a/b: Die Rivalen marschieren aufeinander zu und wenden zunächst die Köpfe seitwärts voneinander weg.
c/d: Längsseits weichen sie voreinander aus, aber wenden jetzt ihre Hörner drohend aufeinander zu.
e: Weiteres Drohgehaben zeigt sich durch das Zuwenden des erhobenen Kopfes und Vorweisen des weißen Kinn-Kehl-Fleckens.
f: Der Unterlegene zieht ab, der Sieger imponiert noch hinter ihm her, indem er ihm nochmals den weißen Kinnfleck zeigt.

a
b
c
d
e
f

Auch bei Reptilien ist Imponiergehabe beobachtet worden: Schon auffallende Dauerfärbung, etwa des Schwanzes, kann Dominanz anzeigen; rascher Farbwechsel am ganzen Körper – beim Gecko oder Chamäleon –, verbunden mit heftigem Kopfnicken, kann Drohverhalten andeuten; die Warneidechsen richten sich dem

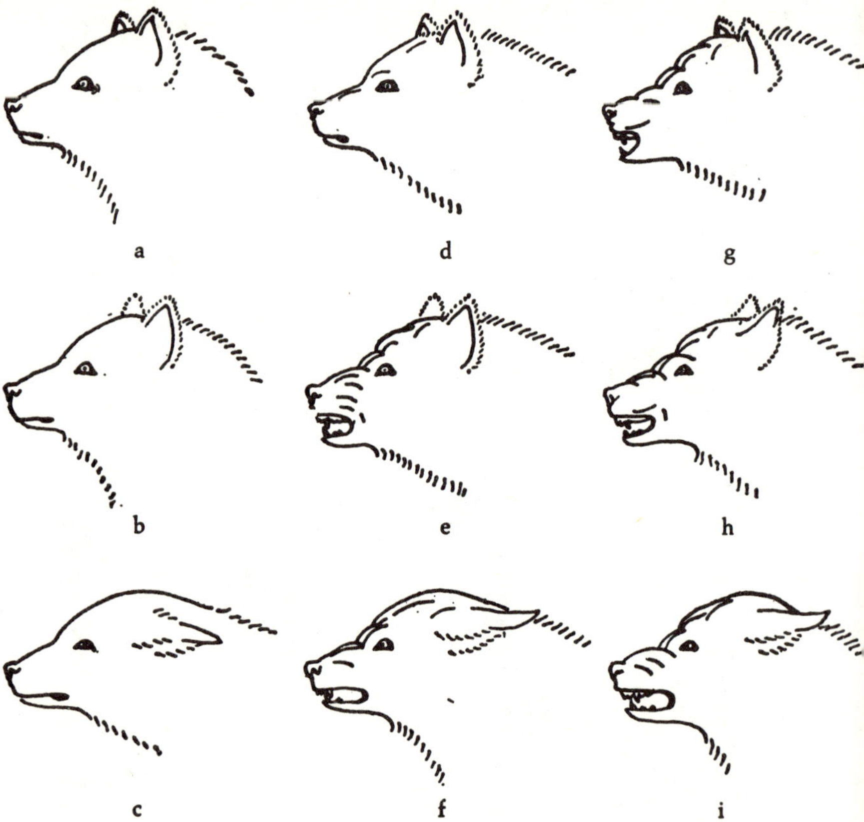

Bild 51: *Symbolhaftes Zähnefletschen beim Hund und Wolf, verbunden mit Ohrwackeln und »Haarsträuben«, dienen als Warnung vor einem drohenden Biß.*

Gegner gegenüber drohend auf und entfalten bei weit geöffnetem Maul ihre Halsmanschetten (s. Bild 52).

Ob beim Tintenfisch der bekannte rasche Farbwechsel bestimmten Motivationen oder auch einem festen Sozialstatus zuzurechnen ist, wäre noch aufzuklären.

Optische Umzäunung des Territoriums

Optische Markierung des Territoriums ist sehr selten, was ja durchaus verständlich ist. Man muß immer selber gegenwärtig sein – sofern man nicht auffallende Gegenstände aus der Umwelt als Zaunpfähle zu Hilfe nimmt (s. u.). Das Stichlingsmännchen muß mit seinem roten Bauch ständig sein Revier umschwimmen, um den Rivalen abzuhalten.

Einen interessanten Fall optischer Reviermarkierung hat K. E. LINSENMAIR bei der Reitterkrabbe (Ocypode) entdeckt: Wenn die Männchen ihre Bruthöhle am Strand ausgraben, in die sie die Weibchen zur Kopulation locken und wo die Jungen ihre ersten Wochen verbringen, dann wird hier der Grabsand nicht einfach wie bei der Winkerkrabbe in der nächsten Umgebung verstreut, sondern in etwa 10 cm Entfernung als eine Sandpyramide sorgsam aufgeschichtet. Sie bedeutet für die herumstreunenden Weibchen die Nachricht: »Hier ist ein Höhlenbesitzer; er wartet auf weiblichen Besuch.« Je höher die Pyramide aufgeschichtet ist, um so mehr imponiert dies den Weibchen, und wenn der Wind den Sand wieder zerstreut, muß neu aufgeschichtet werden. LINSENMAIR hat nachgeholfen und mit seinem Schäufelchen die Pyramiden weiter erhöht. Solche künstlich verbesserten Schlüsselreize lockten die Weibchen bevorzugt an. Noch eine Maßnahme kommt hinzu, um die Lockwirkung der Pyramide zu erhöhen: Die Männchen einer gesamten Population tun sich zusammen und errichten in nächster Nachbarschaft ganze »Pyramidenstädte«, die sich mehrere hundert Meter am Strand entlangziehen. Hier sehen wir also ein optisches Dauersignal errichtet, das den Revierinhaber anzeigt; gleichzeitig haben wir wieder einmal den Fall, daß sich die späteren männlichen Rivalen zunächst zusammentun, um die Weibchen anzulocken (s. Bild 53).

Balzsignale

Eine kaum noch überschaubare Literatur befaßt sich mit der optischen Kommunikation bei Balz und Brutpflege. Die Ethologen haben aus diesem Bereich klassische Beispiele für den AAM, den »*A*ngeborenen *A*uslöse*m*echanismus«, ausgewählt. Da das gesamte Gebiet vielfach in populären Büchern behandelt wurde, u. a. von TINBERGEN, LORENZ, EIBL-EIBESFELDT sollen hier nur einige wenige Beispiele ausgewählt werden.

a) Winkerkrabbe

Man kennt etwa 40 Arten der Winkerkrabbe, die an den tropischen Küsten der Weltmeere leben. Die Männchen haben eine ihrer Scheren zu einer Signalflagge umgebildet, mächtig vergrößert und prächtig blau, rot oder grün gefärbt. Damit wird tagaus, tagein kräftig gewinkt. Zunächst bedeutet dies eine Drohung für den Rivalen, der ins Revier eindringen möchte, es ist aber auch gleichzeitig ein Locksignal für die herumstreunenden Weibchen, die sich den am kräftigsten und lebhaftesten gefärbten Partner aussuchen. Das Ritual des Winkens, die Rhythmik, die Bewegungsform sind charakteristisch für jede Art, sogar für jede Population, so daß die Weibchen eindeutig ihren Artgenossen als Partner erkennen. Der

Bild 52: *Sogar den Menschen kann diese plötzliche Drohstellung einer Warneidechse (oben) oder einer Fangschrecke (unten) erschrecken.*

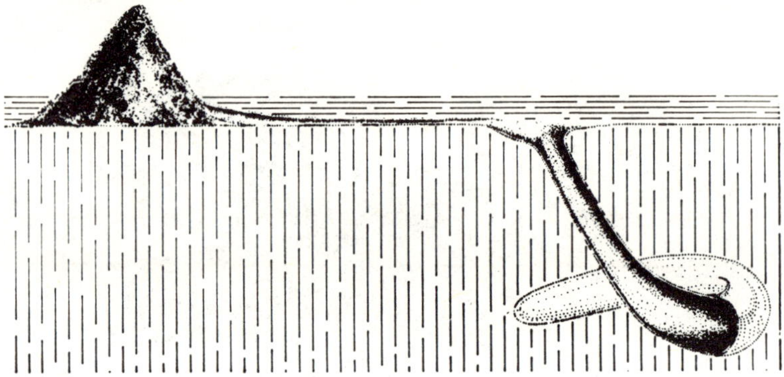

Bild 53: *Bruthöhle einer Reitterkrabbe mit der aufgeschütteten Sandpyramide als Locksignal für die Weibchen.*
Ein Männchen bemüht sich, mit einer Packung Grabsand die Pyramidenspitze zu erhöhen.

Zoologe kann an dem Winkgebaren nicht nur die Art bestimmen, sondern auch woher das Tier kommt: von der Küste in Panama, Tahiti oder Bali.

b) Leuchtkäfer

Die Leuchtkäfer haben sich im schützenden Dunkel der Nacht, wo ihre ärgsten Feinde, die Vögel, schlafen, eine eigene ökologische Nische erobert: Mit Hilfe ihrer Leuchtorgane, in denen Leuchtbakterien phosphoreszieren, produzieren sie Lichtsignale, mit denen sie sich auch bei Nacht verständigen können. Es werden optische, artgemäße Morsezeichen dem Geschlechtspartner angeboten, die ihm den Artgenossen identifizieren und ihm anzeigen, wo dieser auf das Rendezvous wartet. In Mittel- und Südamerika kann man in lauen Nächten einen einzigartigen Feuerzauber erleben, indem die Männchen von Dutzenden verschiedener Arten unablässig im Flug ihre Signale aussenden, jede Art mit eigenem Rhythmus, oft auch mit variierter Intensität. Die Weibchen antworten im streng festgelegten Takt, im Flug oder am Boden und können so von den Männchen gefunden werden.

Photinus pyralis sei als Beispiel näher beschrieben: Das Männchen erzeugt in langsamem Flug alle sechs Sekunden einen sehr hellen Lichtblitz von einer halben Sekunde Dauer und hebt sich dabei in senkrechtem Flug aufwärts; man sieht also ein helles Jot (J) aufleuchten. Nach diesem Manöver schwebt das Männchen ruhig in der Luft, läßt sich dann niederfallen, und nach ca. zwei Sekunden wiederholt es die Leuchtfigur. Während dieser zwei Sekunden Pause wartet das Männchen auf die Antwort eines Weibchens, das ebenfalls einen Leuchtblitz sendet. Ist dies der Fall, dann fliegt während der nächsten drei Sekunden das Männchen auf das Weibchen zu, um dann erneut zu blinken. Dieses rhythmische Arrangement sichert zum einen die sexuelle Isolation der Arten, sie ist aber auch zum anderen sehr ökonomisch. Man muß nur während der Pause aufmerksam hinschauen, ob wohl ein Weibchen antwortet. Immerhin, die gesamte Rhythmik muß im Gehirn genauestens überwacht werden.

Die strenge Rhythmik der Balzsignale wirft aber ein schwieriges Problem auf. Man hat zunächst gefunden, daß die Weibchen auch auf künstlich angebotene Lichtblitze antworten, sofern sie die richtige Rhythmik zeigen. Bietet man aber mehrere Lichtblitze – sozusagen von mehreren Männchen, die da nebeneinander umherfliegen – durcheinander, dann gibt es keine Antwort der Weibchen mehr. In freier Natur, wo ja durchaus mehrere Männchen im gleichen Biotop fliegen, wird dieses Dilemma in genialer Weise gelöst: Treffen sich mehrere Männchen im gleichen Gelände, dann *synchronisieren* sie ihren Blinkrhythmus; die Weibchen können jetzt richtig auf den Rhythmus antworten, und die Chance, daß sie von einem der Männchen gefunden werden, ist mächtig gestiegen.

Diese »Idee« der Synchronisation des Blinkrhythmus haben die Männchen der Gattung Pteroptyx zu einem imponierenden Feuerwerk höchster Vollendung ausgebildet. Die Männchen von Pt. malacae in Neuguinea versammeln sich nach Einbruch der Dämmerung zu Tausenden oder gar Millionen auf ihrem »Feuerbaum« (vgl. Farbbild 54, neben S. 145) und blinken alle 930 msek gemeinsam in erstaunlicher Synchronisation. Die Weibchen werden von diesem Feuerzauber angelockt, in rasantem Sturzflug dringen sie in das Leuchtfeuer ein und bieten sich den Männchen zur Kopula an. Ihr Kennzeichen: das Leuchtzeichen der Weibchen wirkt wie ein Störsender, ihre Morsezeichen bieten sie im falschen Rhythmus. Ein Männchen, das sich zufällig in nächster Nähe befindet, sichert sich dieses Weibchen, indem es schnell sein Leuchtorgan dem Weibchen direkt vor die Augen bringt, mit weiteren ryhthmischen Blinkzeichen Kontakt hält und die anderen Männchen ablenkt.

Auch hier also eine gemeinsame Balz, an der jedes Männchen teilnimmt, auch wenn seine Chance nur gering ist, zum Ziel zu kommen. Man schätzt, daß auf 100 Männchen nur ein Weibchen kommt. Man hat beobachtet, daß Männchen, die sich zunächst einer schwachen Population zugesellt hatten, diese verlassen, wenn in der Nachbarschaft ein helleres Blinken im Gange ist – auch wenn die eigene Chance sich damit verringert; das gemeinsame Rendezvousplätzchen attraktiver für die Weibchen zu machen, ist ein höheres Ziel.

Wie diese präzise Synchronisation organisiert wird, ist noch ein Rätsel. Keinesfalls geht sie von einem Leittier mit Schrittmacherfunktion aus; seine individuelle Streuung müßte sich in Unsicherheit bemerkbar machen. Es ist vielmehr eine Abstimmung auf Gegenseitigkeit. Individuelle Ungenauigkeiten von Tausenden von Tieren werden gemittelt und ergeben dann einen auf Millisekunden präzisen Gesamtrhythmus.

c) Säugetiere

Wer erwartet, daß sich die Säugetiere als Erfinder besonders differenzierter und hochorganisierter Balzsignale im optischen Bereich erweisen, muß enttäuscht werden. Die Männchen »entleihen« vielmehr für die Brautwerbung das Zeremoniell aus dem Imponiergehabe und den Drohgebärden, wie sie oben beschrieben wurden. Natürlich kommt es dabei nur selten zu einem ernsten Angriff; das Weibchen zeigt sich gefügig, indem es die gleichen Demutsgebärden anbietet wie der unterlegene männliche Rivale. Daraufhin bereitet es dem Männchen keinerlei Schwierigkeit, in einem weiteren Ritual die Paarung einzuleiten. Der männliche Kudu, Tragelaphus imbestis, droht mit aufgerichtetem Kopf und hochgereckten Hörnern dem Weibchen gegenüber genauso wie die Männchen der Oryx-Antilope; das Weibchen nimmt mit gesenktem Kopf die Demutsstellung an und zeigt so seine Bereitschaft zur Kopulation. Das Männchen der Tompsen-Gazelle imponiert zunächst mit »Kopf-Hals-Vorstrecken«, dann mit »Kopf-Aufrichten« und anschließendem »Nase-Hochhalten«, dem ein Beinschlag folgt; unmittelbar danach folgt die Paarung. Nur ganz wenige eigenständige Rituale sind also für die Balzzeremonie hinzugekommen.

Diese Tatsache wird noch dadurch betont, daß bei Säugetieren praktisch immer den optischen Signalen auch solche aus dem akustischen und dem chemischen Bereich beigefügt werden. Wir haben es hier mit einer klassischen multimodalen Kommunikation zu tun, die an den leistungsfähigen Empfangsapparat Auge, Ohr und Nase appelliert.

Kontaktsignale im sozialen Verband

Optische und mechanische Signale werden auch da verwendet, wo es darum geht, Hunderte und Tausende von Einzelindividuen in einem Schwarm zusammenzuhalten, etwa bei einem ziehenden Fischschwarm, beim Umzug eines Bienenschwarmes vom Mutterstock in ein neues Heim, bei der Wanderung der Zugvögel. Von etwa 20.000 bekannten Fischarten schließen sich über 10.000 Arten zu Schwärmen zusammen. Vor allem für kleinere Fische hat dies gewisse Vorteile, um sich gegen Räuber zu schützen. Den großen Barrakuda »verwirrt« ein Schwarm von Zwergheringen, indem dieser blitzschnell, sternförmig oder springbrunnenartig auseinanderweicht. Auch wenn die relative Position eines Fisches im Schwarm ständig schwankt, erkennt man doch, daß die Abstände zwischen den Individuen in gesetzmäßigem Rahmen bleiben: der bevorzugte Abstand ist eine Körperlänge. Setzen wir diese = 1, dann gilt für Heringe 1,1, für Köhler 1,3, für Barsche 1,5. Der Mindestabstand von ⅓ Körperlänge wird in keinem Fall unterschritten. Während man früher annahm, Organisation und Dynamik im Zusammenhalten eines Fischschwarmes, der aus vielen Tausend Einzeltieren besteht, würden rein optisch gesteuert, konnte B. J. PARTRIDGE an der University Miami überzeugend nachweisen, daß das *Seitenliniensystem*, ein Sinnesorgan, das die Strömung und den Staudruck im Wasser empfindlich mißt, mindestens gleichrangig mit der optischen Kontrolle beteiligt ist. In ein großes Schwimmbecken wurde ein Schwarm von Köhlern eingesetzt. Einigen Tieren wurden über die Augen Mattglaskontaktlinsen aufgesetzt. Diese Tiere verhielten sich nach wie vor ordnungsgemäß im Schwarm – lediglich der Individualabstand war etwas vergrößert. Aber auch wenn das Seitenlinienorgan allein ausgeschaltet war – das kann man sehr einfach dadurch erreichen, indem man den Seitenliniennerv durchtrennt –, waren die Fische noch orientiert; jetzt war der Abstand zwischen den Individuen etwas enger als normal. Waren aber beide Sinnesorgane ausgeschaltet, also die optischen und die Strömungssinnesorgane, dann konnten sich die Tiere nicht mehr ordnungsgemäß dem Schwarm einfügen. Daraus läßt sich folgern, daß bei der Organisation eines Fischschwarmes sowohl Auge wie auch Seitenlinienorgan etwa gleich beteiligt sind. Daß reine »Augentiere« näheren Abstand zueinander halten, reine »Seitenlinientiere« einen weiteren Abstand als normale, läßt den Schluß zu, daß das Auge ein anziehendes Moment, das Seitenlinienorgan ein abstoßenes Moment in der Distanz-Balance ausübt. Weitere Befunde führten zu der Hypothese, daß der Gesichtssinn vor allem Abstand und Winkelstellung zum Kumpan, das Seitenlinienorgan Geschwindigkeit und Richtung der Nachbartiere im Schwarm kontrollieren.

Wir dürfen annehmen, daß auch in einem ziehenden Vogelschwarm und in einem Bienenschwarm der Zusammenhalt der Tiere, aber auch ein gefahrloses Aneinandervorbeiziehen – ohne daß ein Zusammenstoß verursacht wird –, durch optische und mechanische Kontrolle garantiert werden.

Vorteile optischer Kommunikation: Die Nachricht erreicht momentan – mit Lichtgeschwindigkeit – den Empfänger; Intensität, Farbe, Bewegung können in geradezu unbegrenzter Kombination zu Raummustern und Bewegungsmustern kombiniert werden.

Nachteile: Im Dunkel der Nacht ist keine optische Kommunikation möglich, es sei denn, man legt sich selber Leuchtorgane zu, wie die Leuchtkäfer oder viele Meeresfische. Ferner: Lichtstrahlen können nicht wie Duftstoffe oder akustische Signale durch ein »undurchsichtiges« Hindernis herumwandern; andererseits kann man sich aber dahinter verstecken.

Pragmatik optischer Kommunikation: Wir kennen Warn- und Alarmsignale, Defensiv- und Aggregationssignale, Dominanz- und Unterwerfungssignale, Territorialsignale, Balz- und Brutpflegesignale sowie optische Kontaktsignale im Sozialverband.

Zentrale Informationsverarbeitung optischer Signale, aufgezeigt am Beutefang- und Fluchtverhalten der Kröte

Bei der großen und komplexen Vielfalt optischer Kommunikation scheint es aussichtslos, einen Zugang zu den Zentren der Verarbeitung optischer Signale im Gehirn zu finden. Erste, recht mutige Pionierarbeiten haben J. P. EWERT und O. J. GRÜSSER mit ihren Arbeiten an der Kröte vorgelegt. Diese Untersuchungen gehen von einem relativ einfachen Verhalten aus, dem Beutefang- und Fluchtverhalten; auf den ersten Blick wird man keine direkte Beziehung zu einer wechselseitigen Verständigung unter Artgenossen finden. Die Ergebnisse sind aber so grundlegend für eine zentrale Informationsverarbeitung, daß sie uns auch den Zugang zu komplexeren Verständigungsformen ermöglichen. So haben Lokalisation und Identifikation von Beute bzw. Feind durchaus Beziehung zur Kommunikation mit dem Artgenossen.

Eine hungrige Kröte antwortet auf ein kleines bewegtes Objekt mit Beutefangreaktionen, die in einer orientierenden Wendereaktion in Richtung zum Reizort bestehen, dann im Heranschleichen, im beidäugigen Fixieren und Zuschnappen. Bewegt sich jedoch ein großer Gegenstand an ihr vorbei, so antwortet das Tier mit Fluchtreaktionen: Abwenden, Ducken, Springen. Beute- und Feindschlüsselreiz gemeinsam ist das Merkmal *Bewegung*; unbewegte Objekte bleiben in diesem Zusammenhang unbeantwortet. Die Differenzierung in Beute und Feind geschieht durch das Merkmal *Größe*. In unserer Sprache würde für die Kröte gelten: Alles, was klein ist und sich bewegt, ist Beute, alles was groß ist und sich bewegt, ist Feind.

Wir gehen der Frage nach, welche Teile des Zentralnervensystems die Meldungen, die das Auge der Kröte über Beute und Feind an das ZNS weitergibt, beantworten und zu einem sinnvollen Handlungsentwurf verarbeiten.

Die Kröte sitzt in einem zylindrischen Glasgefäß. Um sie herum wird mit konstanter Sehwinkelgeschwindigkeit (30° pro Sekunde) ein visuelles Muster bewegt, das sich deutlich vom Hintergrund abhebt. Die Kröte versucht, durch sukzessive Wendebewegungen von

Kopf und Körper das vermeintliche Beuteobjekt in ihrem beidäugigen Fixierkreis einzufangen und dreht sich dabei ständig ruckartig im Kreise. An der Anzahl dieser Wendereaktionen kann man quantitativ messen, wie hoch die Beutefangaktivität des Tieres ist. Bild 55 zeigt diese quantitative Beziehung der Wendereaktionen auf eine optimale Beuteattrappe. Beste Beutereaktion wird ausgelöst durch horizontale Streifen, die in horizontaler Richtung bewegt werden (Wurmattrappe). Vertikale Streifen oder quadratische Muster hemmen diese Beutereaktion. Nach wiederholter Auslösung der Beutefangreaktion erlischt die Wendereaktivität, es erfolgt also eine Gewöhnung. Erst nach 6 Stunden ist die Kröte wieder vollständig bereit zum Beutefang.

Im Gegensatz hierzu lösen Feindattrappen, wie eine schwarze Scheibe oder auch eine Kombination schwarzer Kreise, Flucht aus.

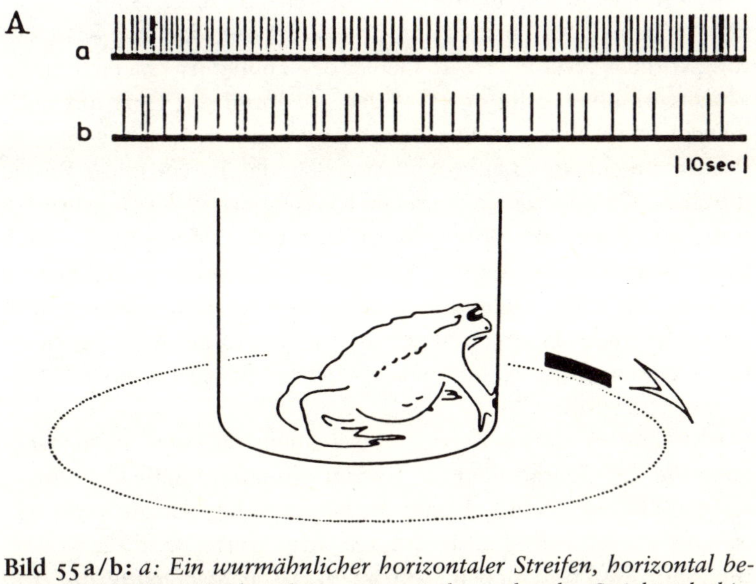

Bild 55a/b: *a: Ein wurmähnlicher horizontaler Streifen, horizontal bewegt, löst heftige Wendereaktionen aus (jeder senkrechte Strich steht hier für eine Wendebewegung).*
b: Die gleiche Attrappe, senkrecht bewegt, oder ein großes bewegtes Quadrat zeigen nur schwache Wirkung.

EWERT in Kassel ist es gelungen, die einzelnen Stationen der Informationsverarbeitung von der Retina bis zum Tectum opticum im Gehirn zu verfolgen. Als erste Station sind die retinalen Ganglienzellen zu nennen, die man in drei Klassen einteilen kann. Sie besorgen bereits die ersten Operationen im Erkennen einer Beute oder eines Feindes an den visuellen Eingangssignalen. Die eine Klasse von Ganglienzellen spricht auf Bewegung, die zweite auf den Kontrast und die dritte auf die Größe der Umweltmuster an; die weitere Verarbeitung der eingegangenen Erregung erfolgt dann im Tectum opticum, in dem die genaue Lokalisation der Beute oder des Feindes, aber auch die Unterscheidung zwischen Beute und Feind sich vollzieht. Auch hier im Tectum opticum wurden bewegungsspezifische und richtungsempfindliche Neurone identifiziert, ferner beidäugig aktivierbare Neurone, deren rezeptive Felder das gesamte Gesichtsfeld einschließen.

Besonders interessant und aufschlußreich für das Zusammenwirken verschiedener Hirnfelder war der Befund, daß bei Ausschaltung vorgelagerter Felder im Gebiet des Thalamus-Praetectum das Fluchtverhalten völlig unterbunden wird und die Tiere auf jedes bewegte Umweltmuster mit Beutefang reagieren.

Zusammenfassend läßt sich feststellen, daß bereits in der Retina durch die Ganglienzellen eine erste Klassifizierung der eingehenden optischen Reize durch organisierte rezeptive Felder erfolgt – nach Bewegungsrichtung, Größe, Kontrast; die beiden so definierten Klassen von Eingangsreizen werden entweder in das Tectum opticum oder in das Praetectum geleitet, wo dann erst durch gegenseitige Hemmung der Handlungsentwurf für Beutefang oder Flucht organisiert wird.

GRÜSSER in Berlin ist der entscheidenden Frage nachgegangen, wie die Operationen im Tectum opticum, nämlich die Invariantenbildung: Beute, Feind, neurophysiologisch zu verstehen ist und wie sie verhaltensbiologisch ausgewertet wird. Er konnte für diese Funktion sieben Neuronenklassen im *Tectum opticum* identifizieren, die er sowohl bei der Erdkröte wie auch bei verschiedenen Froscharten durch elektrische Hirnreizung finden konnte.

Klasse T 1: Diese Neurone liegen im *binokularen* Teil des Gesichtsfeldes. Sie erkennen die *Raumtiefe* und die *Entfernung*.

Klasse T 2: Hier handelt es sich um *Kontrastneurone*, die durch bewegte Reize, die heller oder dunkler als der helle Hintergrund sind, erregt werden.

Klasse T 3: Eine Neuronengruppe, die bei Annäherung eines Reizpunktes an das Auge erregt wird, während, wenn das Objekt sich vom Auge wegbewegt, eine Hemmung ausgelöst wird. Das bedeutet unter natürlichen Verhältnissen, daß diese Neurone ansprechen, wenn der Frosch ein Beuteobjekt anspringt – »*Beutefangneurone*«.

Klasse T 4: Diese Neurone kann man als »*Generalisatoren*« bezeichnen. Sie haben sehr weite rezeptive Felder, die fast das ganze Gesichtsfeld umfassen. Sie zeigen eine starke neuronale *Adaptation*. Wenn man einen bewegten schwarzen Streifen nach drei bis vier Sekunden zum zweiten Mal an der gleichen Stelle im Gesichtsfeld zeigt, dann ist die neurale Aktivierung um mindestens 50% reduziert.

Klasse T 5: Dies sind typische *Richtungsdetektoren*, die auf bewegte Streifenmuster in bestimmter Richtung erregt werden. Positiv in horizontaler Bewegungsrichtung, hemmend in vertikaler Richtung.

Mit diesen wichtigen Befunden haben wir einen Sprung von der rein sensorisch analytischen Aufgabe in der Peripherie, d. h. hier in den Ganglienzellen, zu den motorischen Kommandos, die im Tectum opticum entworfen und ausgegeben werden, gemacht. Es läßt sich in der Tat eine Stufenfolge der einzelnen Kommandos beim Beutefang, wie folgt, aufstellen: Klasse T 5 – Klasse T 2 – Klasse T 1 – Klasse T 3. Wir können uns diese Kommandofolge an einem praktischen Beispiel deutlich machen: Eine kleine Libelle erscheint plötzlich im seitlichen Gesichtsfeld des Frosches. Als erstes werden Neurone der Klasse T 5 mit rezeptiven Feldern dieser Region aktiviert. Sie lösen eine Wendebewegung des Frosches zur Beute aus. Damit kommt es zu einer Verschiebung des Objektes vom temporalen ins nasale, d. h. ins binokulare Gesichtsfeld. Während dieser Verschiebung werden Neurone der Klasse T 2 als Kontrastneurone aktiviert. Erreicht das Beuteobjekt den binokularen Teil des Gesichtsfeldes, dann werden die binokularen T 1-Neurone angesprochen. Damit kann die Distanz und damit auch die absolute Größe der Beute gemessen werden. Diese Messung steuert jedoch gleichzeitig den Ansprung auf die Beute. Dadurch nähert sich die Beute dem Frosch, weshalb Neurone der Klasse T 3 aktiviert werden, die ihrerseits den Zungenschlag steuern. Die weitere Verhaltensfolge wird dann durch Mechanorezeptoren und Geschmacksrezeptoren der Zunge beeinflußt, die hier nicht weiter untersucht wurde.

Beteiligt sind natürlich auch Neurone der Klasse T 4, die die optische Aufmerksamkeit als Generalisatoren garantieren. Diese optische Aufmerksamkeit muß sowohl durch den Feind als auch durch die Beute ausgelöst werden. Die Entscheidung über Beute oder Feind treffen aber erst Neurone einer weiteren Klasse T 6, die den Fluchtsprung steuern oder bei Kröten das Ducken vor einem Luftfeind auslösen.

Durch diese Untersuchungen von EWERT und GRÜSSER ist an niederen Wirbeltieren ein praktisch lückenloser Weg aufgezeichnet, der vom Verhalten über die Sinneswahrnehmung und die weitere Informationsverarbeitung und Klassifizierung der Umweltsignale führt und schließlich in ein motorisches Kommando umgesetzt wird.

Organisierte rezeptive Felder klassifizieren bereits in der Retina die eingehenden optischen Reize gemäß ihrer Größe, ihrem Kontrast, ihrer Bewegungsrichtung. Im Tectum opticum werden dann die eingehenden Meldungen einem Beute- bzw. Feindschema zugeordnet und an die Kommandozentren weitergeleitet, die Beutefang bzw. Fluchthandlung auslösen. Man findet Detektoren für Entfernungssehen, Kontrastneurone, Generalisten, Richtungsdetektoren, Bewegungsdetektoren; danaben gibt es eigene Neuronenklassen, die die optische Aufmerksamkeit garantieren. Die Entscheidung, ob Beute oder Feind, steht einer eigenen Klasse von Neuronen zu, die den Fluchtsprung steuern oder das Ducken vor einem Luftfeind auslösen.

Teil III:
Biokommunikation im Sozialverband

1. Bedingungen für eine soziale Bindung

Die höchsten Anforderungen an eine Biokommunikation werden im *Sozialverband* gestellt. Schon was wir bisher über die einfachste Organisation sozialer Bindung zwischen Männchen und Weibchen und ihren Jungen beschrieben haben, ist voller Hindernisse und Probleme: Wie wird der *Sozialpartner* gefunden und als solcher erkannt? Wie wird vermieden, daß er als Konkurrent angegriffen wird? Wie wird er zu einer gemeinsamen Handlung, etwa zur Kopulation und Brutpflege aufgefordert?

Wo sich einige Dutzend von Artgenossen als Sippe bei den Primaten oder gar zu einem Bienen-, Ameisen- oder Termitenstaat mit Hunderttausenden oder Millionen Individuen zusammenfinden, muß der Zusammenhalt und die Kooperation durch eine besonders differenzierte Kommunikation garantiert sein. Wenn wir weiterhin bedenken, daß diese tierischen Gemeinschaften seit vielen Millionen Jahren in ununterbrochener Generationenfolge und in mustergültiger Harmonie zusammenleben – letztlich haben sie sich, wie schon erwähnt, mit den gleichen oder ähnlichen Problemen wie unsere menschliche Gesellschaft auseinanderzusetzen –, dann ist es berechtigt, daß wir der gegenseitigen Verständigung im Sozialverband ein eigenes ausführliches Kapitel widmen. Fragen wir uns zuallererst, was denn bei bestimmten Arten – es sind immerhin ca. vierzigtausend Arten, die sich zu Sozialverbänden zusammengeschlossen haben – die Einzelindividuen zu einer sozialen Gemeinschaft zusammenführt. Mindestens zwei Bedingungen müssen erfüllt sein:

Das Individuum übt auf den Artgenossen beiderlei Geschlechts einen spezifischen Lockreiz aus und umgekehrt die Gruppe auf das einzelne Individuum. Diese Lockwirkung ist artspezifisch durch genetisch fixierte Schlüsselreize gesichert. Solche Lockreize können Pheromone, optische, akustische oder taktile Signale sein: »*Attraction mutuelle*« – Attraktion auf Gegenseitigkeit. Diesen Gedanken hat P. GRASSÉ 1958 erstmalig formuliert.

Erblich ist auch der Drang zu sozialem Zusammenschluß, »*Attraction sociale*«, nach LE MASNE. Diesem Zusammenschluß kann ein Partner rein passiv gegenüberstehen, er kann aktiv dazu auffordern. Stare sammeln sich aktiv im Spätsommer zu einem Wanderpulk; eine Bienenkönigin versammelt passiv – aufgrund eines Duftstoffes aus der Mandibeldrüse – die Schwarmtraube um sich.

Gruppenbildung setzt weiterhin ein artspezifisches *Verständigungssystem* voraus. Der Artgenosse muß als solcher erkannt werden. Es muß möglich sein, ihn zur *Kooperation* aufzufordern.

2. Formen der Vergesellschaftung

Um die Anforderungen an eine Verständigung im Sozialverband zu verstehen, ist es wichtig, zunächst die Formen primitiver Vergesellschaftung im Tierreich kennenzulernen und sie der höchsten Organisation im Insektenstaat gegenüberzustellen.

Unkoordinierte Gruppen: Die Gemeinschaft weist in keiner Weise eine innere Organisation auf. Die Tätigkeit der Verbandsmitglieder ist nicht koordiniert. Ihr Zusammenschluß ist aber nicht – wie dies bei einer ungeordneten Massenbildung der Fall wäre – allein durch äußere Faktoren bedingt, er erfolgt primär durch eine erblich festgelegte »Attraction mutuelle«. Die Gemeinschaft hat nur *temporären* Charakter.

Diese Gruppenbildung ist darüber hinaus *fakultativ*, nicht obligatorisch; d. h. das Einzelindividuum kann auch außerhalb des Verbandes seine Existenz behaupten; die Gruppe andererseits ist nicht auf eine bestimmte Zahl oder auf die spezielle Tätigkeit einzelner Mitglieder angewiesen.

Die Gemeinschaft ist ein *offener Verband*; praktisch jedem Artgenossen wird Zutritt gewährt. Das Einzelindividuum kann sich einmal hier, einmal dort einer Gruppe anschließen.

Solche unkoordinierten Verbände finden wir als Schlaf-, Überwinterungs-, Freßgemeinschaften.

Männchen der Furchenbienen, der Hummeln, der Libellen bilden sehr häufig derlei Schlafgesellschaften. Die Marienkäferchen rotten sich zu Überwinterungsgesellschaften; Schaben, Blattläuse zu Freßgemeinschaften zusammen.

Einfach koordinierte Gruppen: Auch hier haben wir noch temporäre, fakultative, offene Gemeinschaften vor uns, die keine feste Organisation erkennen lassen. Wir finden jedoch eine erste koordinierte Handlung; die Einzelindividuen führen im Verband gemeinsame Flugmanöver aus; die Balzschwärme der Mücken oder Eintagsfliegen seien hier genannt. Wenn Libellen oder Wanderheuschrecken, viele Schmetterlingsarten und Zugvögel ihre Wanderungen durchführen, sind die Anforderungen an das gemeinsame Handeln recht erheblich: Der Aufbruch muß gemeinsam und zum richtigen Zeitpunkt erfolgen, der Verband muß gemeinsam die Zugrichtung festlegen und sie auf langen Strecken beibehalten, er muß ein gemeinsames Ziel aufsuchen.

Insektenstaaten als soziale Verbände höherer Ordnung.

Die Insektenstaaten stehen in ihrer sozialen Organisation und ihrer interindividuellen Bindung im ganzen Tierreich an der Spitze. Ihre herausragenden sozialen Kennzeichen sind:

1. Die Gruppenbildung ist für den Fortbestand der Art *obligatorisch*, ihre zahlenmäßige Stärke ist artspezifisch fixiert. Umgekehrt ist auch die Existenz des individuellen Lebens auf den Verband angewiesen; eine Biene, die in Isolation gehalten wird, ist nach wenigen Stunden dem Tod geweiht.
2. Der Verband ist eine *geschlossene Gemeinschaft*, d. h. Artgenossen aus anderen Verbänden werden nicht aufgenommen. Auf einem Bienenstand mit 60 Völkern muß jede Biene genau ihr Volk kennen; wenn sie in einem fremden Stock landet, wird sie sofort vertrieben oder abgestochen.
3. Sämtliche Entwicklungsformen: Larven, Puppen, Männchen, Weibchen, gehören der gleichen Gemeinschaft an; sie bilden somit eine *Familiengemeinschaft.*
4. Der Verband ist *permanent*; nur Hummeln und Wespen der höheren Breitengrade lösen ihren Staat mit Einbruch der kalten Jahreszeit auf.
5. Praktisch sämtliche Tätigkeiten, die den Bestand des Verbandes

sichern, erfolgen im *Kollektiv*; die Kooperation ist vollkommen und hat die rationelle Stufe der Arbeitsteilung erreicht.

Die soziale Organisation der Insektenstaaten wird uns besonders klar und offenkundig, wenn wir ihre Nestgründung und ihre Volksentwicklung bzw. ihre Volksteilung betrachten; ich werde daraus einige wenige Beispiele darlegen.

Unabhängige und abhängige Nestgründung bei Termiten und Ameisen

Termiten: Die geflügelten Männchen und Weibchen aus verschiedenen Nestern der Umgebung schwärmen an bestimmten Tagen zu einer festgelegten Stunde zu Millionen aus und treffen sich an bestimmten Sammelplätzen zum Hochzeitsflug. Es ist wichtig, daß dieser Hochzeitsflug bei allen Völkern eines Biotops synchron erfolgt. Es müssen also die Geschlechtstiere rechtzeitig und gleichzeitig in allen Völkern herangezogen werden. Das Signal zum Auszug aus dem Mutternest geben sehr wahrscheinlich klimatische Faktoren: Es muß ein feuchtwarmer Tag sein; die Tageszeit ist artspezifisch festgelegt, z.B. 10–11 Uhr oder 14–15 Uhr. Nach kurzem Flug fallen die Männchen und Weibchen zu Boden, die Flügel werden abgeworfen und jedes Männchen sucht sich – angelockt durch ein Sexualpheromon – ein Weibchen.

Gleich nach der Kopulation wird im sogenannten Tandem ein günstiger Nistplatz gesucht. In der ersten kritischen Phase, in der Weibchen und Männchen oft wochenlang keine Nahrung zu sich nehmen, werden alle Energiereserven mobil gemacht: Die Flugmuskulatur wird resorbiert, die Partner knabbern sich in der Not nicht selten gegenseitig die Antennen ab, die beim Hochzeitsflug wichtige Wegweiser waren, jetzt aber entbehrlich sind. Manchmal wird auch ein Teil der abgelegten Eier wieder aufgefressen. Mit dem Schlüpfen der ersten Larven ist die Situation gerettet. Sowohl männliche wie weibliche Larven übernehmen jetzt Nahrungserwerb und Ausbau des Nestes. Dieses Nest wird bei einigen Arten, etwa bei Macrotermes, zu einem Wunderwerk der Architektur ausgebaut und dient als wohlfunktionierende Klimaanlage. Es wird darin für Frischluftzufuhr gesorgt und für entsprechende Wärme im Brutnest. Viele Termiten legen Pilzgärten an, in denen Zellulose aufbereitet wird. Andere Arten wie Kalotermes überlassen diesen lebenswichtigen Prozeß zellulosespaltenden Flagellaten, die sie in ihrem Darm beherbergen.

Ameisen: In den meisten Fällen geschieht die Nestgründung ähnlich wie bei den Termiten. Die geflügelten Männchen und Weibchen verlassen die Mutternester zum Hochzeitsflug, die Begattung geschieht hier bereits im Flug; die Männchen sterben unmittelbar danach. Das Weibchen gräbt allein eine kleine Nisthöhle, zieht die ersten Jungen auf und wird dann von den Arbeiterinnen von allen Pflichten bis auf das Eierlegen entlastet.

Abhängige Nestgründung: Bei vielen Ameisenarten finden wir einen wesentlichen Fortschritt in der Nestgründung, indem nicht mehr dem Weibchen allein der Start für ein neues Nest obliegt; es kann die Hilfe von Arbeiterinnen beanspruchen. Eine Vorstufe dazu findet man bei Lasius niger, L. flavus, Pheidole pallidula u. a. Mehrere Weibchen finden sich zur Nestgründung zusammen, indem sie nach dem Hochzeitsflug gemeinsam eine Nistanlage graben und auch gemeinsam die erste Brut pflegen. Meistens bleibt aber dann doch, wenn die Kolonie herangewachsen ist, nur ein Weibchen übrig. Es ist das stärkste, das die anderen im Zweikampf umgebracht hat.

Es gibt aber auch sogenannte polygyne Kolonien, wo mehrere Königinnen in einem Nest verbleiben. Auch da wird in der Regel von den Arbeiterinnen einer dieser Königinnen die Hierarchie zugesprochen und die anderen auf kaltem Wege, durch Aushungern, ausgeschaltet. Eine echte abhängige Nestgründung findet man erstmalig bei *Carabara vidua.* Die kräftige Königin nimmt hier zum Hochzeitsflug als »Mitgift« einige der winzigen Arbeiterinnen mit, die sich an ihre Beine klammern. Sie helfen dann bei der Nestgründung von Anfang an mit.

In der Regel erfolgt die abhängige Nestgründung durch eine Ablegerbildung. Bei *Monomorium pharaonis*, der Pharao-Ameise, ebenso bei der argentinischen Ameise Iridomyrmex humilis gehen einige Arbeiterinnen, wenn das Mutternest sich stark entwickelt hat, daran, Nistmaterial aus diesem Mutternest wegzutragen und auf den vielbesuchten Ameisenstraßen in einiger Entfernung abzulegen. Auch Brut wird aus dem Mutternest geholt; schließlich zieht dann eine der alten Königinnen oder auch eine junge, frisch begattete Königin in diese Ableger um.

Bei der Treiberameise *Eciton hamatum* kann man regelmäßig einmal im Jahr, und zwar im ersten Drittel der Trockenzeit, eine Koloniespaltung feststellen. Sie ist gesetzmäßig in den Wanderzyklus dieser Ameise eingefügt, der wiederum mit der Entwicklung der Brut synchronisiert ist. Die gesamte Kolonie zieht vom alten Standort weg, es beginnt die Wanderphase, die etwa zwei Wochen dauert. Sie wird ausgelöst, wenn die jungen Larven aus den Eiern schlüpfen. Diese Larven werden in den Mandibeln der Arbeiterinnen mitgetragen und jeweils im Biwak untergebracht. Wenn die heranwachsende Brut sich zur Verpuppung anschickt – das ist nach etwa zwei Wochen der Fall –, geht die gesamte Kolonie in die stationäre Phase über, die etwa drei Wochen dauert. Es wird ein sogenanntes stationäres Lager im Freien unter einem Baum aufgeschlagen. Die Königin legt nach etwa zehn Tagen eine große Zahl von Eiern. Die Larven schlüpfen nach weiteren zehn Tagen, und damit wird wieder die Wanderphase ausgelöst. Das wiederholt sich in einem festgelegten Zyklus.

Die Volksteilung erfolgt aber nur, wenn in einer der nomadischen Phasen statt Arbeiterinnenbrut Männchen und Vollweibchen aufgezogen werden. In diesem Fall wird also von langer Hand die Volksteilung, die ja in richtigen Proportionen erfolgen soll, vorbereitet. Bereits in den ersten Larvenstadien der jungen Königinnen beginnt sich im Volk eine Art Polarisierung auszubilden; die einen Arbeiterinnen scharen sich mehr um die Brut der jungen Vollweibchen, die andere Hälfte bleibt bei der alten Königin. Wahrscheinlich hat dieses Verhalten seinen physiologischen Grund darin, daß sowohl die alte Königin wie auch die junge Geschlechtsbrut einen attraktiven Stoff ausscheiden. Die Bipolarität greift immer tiefer und macht sich auch räumlich bemerkbar, indem sich zwei Klumpen von Ameisen bilden, der eine um die alte Königin, der andere um die Geschlechtstierbrut. Wenn die jungen Königinnen schlüpfen, wird einer unter ihnen, und zwar meistens der erstgeborenen, die Hierarchie zugeteilt. Nicht die Rivalinnen bekämpfen sich – so wie im Bienenstaat –, sondern die Arbeiterinnen entscheiden, wer am Leben bleibt. Den letzten Anstoß zur Teilung geben dann die schlüpfenden Männchen, die etwa drei Tage nach den Königinnen erscheinen. Jetzt wird auch die Wanderphase ausgelöst. Von Anfang an strebt das Muttervolk in zwei Richtungen auseinander. Die eine wird durch die alte Königin, die zweite durch die am Leben gebliebene Jungkönigin bestimmt. Damit ist die Volksteilung vollzogen.

Einige Sonderfälle der Nestgründung sollen noch angefügt werden.

Bothryomyrmex decapitans: Bei dieser Art sucht die Königin ein Nest von *Tapinoma erraticum* auf, einer Ameise, die im Mittelmeer vorkommt. Die Königin versteht es, sich den feindlichen Angriffen dadurch zu entziehen, daß sie sich mitten zwischen die Brut der Wirtskolonie verkriecht. Mit längerem Aufenthalt nimmt das Bothryomyrmexweibchen mehr und mehr den Nestgeruch der Sklavenkolonie an, es kann sich jetzt frei im Nest bewegen. Es macht sich zur Alleinherrscherin, indem es der Wirtskönigin den Kopf absäbelt. Seine Brut wird künftig von den Tapinoma-Arbeiterinnen aufgezogen. Mit Recht spricht man hier von »Sozialparasitismus«.

Dieser Sozialparasitismus hat seinen Gipfel erreicht bei *Teleuteromyrmex schneideri*. Die Königin klammert sich am Rücken eines *Tetramorium caespitum*weibchens fest; die Mundgliedmaßen sind hier so weit zurückgebildet, daß sich die Parasitenkönigin nicht mehr selbst ernähren kann. Sie läßt sich zusammen mit der Wirtskönigin ständig von den Wirtsameisen füttern. Die Verbreitung erfolgt so, daß die Teleuteromyrmexkönigin nach der Begattung, die im Nest erfolgt, ausfliegt, nach dem Abwurf der Flügel sich an einer Arbeiterin von Tetramorium anklammert und sich von ihr in ein anderes Wirtsnest tragen läßt. Diese Parasitenameisen haben Epidermisdrüsen, deren Sekret attraktiv für die Wirtsameise ist – sei es durch den Duft oder seinen Geschmack –, und so wird dieses Weibchen ständig von T. abgeleckt und damit gleichzeitig sauber gehalten.

Polyergus rufescens, die Amazonenameise, kann mit ihren riesigen, säbelförmigen Mandibeln nicht mehr bauen und sammeln. Auch die Instinkte der Brutpflege sind verschwunden; ihre Tätigkeit beschränkt sich auf Raubzüge und Sklavenjagd. In Europa kommt nur *Polyergus rufescens* vor, die ihre Sklaven von *Formica fusca* oder *F. rufibarbus* rauben. Dieser Raub spielt sich so ab, daß die geschlechtsreifen Amazonen ein Nest von Formica überfallen, die Puppen davon wegzerren und mit diesen in ihr eigenes Nest zurückkehren; von den schlüpfenden Imagines lassen sie ihre eigene Brut aufziehen.

Formica sanguinea: Eine andere Taktik wendet unsere gelbe Wiesenameise an. Auch sie hat *Formica fusca* als Sklaven gewählt. Um ins Nest eindringen zu können, muß wiederum das Duftkleid gewechselt werden. Die Königin von Sanguinea nähert sich einem Angreifer, der sich in Nestnähe aufhält, stößt oder zwickt ihn, so daß er erregt die Verfolgung aufnimmt, die Königin lockt ihn ein Stück vom Nest weg, bis sie aus der Gefahrenzone ist, und tötet den isolierten Arbeiter. Das wiederholt sie so lange, bis die Fusca-Arbeiter die Sanguinea-Königin nicht mehr als Fremdling erkennen, weil sie bei den Kämpfen den vertrauten Nestgeruch angenommen hat. Jetzt kann die Sanguinea-Königin ungestört das Nest von F. fusca betreten, sie tötet die Stockmutter, und wiederum wird die eigene Brut der Sklavenameise unterschoben.

Eine reiche Fundgrube zum Thema Nestgründung und Sozialparasitismus bei Ameisen bietet das kürzlich erschienene Monumentalwerk von B. HÖLLDOBLER und E. O. WILSON: *The Ants*.

Bedingung für eine soziale Bindung ist eine »Attraction mutuelle«, eine »Attraction sociale« sowie eine Kooperation. Dies kann nur durch ein artspezifisches, hochdifferenziertes Verständigungssytem verwirklicht werden.

Als Formen der Vergesellschaftung kann man unterscheiden: unkoordinierte Verbände – sie sind temporär, fakultativ offen – und
koordinierte Verbände, wie sie im Insektenstaat verwirklicht sind. Sie sind permanent, geschlossen und obligatorisch für ihr Fortbestehen.

Die Nestgründung bei Termiten und Ameisen gibt Einblicke in diese Organisationsformen.

Verständigung bei der Nahrungs- und Wohnungssuche der Bienen

Beim Nahrungserwerb kann es von großem Vorteil für den Insektenstaat sein, daß eine von den Kundschaftern entdeckte neue Futterquelle gemeinsam und möglichst schnell ausgebeutet wird, ehe die Quelle versiegt oder verdirbt, oder ehe die Konkurrenz das Futter wegschnappt. Hier zeigt uns die Evolution auch alle Übergänge von primitivster Kommunikation bis zu dem hochentwickelten System, wie wir es im Bienentanz vorfinden. Da gibt es bei Ameisen den sogenannten Tandemlauf: Die Kundschafterin alarmiert im Nest einen Kumpan und führt diesen gleichsam »an der Hand« zum Ziel, wobei dieser beim Lauf ständigen Fühlerkontakt mit ihr hält. Es gibt vielfache Methoden des Spurenlegens bei Termiten und Ameisen; auf eine nähere Schilderung muß im Rahmen dieses Buches leider verzichtet werden. Bei den stachellosen Bienen wurde ebenfalls ein Spurenlegen entdeckt, wie auf Seite 152 beschrieben wurde.

Etwas eingehender soll als einzigartige Verständigungsform der Bienentanz geschildet werden; es handelt sich um ein Verständigungssystem, das mit seinen detaillierten, gezielten, schnell wirkenden Informationen im Tierreich unübertroffen ist.

Zunächst kurz der Informationsgehalt des Tanzes, wie ihn uns K. V. FRISCH beschrieben hat:

Eine erfolgreiche Kundschafterin meldet ihren Nestgenossen:

1. Daß sie eine lohnende Futterquelle entdeckt hat. Sie verbindet diese Meldung mit der *Aufforderung* an die Kolleginnen, bei der Ausbeute der Tracht zu helfen.
2. Sie teilt die *Art der Blüten* mit, die besucht wurden; dies geschieht dadurch, daß sie in ihrem Haarkleid und mit dem Nektar und dem Pollen den Duft aus den Blüten mitgenommen hat. Während die Nachtänzerinnen sie mit ihren Fühlern berühren und mit einem besonderen »Pieplaut« Nektarproben erbetteln, nehmen sie auch diesen Duft wahr.
3. Die Sammlerin gibt durch ein Schnarrsignal, das sie dem Schwänzellauf des Tanzes beigibt, Auskunft über die *Qualität und Rentabilität* der Futterquelle. Nur beschallte Tänze haben volle Alarmwirkung. Dabei ist zu beachten, daß Qualität und Rentabilität relative Begriffe für die Sammelbiene sind. Im Frühjahr, wenn während der Haupttrachtzeit große Konkurrenz von seiten der natürlichen Futterquellen besteht, muß man an einem künstlichen Futterplatz hochkonzentriertes zweimolares Zukkerwasser anbieten, um Tänze auszulösen. Im August, September, wo hierzulande keinerlei Tracht mehr zu finden ist, darf man dieses zweimolare Zuckerwasser um das Zehnfache verdünnen, um genauso lebhafte Tänze auszulösen wie im Frühjahr. Nicht die subjektive Geschmacksempfindung, sondern das soziale Bedürfnis ist also Maßstab für die Tanzstimmung.
4. Die größte Überraschung erlebte K. V. FRISCH mit der Entdekkung, daß neben der Qualität, der Rentabilität und der Blütenart auch die *Lage* der Futterquelle mitgeteilt wird. Nahe Futterziele kündet ein Rundtanz an. Wenn das Futtertischchen über 80 m hinauswandert, geht der Rundtanz in einen sogenannten Schwänzeltanz über. In ihm ist eine verblüffend genaue Entfernungs- und Richtungsweisung enthalten (s. Bild 56).

Die *Entfernung* zum Ziel wird durch den veränderlichen Rhythmus des Schwänzeltanzes angezeigt: Richten wir unsere Futterstelle stufenweise bei verschiedenen Entfernungen von 100–10.000 m ein und vergleichen die Frequenz der Schwänzelläufe miteinander, so erhalten wir eine exakte Beziehung zu der Entfernung. Schon auf den ersten Blick können wir feststellen, daß für nahe Futterziele die Schwänzelläufe sehr schnell aufeinander folgen. So zählen wir bei 100 m 10 Durchläufe pro ¼ Minute, bei 200 m Entfernung etwa 8 Durchläufe, bei 2000 m nur noch 3 und bei 10.000 m 1 ½ Durchläufe pro ¼ Minute. Neuerdings wissen wir durch sehr feine Analyse mit einem Sondenmikroskop, daß mit zunehmender Entfernung des Zieles auch die Länge der Schwänzelläufe und damit die Dauer der beigegebenen Schnarrlaute zunimmt. Die Dauer dieser Schnarrlaute bringt die beste Korrelation zur Entfernung.

In diesem Zusammenhang sollten wir aber auch ein sehr schwieriges Problem nicht übergehen: Wenn die Tänzerin so genau die geflogene Entfernung angeben kann, hat dies zur Voraussetzung, daß sie vorher ebenso genau diese Entfernung selber vermessen hat. Unsere erste Vermutung, die Flugzeit sei der Entfernungsmesser für die Sammelbienen, hat sich als Trugschluß erwiesen. Um es kurz zu sagen: es ist der *Energieaufwand*, der den Bienen die Flugstrecke anzeigt. Bei Gegenwind gibt die Tänzerin eine größere Entfernung an, bei Rückenwind eine kürzere als bei Windstille, obwohl sie weitgehend ihre Fluggeschwindigkeit dabei kompensiert. Muß sie bergauf fliegen, zeigt sie ebenfalls eine größere Entfernung an als beim Bergabflug. V. NEESE ist in den letzten Jahren der schwierigen Frage nachgegangen, wie denn der Energieaufwand so genau gemessen werden kann. Er fand ein raffiniertes Meßsystem in der Honigblasenwand: Dort sitzen hochempfindliche Spannungsrezeptoren, die die Abnahme der Spannung während des Fluges sehr genau messen. Der Reiseproviant, den die Sammelbiene auf ihrer Reise mit sich führt, wird nämlich sehr rasch resorbiert, und damit nimmt die Spannung der Honigblasenwand entsprechend ab.

Die genaue Angabe über die Entfernung einer Futterquelle würde aber einem Bienenvolk wenig nützen, wenn die Tänzerinnen nicht

Bild 56: *Der Rundtanz zeigt nahe Futterquellen bis zu einer Entfernung von etwa 80 m an. Der Schwänzeltanz gilt für ferne Futterziele; mit ihm wird sowohl Richtung wie Entfernung der aufgefundenen Futterstelle aufgezeigt.*

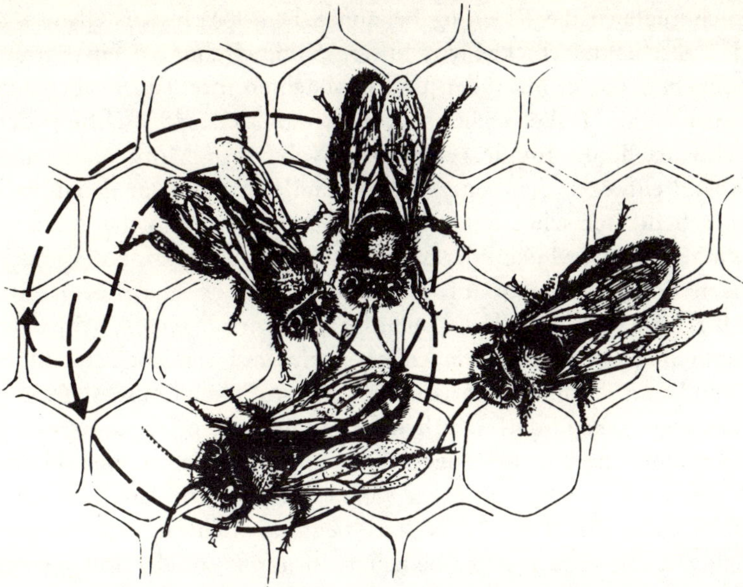

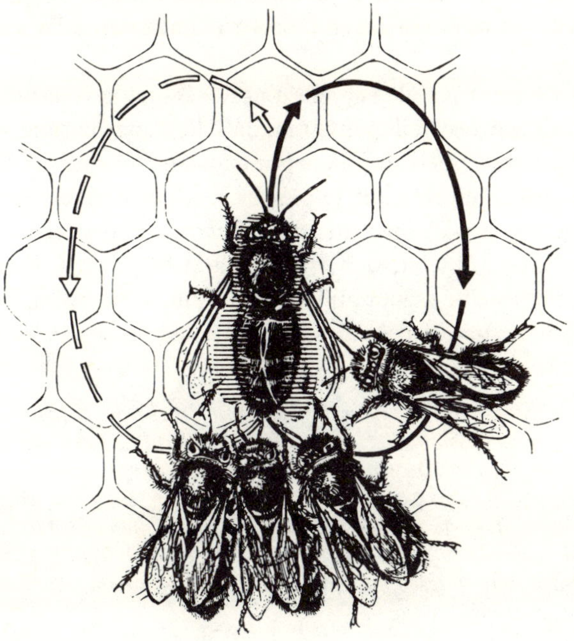

auch zugleich die *Richtung* bekanntgäben. Um festzustellen, wie das geschieht, schicken wir unsere Sammelschar an ein Futtertischchen 500 m im Süden und beobachten ihre Tänze über den ganzen Tag. Dabei stellen wir fest, daß sich die Richtung der Schwänzelläufe auf der vertikalen Wabe vom Morgen bis zum Abend entgegen dem Uhrzeigersinn ändert, und zwar genau entsprechend der scheinbaren Sonnenwanderung, also der Azimutwinkelgeschwindigkeit der Sonne (Azimut = Projektion der jeweiligen Sonnenstellung auf den Horizontalkreis der Erde). Am Morgen weist der Schwänzellauf ca. 90° nach rechts, schwenkt dann bis Mittag direkt nach oben ein und erreicht schließlich abends um 18 Uhr die horizontale Linie 90° nach links. Allgemein läßt sich sagen, daß sämtliche Tanzrichtungen der Lotrechten nach links und rechts zugeordnet werden, je nachdem, ob die Flugbahn links oder rechts zur Sonne verläuft. Schwänzellauf nach oben heißt demnach: Das Ziel liegt in Richtung zur Sonne; Schwänzellauf nach unten bedeutet: Ihr müßt von der Sonne wegfliegen, damit ihr zum Ziel kommt. Schwänzellauf 80° links von der Lotrechten zeigt ein Ziel an, daß 80° links von dem jeweiligen Sonnenstand liegt.

Wenigstens am Rande sei jene Enttäuschung vermerkt, die wir erlebten, als wir feststellen mußten, daß die Tanzrichtung auch bei verdeckter Sonne noch nach dem Sonnenstand ausgerichtet war. Es genügte, daß irgendwo am Himmel ein kleiner blauer Fleck frei blieb: Die Bienen können aus dem *Polarisationsmuster*, das der blaue Himmel anbietet, den Sonnenstand errechnen. Eine völlig neue Welt hat sich uns hier aufgetan: Für uns unsichtbar, erscheint für die Bienen, die einen Analysator für polarisiertes Licht in ihrem

Bild 57: *Originalprotokoll über die Wohnungssuche der Schwarmbienen: Jeder Pfeil zeigt maßstabgerecht nach Richtung und Entfernung den angemeldeten Nistplatz an. 24 verschiedene Nistplätze wurden von den Spurbienen angeboten. Am 26. Juni war der Schwarm aus dem Mutterstock ausgezogen; es dauerte 5 Tage, bis sich die Spurbienen auf der Schwarmtraube über den Nistplatz 300 m im Südosten einig waren. Erst dann zog der Schwarm um. Diesen Nistplatz hatten wir bereits vor Einzug des Schwarmes ausfindig gemacht.*

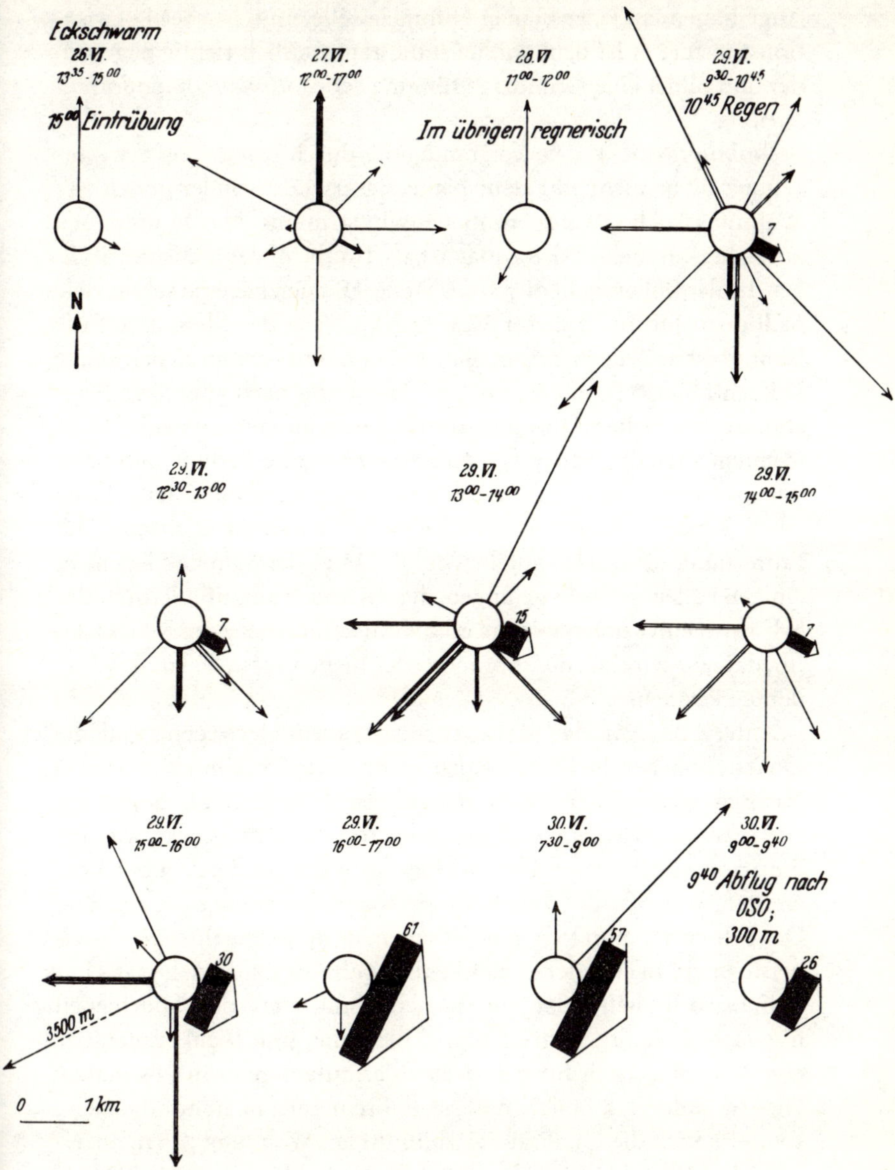
Eckschwarm
26.VI.
13.35 - 15.00
15.00 Eintrübung
27.VI.
12.00 - 17.00
28.VI
11.00 - 12.00
Im übrigen regnerisch
29.VI.
9.30 - 10.45
10.45 Regen
7
N
29.VI.
12.30 - 13.00
7
29.VI.
13.00 - 14.00
15
29.VI.
14.00 - 15.00
7
29.VI.
15.00 - 16.00
30
3500 m
0 1 km
29.VI.
16.00 - 17.00
61
30.VI.
7.30 - 9.00
57
30.VI.
9.00 - 9.40
9.40 Abflug nach OSO; 300 m
26

Auge haben, an jeder blauen Himmelsstelle ein typisches Polarisationsmuster; es ist dem Sonnenstand tageszeitlich richtig zugeordnet und bildet eine Grundlage für eine echte *Sonnenkompaßorientierung.*

Wohnungssuche: Die Verständigung durch Rund- und Schwänzeltanz dient nicht nur dem Nahrungserwerb, sondern auch der Wohnungssuche. Wenn ein Bienenschwarm aus dem Mutterstock auszieht, sammelt er sich zunächst als Traube in der Nähe des Stokkes. Ist der Imker nicht gleich zur Stelle – Bienen hat es ja schon viele Millionen Jahre auf dieser Welt gegeben, ehe der Mensch auf die Bühne trat und die Bienen in seine Pflege nahm –, dann ziehen einige Dutzend Spurbienen aus, um die Umgebung nach günstigen Niststätten abzusuchen. Diejenigen unter ihnen, die eine passende Höhle in einem alten Baum, in einer Ruine oder in einem Erdloch gefunden haben, fliegen zur Traube zurück und zeigen die Fundstelle durch einen Schwänzeltanz an, der in gleicher Weise die Richtung und Entfernung des Zieles angibt wie der Tanz der Sammelbienen. In einigen Fällen ist es mir gelungen, den Nistplatz aufzufinden, ehe der Schwarm eingezogen war. Es gibt wohl keinen besseren Beweis dafür, daß wir wirklich die »Sprache« der Bienen verstehen und richtig deuten können.

Aufregend war die Sache aber vor allem deswegen, weil die Quartiermacher durch ihre Tänze nicht nur einen, sondern mehrere Nistplätze zur gleichen Zeit anmeldeten. In einem Fall gingen auf der Traube 24 verschiedene Meldungen ein. Die Frage war, wie sich die 20000 oder 30000 Bienen einer Schwarmtraube darüber einig werden, welchen der angebotenen Nistplätze sie beziehen sollen. Der Schwarm kann sich ja nicht teilen, er muß geschlossen mit seiner Königin in eine der angebotenen Wohnungen einziehen. Es hat sich herausgestellt, daß die Entscheidung stets den Spurbienen überlassen bleibt. Sie treffen wirklich eine gute Wahl: unfehlbar entscheiden sie sich für den *besten* der aufgefundenen Nistplätze. Dies ist dadurch möglich, daß sie in ihrem Tanz nicht nur die Lage, sondern auch die Qualität der zukünftigen Wohnung genau anzeigen; dies geschieht durch eine abgestufte Lebhaftigkeit und Dauer des Tanzes. Bemerkenswert ist dabei, daß sich auch jene Spurbienen, die nur mittelmäßige Quartiere anzubieten haben, sich für die Meldungen ihrer Kolleginnen interessieren, die anderen Nistplätze prüfen und durch Vergleich dann für den besten unter ihnen werben. Mit anderen Worten: die Schwarmspurbienen lassen sich *umstimmen* – in einer mustergültig demokratischen Weise. Erst wenn die Einigung erfolgt ist, zieht der Schwarm geschlossen mit seiner Königin in die neue Wohnung um.

Eine einzigartige Verständigungsform im gesamten Tierreich stellt der Bienentanz dar. Durch symbolhafte Tanzbewegungen – durch den Rundtanz und den sogenannten Schwänzeltanz – kündigt eine erfolgreiche Sammelbiene eine rentable Trachtstelle an. Dabei wird nach einem erblich festgelegten Code, der für alle Honigbienen auf dieser Erde Gültigkeit hat, die Lage des Futterzieles angezeigt: Ein Rundtanz gilt für nahe Futterstellen bis zu 80 m; im Schwänzeltanz ist Entfernung und Richtung für weit entfernte Futterziele enthalten. Die Entfernung wird dabei durch den unterschiedlichen Rhythmus angezeigt: Schneller Rhythmus gilt für nahe Futterstellen; je langsamer die Schwänzelläufe aufeinander folgen, um so weiter entfernt liegt das Ziel. Die Richtungsweisung bezieht sich im finsteren Stock auf den jeweiligen Sonnenstand, wobei die Richtung zur Sonne durch einen Schwänzellauf nach oben angekündigt wird; alle übrigen Richtungen werden winkeltreu der Lotrechten zugeteilt, indem der Winkel zwischen Flugbahn und Sonne ins Schwerefeld transponiert wird. Neben der Lage des Futterzieles werden auch die Qualität und Rentabilität sowie die Art der Blüten, die besucht wurden, angezeigt.

Auch die Spurbienen eines Schwarmes, die eine günstige Niststätte ausfindig gemacht haben, kündigen diesen potentiellen Wohnsitz durch einen Schwänzeltanz an. Dabei wird durch die Lebhaftigkeit und die absolute Dauer des Tanzes auch sehr genau die Qualität des zukünftigen Nistplatzes angezeigt. Da aber mehrere Niststätten gleichzeitig angekündigt werden, muß im Schwarm eine Einigung auf einen dieser Nistplätze erfolgen, ehe der Umzug erfolgt. Diese Einigung zielt stets auf die beste der angemeldeten Wohnungen. Solche Spurbienen, die vorher mittelmäßige Niststätten vermeldet hatten, lassen sich umstimmen und werben dann für den besten der zur Verfügung stehenden Nistplätze.

3. Die sozialen Verbände der Wirbeltiere

Wirbeltierverbände bilden keine sterilen Kasten; jedes Individuum kann grundsätzlich zu gleichen Anteilen sein Erbgut in die Gruppe einbringen. Es gibt jedoch eine Bevorzugung in der Fortpflanzungsrate für die hierarchisch höherstehenden Individuen.

Daß trotz der erweiterten individuellen Handlungsfreiheit die Wirbeltierverbände, insbesondere die Säugetiere, eine hohe soziale Organisationsstufe erreicht haben, ist in folgenden biologischen Leistungen begründet:

a) Wirbeltiere besitzen ein umfangreicheres Kommunikationssystem im Vergleich zu den Wirbellosen. Chemische, optische und akustische Zeichen stehen in großer Mannigfaltigkeit und Kombination zur Verfügung.

b) Wirbeltiere erkennen, zumindest Vögel und Säugetiere, ihren Verbandsgenossen persönlich. Dieses persönliche Erkennen hat zwangsläufig eine engere soziale Bindung zur Folge, da sie mit der hierarchischen Einordnung des Verbandsgenossen gekoppelt ist. Jedes Tier hat seinen angestammten Platz in der Gemeinschaft.

c) Die höherstehenden Vertebraten, Vögel und Säuger, sind weit mehr als Invertebraten fähig, eigene Erfahrung in einen Lernprozeß umzusetzen und so ihr Verhalten neuen Außenbedingungen anzupassen.

d) Wirbeltiere können innerhalb des Großverbandes Untergruppen bilden, d. h. kleinere Interessengruppen, etwa Eltern-Kind-Verband, kleinere Sippenverbände, die aber immer noch den Kontakt mit dem Hauptverband halten.

Für eine nähere Beschreibung der Organisation werden wir uns auf die Säugetiere beschränken.

Säugetierverbände

Die Organisation der Säugerverbände hat ihren Ursprung in der engen Mutter-Kind-Bindung; diese ist ja obligatorisch, da die Jungen gesäugt werden müssen. Zusätzlich findet man oft eine monogame oder polygame Dauerbindung zwischen Weibchen und Männchen, die zu einer Kooperation unter den Geschlechtspartnern bei der Brutpflege führt. Diese Kooperation kann sich über den Familienverband hinaus auf Sippenebene ausbreiten.

Die Verbände der Delphine, der Huftiere, der Raubtiere und der Primaten seien beispielhaft herausgegriffen:

a) Delphine

Delphine bilden Schulen, die aus zehn bis 100, gelegentlich auch bis zu 1000 Individuen bestehen *(Delphinus delphis)*. In diesen Verbänden scheint eine strenge Dominanz zu herrschen; ein alter Bulle führt an und gebärdet sich in der Fortpflanzungszeit äußerst aggressiv gegenüber Rivalen und Angreifern. Neben solcher Aufgabenverteilung in Führung und Verteidigung ist auch gegenseitige Hilfe tief verwurzelt. Berühmt geworden ist jener Fall, wo ein harpunierter Delphin von seinen Genossen ins Schutzgeleit genommen und von Zeit zu Zeit an die Wasseroberfläche gehievt wurde, damit er da nach Luft schnappen konnte. Solche gemeinsamen Handlungen sind verständlich aufgrund eines großen Signalrepertoires, das zur gegenseitigen Verständigung dient. Man hat 20 bis 30 verschiedene Lautsignale registriert, jene Laute, die im Ultraschallbereich die Echoorientierung ermöglichen, nicht mit einbezogen.

b) Huftiere

Die Huftiere sind bekannt durch ihren Drang zur Herdenbildung; man kennt 187 Arten, die Herden bilden. Eine Rentier- oder Zebraherde kann bis zu 1200 Individuen zählen. Dieser Zusammenschluß in große Herdenverbände war Voraussetzung für die Eroberung eines neuen, ergiebigen Biotopes offener Landstriche wie der Savannen, Grassteppen, Busch- und Grasländer. Dies ist ein Lebensraum mit großer Biomasse für Wiederkäuer; er wird von großen Tieren als Einzelgängern gemieden, da er keinerlei Sichtschutz gegen Feinde wie Raubkatzen bietet. Das Einzeltier am Rande der Herde jedoch gibt frühzeitig Alarmzeichen, und die schnelle Flucht der rasanten Läufer bringt die Rettung. Die größten unter den Huftieren, wie die Wasserbüffel, bilden zudem bei Gefahr eine gemeinsame Abwehrmauer: Die Bullen in vorderster Reihe verteidigen mit ihrer Hornbewaffnung wirksam die Herde gegen den Angreifer. Der Zusammenhalt der großen Herde ist durch ein umfangreiches Signalregister abgesichert: optische Arterkennung durch besondere Farbmuster, Schwarzweiß-Spiegel oder Bänderung, akustische Verständigung, vor allem aber Markierung der Reviergrenzen durch Brunftfeigen, Voraugendrüsensekret, Urin, Kot; schließlich Sicherung der Wanderwege durch Duftmarkierung mit Hilfe der Klauendrüsen. Damit ist jedem Verbandsgenossen das Heimfinden zur Herde gesichert.

Die Struktur der Herde geht aus von einer starken Bindung zwischen der Mutter und ihren Jungen, die für sich Untergruppen in der Gesamtherde bilden. Die Männchen müssen in der Regel um die Weibchen Rivalenkämpfe austragen, sei es, indem sie sich zum Revierinhaber machen wie bei Reh und Hirsch, sei es, daß sie als dominantes Männchen das Vorrecht bei der Wahl der Weibchen haben wie bei Pferden und Kamelen, oder gar, indem sie sich einen Harem zulegen wie der Elch. Selten gibt es feste und langfristige Bindungen zwischen Männchen und Weibchen.

c) Raubtiere

Die meisten der bekannten Raubtierarten leben solitär wie Hund, Katze, Bär. Lediglich die Jungen bleiben für kurze Zeit bei der säugenden Mutter. Raubtiere können sich eben solitär behaupten; sie brauchen dank ihrer Zahn- und Prankenbewaffnung keine Feinde zu fürchten. Wenn sich trotzdem Löwen, Tiger und Wölfe zu sozialen Gruppen zusammenschließen, dann liegt ein Selektionsvorteil darin, daß ihre gemeinsame Jagd erfolgreicher ist. Ökologisch gesehen stehen Raubtiere zwar an der Spitze der Energiepyramide eines Biotops – für sie gibt es keine Jäger mehr –, auf der anderen Seite aber besiedeln sie ihren Lebensraum nur in sehr dünnen, weitgestreuten Populationen; ein Jagdverband erhöht die Chance beim Beuteerwerb. Dies wird eindrucksvoll belegt, wenn ein Wolfsrudel einen Elch jagt, der trotz seiner Geschwindigkeit schließlich eingekreist wird und trotz seiner Größe aufgeben muß.

In Verbindung mit der gemeinsamen Jagd hat sich beim afrikanischen Wildhund, *Lycaom pictus*, ein einzigartiges Sozialverhalten entwickelt: Nur die erwachsenen Männchen gehen auf die Jagd, die Weibchen und Jungen bleiben am Stammsitz, meist in unterirdischen Höhlen, zurück. In einer wütenden Hetzjagd erlegen die Männchen nicht nur Gazellen oder die Kälber von Büffeln, sie wagen sich auch an erwachsene Büffel und Zebras heran. Die Beute wird an Ort und Stelle zerrissen und verzehrt. Mit vollem Magen kehren die Männchen zu ihrer Gruppe zurück, wo sie von den Jungen und Weibchen um Futter angebettelt werden. Daraufhin wird der Mageninhalt in einzelnen Futterbrocken wieder erbrochen.

d) Primaten

Das hochentwickelte Gehirn der Primaten, das zu einsichtigem, wenn nicht gar zu intelligentem Handeln befähigt, darf als »Präadaptation«, d. h. als frühzeitige Anpassung zugunsten ihres hochorganisierten Sozialverbandes angesehen werden. Die vorwiegend kletternde Lebensweise auf Bäumen hat die für Säugetiere übliche

Duftmarkierung im Territorium unmöglich gemacht und das Kommunikationssystem auf das anspruchsvollere akustische und optische Gebiet verlagert. Dieses Kommunikationssystem der Primaten ist im Gegensatz zu den übrigen Vertebraten und niederen Tiergruppen in besonderer Weise dadurch gekennzeichnet, daß es mit hoher *Redundanz* arbeitet. Die Information, die in eine Nachricht gesteckt wird, kann sich aus Signalen mehrerer Sinnesmodalitäten zusammensetzen und überlappen. Ein Beispiel: Der Warnruf eines Pavianmännchens wird nicht nur akustisch signalisiert, sondern gleichzeitig optisch durch Gesichtsausdruck und bestimmtes Gebaren unterstrichen. Durch solche redundante Kommunikation werden zum einen Mißverständnisse ausgeschaltet, zum anderen wird das *persönliche Erkennen* und damit die Bildung von internen Koalitionen, die charakteristisch für die Primatenverbände sind, erleichtert. So wird auch verständlich, daß im Gegensatz zu anderen Säugetierverbänden, etwa zu den Huftieren, die sich für die Fortpflanzung jährlich umgruppieren, eine Affengruppe ihre Zusammensetzung jahraus, jahrein beibehält.

Die *Rollenverteilung* ist dabei abhängig von Rangordnung, Alter, Geschlecht und »Persönlichkeit«. Die hierarchische Position wird durch Kampf entschieden und bleibt dann für Monate unangefochten. Bei Mantelpavianen z. B. übernehmen die Männchen stets die Bandenführung bei den Wanderungen. Sie behalten diese Rolle auch bei, wenn sie ihre Weibchen an jüngere Männer verloren haben und sie selbst nicht mehr in voller Körperkraft stehen.

Ein entscheidender Fortschritt für die soziale Organisation im Primatenverband ist dadurch gegeben, daß bereits erste Ansätze einer *Tradition* erkennbar sind. 1953 wurde von einem japanischen Forscher auf der kleinen Insel Koshima beobachtet, daß ein zweijähriges Weibchen der *Rotgesichtsmakaken* die Süßkartoffel, die man ihm als Leckerbissen regelmäßig auf den Strand geworfen hatte, durch Waschen von dem anhaftenden Sand befreite. In den folgenden Jahren übernahm dann die Gruppe dieses Verhalten und lernte sogar, daß Waschen im Meerwasser die Kartoffel schmackhafter macht als Waschen im Fluß. Die junge Generation lernte dieses Waschen von den anderen Sippengenossen. Es wurde sogar zur

Tradition, durch Anbeißen im Salzwasser die Kartoffel auch noch zu würzen.

Lemuren, Gorilla und Schimpansen sollen uns die Organisation der Primatenverbände noch näher beleuchten:

Lemuren: Sie bilden recht aggressive Verbände. Die Männchen kämpfen heftig um eine hierarchische Position, vor allem im April während der Jungenaufzucht. Bei Wanderungen führt das dominante Männchen die Gruppe an. Anders als bei anderen Primatengruppen ist aber stets ein erwachsenes Weibchen dominant über ein erwachsenes Männchen. Die Aggressivität zeigt sich vor allem bei der Begegnung mit einer fremden Gruppe: Es wird dabei nicht gebissen oder gerauft, Angriff oder Verteidigung werden in einem typischen Kommentkampf ausge-

Bild 58: *Der auffallend schwarz-weiß geringelte Schwanz wird zum Angriff hoch aufgerichtet. Vorher wurde er noch mit einem Stinksekret aus den Vorderarmdrüsen imprägniert.*

führt. Dabei werden symbolisch optische und geruchliche Warnzeichen in folgender Weise verwendet: Ehe die Männchen angreifen, reiben sie ihren langen, schwarzweißgestreiften Ringelschwanz zwischen den Vorderbeinen und nehmen dabei das Stinksekret der Vorderarmdrüsen mit. Jetzt gehen sie zum »Stinkangriff« über, indem sie mit hochgerecktem Schwanz, den sie lebhaft hin- und herwedeln, dem Gegner »zu Leibe« rücken. Die auffallende Ringelung der Flagge gibt dem chemischen Warnzeichen optischen Nachdruck.

Gorillas: Das ausgewachsene Tier erreicht 2 m Körpergröße und wiegt 180 kg. Gorillas bilden die friedfertigsten Verbände unter den Menschenaffen. In den Bergen leben sie in Gruppen bis zu dreißig Individuen. Sie können sich audiovisuell detaillierte Meldungen und Anweisungen geben. Allein im akustischen Bereich hat man 17 verschiedene Kommunikationslaute registriert. Ihr Dominanzverhalten ist kaum ausgeprägt, und eine offene Aggression existiert praktisch nicht. Ein starkes Männchen, das sich seltsamerweise durch einen silbergrauen Rücken zu erkennen gibt, führt die Gruppe an und verteidigt sie mit einem oder zwei weiteren schwarzrückigen Männchen. In der Truppe findet man daneben etwa ½ Dutzend Weibchen und bis zu zehn Junge. Revierkämpfe hat man nie beobachtet, obwohl sich die Territorien der einzelnen Trupps überlappen.

Schimpansen: Sie bilden die höchstorganisierten Verbände der Primaten. Sie sind gekennzeichnet durch ausgeprägte Individualität und große Flexibilität der Struktur des Verbandes. Dieser ist eine offene Gemeinschaft von 30 bis 80 Individuen, d. h. Mitglieder aus anderen Verbänden werden aufgenommen, und zwar bevorzugt Weibchen. Diese müssen sich allerdings einer festen »Hausordnung« fügen, wie sie in eindrucksvoller Weise J. GOODALL geschildert hat. Hier können nur einige Leitprinzipien erwähnt werden: Es gibt beim Schimpansenverband fest begrenzte Territorien mit einer Ausdehnung von 5–20 km^2, die von den Männchen gemeinsam verteidigt werden. Einzelne Trupps kontrollieren ständig die Reviergrenzen und greifen einen Eindringling heftig an, wobei es auch tödliche Verletzungen geben kann. Die Weibchen beteiligen sich bei dieser Aggression nur, wenn es gilt, andere Weibchen oder Junge abzuwehren.

Die Rangordnung wird so gut und so lange wie möglich stabil gehalten; das dominante Männchen sichert sich seine Position, indem es regelmäßig die schwächeren Verbandsmitglieder vor Angriffen der anderen schützt, mit ihnen damit also eine Koalition eingeht. Die im Rang zwar nicht ganz oben, aber in höherer Ordnung stehenden Verbandsmitglieder, die nach einer höheren Position trachten, liieren sich ebenfalls untereinander – aus reinem Opportunismus – und erhöhen damit ihre Macht.

Unter den Weibchen wird die Rangstellung vor allem durch den Oestruszyclus bestimmt: In dieser Periode stehen sie stets über den Männchen.

Die Verbände der Wirbeltiere zeichnen sich durch ein umfangreiches Kommunikationssystem aus. Vögel und Säugetiere erkennen ihren Verbandsgenossen persönlich, sie bringen auch eigene Erfahrung durch einen Lernprozeß in den Verband ein und erhöhen so seine Anpassungsfähigkeit an äußere Bedingungen. Die Organisation der sozialen Struktur wurde an Delphinen, an Huftieren, an Raubtieren und besonders an Primaten aufgezeigt.

4. Sprache – ein Privileg menschlicher Kommunikation

Darüber besteht kein Zweifel, daß Sprache als Kommunikationsmittel ein Privileg von uns Menschen ist. Immer dann, wenn der Mensch als Krone der Schöpfung vom Tierreich abgehoben werden soll, wird die Sprache als eine seiner wichtigsten Errungenschaften genannt. Auch wenn wir diese Sonderstellung der Sprache voll und ganz anerkennen, dürfen wir uns fragen, ob es im Tierreich nicht doch Ansätze oder Vorstufen einer echten Sprache gibt. Nicht nur den Biologen, auch den Linguisten, d. h. Sprachenforscher, muß es überraschen, daß bei der offensichtlich nahen Verwandtschaft zwischen Mensch und Primaten, wie sie in anatomischer, physiologischer und ethologischer Hinsicht zum Ausdruck kommt, für die Sprache des Menschen keinerlei echte Vorstufen zu finden sind. Bereits die Entwicklung von Lautäußerungen ist in seinem Wesen unterschiedlich: Während das kleine Kind mit Begeisterung – man darf sagen unwiderstehlich – bemüht ist, alle Laute und Worte seiner Umgebung nachzuplappern, kennt man dergleichen bei keinem Primaten, schon gar nicht bei anderen Säugetieren.

Man hat Vicky, ein Schimpansenmädchen, inmitten einer menschlichen Familie aufgezogen; es gelang zwar nach Jahren, ihm drei Worte zum Nachsprechen beizubringen: *Tasse, Papa, Mama*; es konnte mit diesen Worten auch den Gegenstand und die Personen durch Hindeuten identifizieren, aber wenn Mama oder Papa außer Sichtweite waren, war es ihm unmöglich, diese Namen rein begrifflich zu nennen, etwa: »Wo ist Mama?« »Komm Papa!« usw., wie das doch jedes Kleinkind tut.

Dies ist nun ein erstes wesentliches Element der menschlichen Sprache: Bildung von Begriffen aufgrund von Nachahmen und Lernen. Ist das gelungen, dann ist es späterhin nicht mehr nötig, um einen Gegenstand zu benennen, mit ihm in direktem sinnesmäßigen Kontakt zu sein. Noch eines kommt hinzu: Der einmal gebildete Begriff – Tasse, Haus, Hund – wird *generalisiert*. Tasse jeder nur ähnlichen Form, Häuser – ob Einfamilienhaus oder Wolkenkratzer –, jegliche Hunderasse werden unter den gleichen Namen benannt.

Man hat dieses Fehlen von Begriffsbildung auf zweierlei Weise zu erklären versucht:

Die eine Theorie besagt, den Primaten fehle es eben an der nötigen Intelligenz; erst auf einer höheren geistigen Stufe – repräsentiert etwa in unserem Großhirn durch die Broca'sche Windung – sei Begriffsbildung möglich.

Eine andere Theorie bezieht sich auf die Anatomie des Lautapparates: Dieser sei so gebaut, daß die vielen und komplexen Laute der menschlichen Sprache gar nicht von einem Primaten geformt werden können.

Wir wollen beide Theorien einer kritischen Prüfung unterziehen. Was den Stimmapparat angeht, so zeigen Schimpansen durchaus die Fähigkeit, menschliche Worte nachzuahmen, wenn auch recht schlampig. Was die Intelligenz betrifft, so ist einzuräumen, daß den Primaten wirklich die Fähigkeit fehlt, distinkte Lautbilder zu *erlernen*. Auf der anderen Seite haben Untersuchungen des Ehepaares R. A. und B. T. GARDNER, die viel Aufsehen erregt haben, gezeigt, daß Worte aus der menschlichen Sprache durch bestimmte Gesichtsmimik und mit Handzeichen identifiziert werden konnten. Schimpansen haben auf solche Weise die amerikanische Taubstummensprache – zumindest teilweise – erlernt. Mit bewundernswerter Geduld haben sich die GARDNERS dieser Aufgabe gewidmet; nach drei Jahren intensiver Übung wußte Washoe 85 Zeichen einer entsprechenden Bedeutung zuzuordnen: »Blume«, »Hund«, »Zahnbürste« wurden richtig benannt. Auch für »rot«, »weiß«, für »helfen«, »gehen« usw. lernte er die richtigen Zeichen.

Nicht nur das; es wurden diese Begriffe auch sinnvoll kombiniert: »Geh schnell weg von mir!« »Bitte reich mir die Zuckerdose!« Solche sinnvolle Zuordnung von Zeichen entspricht durchaus dem Niveau, wie es ein Kind von zwei Jahren vorweist.

Noch höhere Anforderungen hat der amerikanische Psychologieprofessor D. PREMACK an das Schimpansenmädchen Sarah gestellt. Es mußte verschiedene Worte unter Anwendung von *Symbolen* lernen. Symbolisierte Darstellung ist ein weiteres Wesensmerkmal unserer Sprache. Es wurden Figuren aus Plastik vorgelegt und jeder eine spezifische Bedeutung zugeordnet. Sarah sollte lernen, daß ein blaues Dreieck »Apfel« heißt, ein rotes Quadrat »Banane« usw. Dazu muß man wissen, daß diese figürlichen Symbole in keiner Weise optisch der wahren Gestalt des natürlichen Gegenstandes ähnelten.

Um diese oder jene Frucht zu verlangen, mußte Sarah ebenfalls Symbolfiguren vorzeigen: »Gib!« – »Nimm!« – »Geh weg!« usw.

Solche Zuordnung lernte Sarah, indem der Versuchsleiter die entsprechenden Gesten vorführte. Das Inventar von Sarah umfaßte nach sieben Jahren ca. 150 Wortsymbole, wobei nochmals zu betonen ist, daß darunter nicht nur Substantive sind, sondern auch Adjektive und Verben. Sogar Vergleichsbegriffe wie »ähnlich«, »verschieden« wurden erlernt, dazu Fragepronomen und selbst konditionale Konjunktionen: »wenn ja, dann«. Man beachte, daß Sarah durchaus bei der Aneinanderreihung der Symbole elementare *Grammatikregeln* befolgte (s. Bild 59).

Noch eine weitere Fähigkeit konnte Sarah erlernen: Beschreibung und Benennung von Gegenständen in deren *Abwesenheit* – wiederum ein Wesenszug echter Sprache –, womit *räumlich getrennt* Mitteilung von Zuständen und Ereignissen gemacht wird. Kein Zweifel: Sarah kann logische Operationen ausführen, was eine Grundforderung der Psychologen ist, wenn sie von Intelligenz sprechen.

Die Frage drängt sich auf, warum – wenn der Lautapparat zur Verfügung steht und genügend Intelligenz vorhanden ist, wenn wesentliche Elemente einer Sprache erlernt werden können – warum dann unter den Primaten sich keinerlei Kommunikationssystem im Laufe der Jahrmillionen entwickelt hat, das auch nur im entferntesten der menschlichen Sprache gleichkäme. Wir wissen noch viel zu wenig darüber, in welcher realen, subjektiven Welt die Tiere leben, vor allem wie ihre sozialen Bindungen beschaffen sind, um die Notwendigkeiten und Grenzen ihrer Kommunikationssysteme zu verstehen. Auch wenn man Schimpansen Grundelemente einer Sprache beibringen konnte – in ihrem Lebensraum, in ihrer sozialen Gemeinschaft kommen sie ganz gut mit den wenigen »primitiven« Zeichen, die sie als Information austauschen, zurecht. Sicherlich kämen auch wir Menschen in unserem Zusammenleben mit einfacheren Verständigungsregeln aus. Ist Sprache ein zum Überleben überflüssiger Komfort? Ein erlesenes Geschenk der Schöpfung für das Menschengeschlecht? Mit Recht wird man nach der Evolution unserer Sprache suchen. Belege hierfür sind schwer zu erbringen, denn wie für andere Verhaltensweisen sind Versteinerungen, wie sie die Paläontologie für die Stammesgeschichte morphologischer Baupläne vorweisen kann, für eine Sprache nicht zu erwarten. Zweifellos müssen wir an den Anfang einer Sprache die *Tradition* setzen, die Fähigkeit, erworbenes und bewährtes Wissen an die nächste Generation weiterzugeben. Keine Sprache ist angeboren, jede muß erlernt werden. Förderlich für die Entwicklung einer Sprache war sicherlich die Kunst des Werkzeuggebrauches, mit dem gleichzeitig abstrakte Begriffe eingeführt wurden, nachdem sie mit Unterstützung der Hand »begriffen« worden waren.

Schließlich und endlich: Der Mensch ist ein *Kulturwesen* mit ethischem Bewußtsein, mit ästhetischem Empfinden. In Verbindung mit dem mächtig entwickelten Großhirn, das in 750 ccm mehr als 30 Milliarden Nervenzellen einschließt, die Tag für Tag tätig sind, mag es in den einzelnen Völkerstämmen, neben der ursprünglichen einfachen animalischen Kommunikation, zur Entwicklung der vielen Hundert Sprachen auf dieser Welt gekommen sein.

Abschließend sei versucht, die wesentlichen Merkmale einer echten Sprache von der normalen animalischen Kommunikation abzugrenzen.

1. Aus einzelnen Lautelementen, den Konsonanten und Vokalen, werden Wörter (Vokabeln) gebildet, deren Zusammensetzung

Bild 59: *Sarah konnte nicht nur einzelne Figuren symbolhaft einem Gegenstand oder einer Tätigkeit zuordnen; sie lernte sogar Grammatikregeln richtig anzuwenden.*

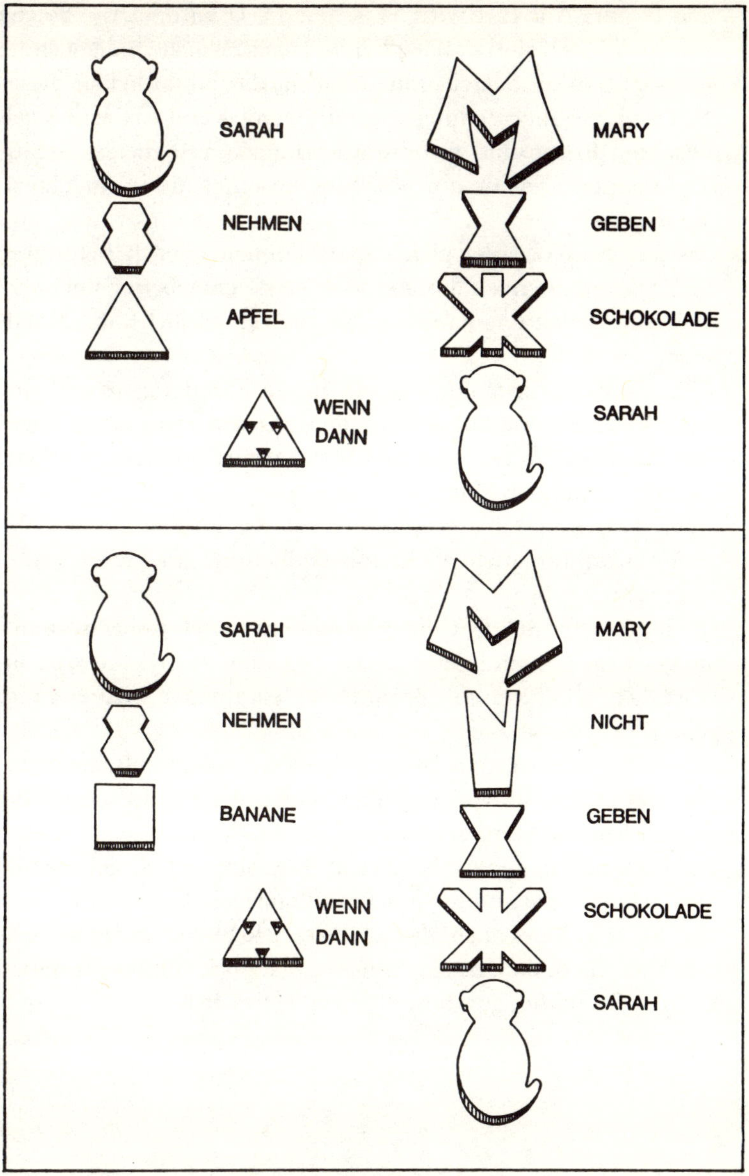
SARAH
NEHMEN
APFEL
WENN
DANN
MARY
GEBEN
SCHOKOLADE
SARAH
SARAH
NEHMEN
BANANE
WENN
DANN
MARY
NICHT
GEBEN
SCHOKOLADE
SARAH

Sinn ergibt: Aus E, I wird »Ei«, aus D, U wird »Du«. Solche Kombinationen sind praktisch unbegrenzt, wie auch die weitere Kombination zu Sätzen, mit denen ja die Bibliotheken dieser Welt und alle Tageszeitungen gefüllt werden und aus denen sich die vielen Reden und Rundfunksendungen aufbauen. »Creativity« nennt der Fachmann diese Möglichkeiten, die in einer Sprache stecken.

2. Das gleiche Wort, der gleiche Satz können je nach Betonung, nach Stimmung, nach Situation, in die sie eingebettet sind, verschiedene Bedeutung haben: Ja, ja! Ja? Ja! (endlich), Ja (Dir zuliebe).
   »Hund« kann nicht nur alle möglichen Hunderassen meinen; dieser Begriff kann sogar auf einen bösen Menschen gemünzt sein, oder man kann auch im übertragenen Sinne ausdrücken: »So kam er auf den Hund.«
   »Duality«, »Interchangeability« sind die internationalen Bezeichnungen für solche vielseitige Bedeutung eines Wortes oder einer Schilderung.
3. Die Nachricht, die durch die Sprache vermittelt wird, ist unabhängig vom *Ort* und der *Zeit* des Geschehens: »Gestern ist im Dorf das Schulhaus abgebrannt.« »Heute nacht wird es Frost geben.«
   Als »Independence« wird diese Fähigkeit der menschlichen Sprache bezeichnet, die Vergangenheit, Gegenwart und Zukunft für uns zur Realität werden läßt.
4. Die Formulierung einer Nachricht folgt strengen Regeln. Es ist die »Syntax«, die unsere Sprache aufbaut.
5. Nur Sprache kann auch *abstrakte* Begriffe bilden, die man nicht durch Zeichen, die unseren Sinnen zugänglich sind, beschreiben kann, z. B.: schön, gut, böse; Person, Herrscher.

Nachwort

In allen Kapiteln dieses Buches bin ich einer heiklen, wenn auch sehr wichtigen Frage aus dem Weg gegangen, der Frage nach der Evolution der Kommunikationssysteme. Problematisch ist diese Frage nicht etwa deswegen, weil es für Kommunikationssysteme keine Versteinerungen und andere paläontologische Funde gibt, die uns wie bei den morphologischen Bauplänen von Tier und Pflanze stufenweise eine Entwicklung von primitiveren zu komplexeren Formen aufzeigen. Was die Verständigungsformen betrifft, so finden wir sie in allen Kategorien von primitivsten zu hochstehenden Strukturen heute noch verwirklicht. Man denke etwa an die primitive Verständigung durch Sexuallockstoffe bei Algen und Protozoen und stelle sie der hochorganisierten chemischen Kommunikation der spurlegenden Ameisen gegenüber; oder es sei erinnert an ihre sozial wichtige Funktion im Bienenstaat.

Wenn wir nach der Evolution von Kommunikationssystemen fragen, so liegt das zentrale Problem darin, daß diese Evolution nicht bei einem einzelnen Individuum anzusetzen hat, sondern für ein Einvernehmen bei zwei Partnern gleichzeitig zu sorgen hat. Da diese Verständigungsformen im Tierreich durch die Bank angeboren sind, wird man fragen, wie der Sender- und Empfängercode ins genetische Material eingebaut werden konnte. Es gibt dafür zwei Möglichkeiten:

1. Sender- und Empfängercode werden als komplementäre Informationseinheit im gleichen Chromosom eingelagert – *genetische Koppelung*.
2. Durch *Ko-Evolution* haben sich Sender und Empfänger, jeweils eigenständig in ihrem Kommunikationssystem, einander angepaßt.

Für beide Möglichkeiten gibt es Argumente, etwa durch Kreuzungsversuche bei Grillen und Heuschrecken. Eine detaillierte Darlegung dieser Arbeiten würde den Rahmen dieses Buches sprengen.

Es gibt aus anderer Sicht zahlreiche Belege, die uns eine objektive Aussage darüber erlauben, wie vorher neutrale Zeichen im Zuge der Evolution Signalwert bekommen haben und vom Sender dem Empfänger in passender Form zu einer Verständigung angeboten wurden. Überzeugend und eindrucksvoll sind jene Fälle, wo morphologische Strukturen oder physiologische Abläufe durch einen *Funktionswechsel* in den Dienst einer Biokommunikation gestellt wurden.

Das Federkleid der Vögel dient primär als Wärmeschutz und ist Bestandteil des Flugapparates. Durch Einlagerung bestimmter Pigmente, z. B. von Pterinen, die ehemals Exkretprodukte waren, wird jetzt das Federkleid zusätzlich zu einer Signalflagge, mit der man das Weibchen anlocken oder den Rivalen abschrecken kann.

Die Flügel des Kaisermantels sind natürlich in erster Linie für den Flug bestimmt; das braungescheckte Muster ermöglicht es dem Männchen, wenn er diese Flügel mit einer Frequenz von ca. 20 Hz auf und ab flattern läßt, das Weibchen anzulocken.

Die Giftdrüsen der Ameisen, Wespen und Bienen fungieren hauptsächlich als chemische Waffe gegen Angreifer. Die Duftkomponente des Giftsekretes, ursprünglich ein völlig neutrales Beiprodukt, ist zum Alarmsignal für die Nestgenossen geworden, so daß ein gemeinsamer Angriff vorbereitet werden kann. Wie schon mehrfach erwähnt, kann bei einigen Ameisenarten das Sekret der Giftdrüse auch zum Spurenlegen benutzt werden.

Die Talgdrüsen und die Schweißdrüsen der Säugetiere sorgen in erster Linie für Hautpflege und Temperaturregelung. In vielfältiger Weise werden sie an bestimmten Körperstellen zu Duftdrüsen abgewandelt. Sie signalisieren die Artzugehörigkeit, das Geschlecht, die Rangordnung im Sozialverband und haben eine Funktion bei der Reviermarkierung.

Beim Menschen schließlich finden wir eine funktionell umgewandelte Hautdrüse, die Tränendrüse. Das *Weinen* hat wichtige Signalfunktion im Sozialverband, vor allem beim Säugling.

Ist es nicht bemerkenswert, wie die Natur versucht, Stoffe, die nutzlos für den Organismus geworden sind, z. B. Kot und Harn, noch zur gegenseitigen Verständigung zu nutzen! Wir haben schon mehrfach erwähnt, daß Hunde, Mäuse und Ratten ihr Revier immer und immer wieder mit Hilfe von Urinproben markieren.

Der Flußpferdbulle »zäunt« sein Revier dadurch ab, daß er die Grenze abmarschiert und dabei lebhaft mit seinem Schwanz, der wie ein Propeller rotiert, den stark riechenden Kot verteilt.

Am eingehendsten ist solcher Funktionswechsel bei Organen im akustischen Bereich untersucht worden. Die Flügel der Grillen und der Laubheuschrecken und die Beine der Feldheuschrecken sind natürlich zuallererst als Flug- bzw. Sprung- oder Laufbeine angelegt worden. Wie schon auf Seite 30 näher beschrieben wurde, sind sie nebenher auch zu Musikinstrumenten geworden: Im normalen Rhythmus der Flügel oder Beinbewegung werden ein Lockgesang, ein Reviergesang, ein Rivalengesang, ein Kopulationsgesang in phantasiereicher Vielfalt produziert, die jeweils beim Empfänger eine entsprechende Antwort auslösen.

Auch Strukturen von *Verhaltensmustern* können einen Funktionswechsel durchmachen und dabei neue Signalbedeutung erlangen. Der Haubentaucher hat in diesem Zusammenhang einige Berühmtheit erlangt. Die Balz erfolgt hier in einer streng festgesetzten Abfolge mehrerer Zeremonien, die anderen Funktionskreisen entnommen werden: Männchen und Weibchen kündigen zunächst ihre Kopulationsbereitschaft an, indem sie aufeinander zuschwimmen und dabei heftig den Kopf schütteln; das ist ursprünglich ein Signal für Aggression; der eine Partner aber wendet seinen Kopf ab – dies ist eine ehemalige Besänftigungsgebärde. Dann beginnt der bekannte »Pinguintanz«, wobei sich beide Tiere ein Büschel Wasserpflanzen aus dem Grund heraufholen und als »Geschenk« dem anderen anbieten; es sind die gleichen Wasserpflanzen, die im normalen Funktionskreis zum Nestbau verwendet werden. Schließlich hebt sich der eine Partner weit aus dem Wasser heraus – eine Verteidigungsposition –, während der andere Partner durch einen »Katzenbuckel« und ein Flügelspreizen eine echte Balzkomponente demonstriert. Aggression, Besänftigung, Nestbau, Verteidigung und echte Balzkomponenten werden also in neuer Bedeutung als Signale dem Funktionskreis der Fortpflanzung eingereiht.

Besonders eindrucksvoll lassen sich Evolutionsschritte, die von einer einfachen Fütterungszeremonie zu einer ritualisierten, sogar zu einem symbolisierten Kommunikationssystem führen, bei den Tanzfliegen verfolgen.

Die Tanzfliegen leben räuberisch, und bei primitiveren Arten kommt es vor, daß das Weibchen, anstatt das Männchen als Partner zu akzeptieren, dieses, noch ehe es zur Kopula kommt, auffrißt – was oft auch nach erfolgreicher Kopulation passieren kann. Bei einigen Gattungen, z. B. Empis und Epimorpha, entkommen die Männchen dieser Gefahr, indem sie zunächst selbst eine Fliege fangen und diese als »Brautgeschenk« dem Weibchen anbieten. Während sich das Weibchen an der Beute gütlich tut, kann das Männchen unbehelligt die Kopula vollziehen.

Dieser symbolische Akt wird nun in seiner Wirkung verstärkt, indem sich viele Männchen einer Population mit den gefangenen Fliegen im Mund an bestimmten Balzplätzen sammeln; die Weibchen werden jetzt durch diesen herumtanzenden Männchenschwarm aus großer Entfernung angelockt, sie stürzen sich in die Versammlung und finden so ihren Freier – samt seiner Beute. Dies wurde bei Hilara und Ramphomya beobachtet.

Die Wirkung des Brautgeschenkes als Locksignal wird bei einigen Arten noch dadurch verstärkt, daß die Männchen um die gefangenen Fliegen ein glitzerndes Seidengespinst wickeln. Das gibt dann dem Hochzeitsschwarm besonders auffallende Morsesignale.

Bei manchen Arten von Empis fangen die Männchen nur noch ganz winzige Beutetiere, eine Mücke etwa, und umwickeln diese mit einem auffälligen Seidenballon. Das Geschenk ist jetzt nicht mehr die Beute, sondern es wird symbolisch durch den Seidenballon dargestellt. Man hat auch bemerkt, daß dabei die Beute oft ganz eingetrocknet oder sogar angeknabbert war – offenbar hatte sich das Männchen vorher selbst daran satt gefressen.

Das Endstadium schließlich: die Männchen von Hilara granditarsus und von H. sartor fangen überhaupt keine Beute mehr; sie bieten einen *leeren* Gespinstballon als Geschenk an, und dieser wird von den Weibchen auch willig akzeptiert.

Eine letzte nicht minder wichtige Frage wurde in den vorausgehenden Kapiteln ebenfalls außer acht gelassen, die Frage nach der *Ontogenese*. Wie entwickelt sich das Sender- und Empfängersystem im Organismus? Da jedes Tier sowohl als Sender wie als Empfänger tätig ist, müssen beide Kommunikationssysteme im Laufe der Individualentwicklung voll ausgebildet werden. Was steht zuerst bereit? Oder gelangen beide Systeme synchron und aufeinander rückgekoppelt zur Reife? Ferner: Erfolgt dieser Reifungsprozeß ausnahmslos gemäß einem streng vorgelegten genetischen Programm oder sind ergänzend auch Lernprozesse nötig, dergestalt, daß von Artgenossen das Ritual übernommen wird, z. B. als populationsspezifischer Dialekt?

Hier liegt noch ein weites Feld für zukünftige Forschung offen. Es genügt ja nicht, daß man es bei der reinen Bestandsaufnahme beläßt, indem man beispielsweise feststellt, wann ein Buchfinkenmännchen erstmalig seinen Reviergesang probiert und wann das junge Grillenweibchen den Lockgesang eines Männchens versteht. Einige erste tastende Versuche liegen vor; sie mögen andeuten, wohin der Weg führen wird:

Wenn man Männchen der Feldgrille in Isolation aufzieht – ohne daß sie je den artgemäßen Gesang gehört haben –, dann vollführen sie nach der Geschlechtsreife fehlerfrei den angestammten Revier-, Werbe- und Kopulationsgesang; dies auch dann, wenn ihnen während der Isolation ausschließlich Gesänge von artfremden Männchen zu Gehör gebracht wurden.

Auch taub gemachte Männchen und solche, denen die Flügel als Singapparat gestutzt wurden, versuchen noch »normal« zu singen. Das bedeutet, der Grillengesang ist vollkommen angeboren. Er kann durch Außenfaktoren nicht moduliert werden.

Komplizierter scheinen die Verhältnisse bei Vögeln zu sein, wo zwar im Gesang ein Stammgerüst angeboren ist, im übrigen aber durchaus Variationen populationsspezifisch eingebaut werden können.

Solche ersten Ansätze, so hoffnungsvoll sie sind, lassen freilich noch viel offen im Hinblick auf die Strukturen des Zentralnervensystems, wo das Kommando für die einzelnen Verständigungsformen vorgelegt sein muß, wo ein Empfangsapparat das Erkennen und Lokalisieren des artgemäßen Signales garantiert. Wir brauchen über solche noch bestehenden Lücken nicht enttäuscht zu sein, vielmehr möge dies eine Anregung an engagierte, tatenfrohe junge Forscher sein, auf dem aktuellen Gebiet der Biokommunikation tätig zu werden. Im übrigen tut es dem menschlichen Geist keinerlei Abbruch, wenn wir in Bescheidenheit zugeben, daß wir niemals alle Geheimnisse der lebenden Natur in ihrer Komplexität und Vielfalt durchschauen werden.

»Das, was wir sehen, ist schön –
noch schöner ist das, was wir verstehen –
aber weitaus am schönsten ist das Verborgene.«
(Niels Steensen)

Glossar

AAM Angeborener Auslösemechanismus; nach Lorenz und Tinbergen ein angeborenes Verhaltensmuster, das durch einen Schlüsselreiz abgerufen wird.

ACTH Adeno-cortico-tropes-Hormon der Nebennierenrinde. Ein wichtiges Hormon zur Regelung des Populationswachstums.

Adenylatzyklase Ein membrangebundenes Enzym, das die Umwandlung von ATP in c-AMP katalysiert.

Aggregationspheromon Lockstoff, den der Borkenkäfer beim ersten Anflug auf einen Wirtsbaum abgibt, um andere Artgenossen beiderlei Geschlechts zum Massenbefall zu veranlassen.

Aktionspotential Die in der Sinneszelle durch einen Reiz ausgelöste Erregung wird in Form eines elektrischen Impulses an die zuständigen Nervenzellen, von dort als Kommando an die Muskelfasern weitergeleitet.

Androgene Sexualhormone, die vornehmlich beim Männchen Wachstum und Gonadenzyklus regeln.

ATP Adenosintriphosphat – ein Sammelbecken für chemische Energie und Motor für viele chemische Reaktionen. Es ist die »Energiewährung« des Organismus.

Azimutwinkelgeschwindigkeit Die Sonne ändert im Lauf des Tages ihre Position am Himmel. Der Kompaß zeigt ihre momentane Position, d.h. ihren Azimut an, z.B. 145° östlich von Nord. Die Änderung dieses Azimutes in der Zeiteinheit ist die Azimutwinkelgeschwindigkeit; im Schnitt beträgt sie 15°/Std., liegt jedoch in den Morgen- und Abendstunden unter, um die Mittagszeit über 15°.

Bandpaßfilter Sinnesorgane sind allgemein auf einen begrenzten Empfindlichkeitsbereich eingestellt – das Auge des Menschen z. B. auf 400–800 Nannometer. Zusätzlich kann das Zentralnervensystem diesen Bereich nochmals einengen, so daß ein bestimmter, für jede Art relevanter Reizfilter übrigbleibt.

Biotop Lebensraum einer Gemeinschaft von Organismen, deren Lebensweise speziell an die Ausstattung dieses Raumes – Futtervorrat, Nistmöglichkeit, Klima – angepaßt ist.

Biozönose Lebensgemeinschaft von Tieren und Pflanzen in einem ihnen angepaßten Lebensraum.

bit Abgekürzt aus dem Englischen: »binary digit«; es enthält die Informationsmenge einer Alternativentscheidung; z. B. zwischen +/–; ja–nein; 0/1.

c-AMP cyklisches-Adenosin-Mono-Phosphat; intrazellulär wirkender Regulator vieler Zellfunktionen; es ist unter dem Namen »second messenger« bekannt geworden.

Carotis Halsschlagader, die dem Hirn arterielles Blut zuführt.

codieren Vorher neutrale Zeichen erhalten Signalwert; Farbe und Duft einer Blüte z. B. werden im Zuge eines Lernprozesses zu einem Futtersignal.

Entropie Das Maß der »thermodynamischen Wahrscheinlichkeit«; oder: das Maß für Unordnung, da jedes geordnete System dem wahrscheinlicheren Zustand der Unordnung zustrebt.
Nach Schrödinger ist Entropie »der Grad der Unkenntnis«; Information ist demnach »negative Entropie«.

Ethologie Verhaltensforschung; auf der Grundlage objektiver Beobachtung wird das Verhalten von Tier und Mensch beschrieben und klassifiziert.

Frequenz Wenn bestimmte Ereignisse regelmäßig wiederkehren, gibt die Frequenz die Anzahl der Ereignisse pro Zeiteinheit an. Bei Schwingungen wird Frequenz in Hertz (Hz) angegeben, so etwa im akustischen Bereich.

Frequenzmodulation Variieren des zeitlichen Musters einer Information.

Homöostasis Herstellung eines Gleichgewichts zwischen verschiedenen Lebensabläufen und den wechselnden Umweltbedingungen. Beispiel: Körpertemperatur bei den warmblütigen Tieren.

Hypothalamus Ein wichtiges Kernzentrum des Zwischenhirns, das u. a. Körpertemperatur, Wasserhaushalt, Schlaf-Wach-Rhythmus überwacht und regelt.

Interneurone Schaltneurone, die die aus den Sinnesorganen eingegangene Erregung an die zuständigen Instanzen im Gehirn weiterleiten, evtl. als Gedächtnis speichern und dann als Kommando den ausführenden Organen, den Muskeln, zuleiten.

Invariante Aus einer – störanfälligen – variablen Nachricht wird jenes Signal als Invariante erkannt, das zuverlässig und unverändert vom Gehirn erkannt werden kann.

Ionenpumpe Aktiver Transportmechanismus von Ionen, insbesondere von Na^{+}- und K^{+}-Ionen durch die Zellmembran – entgegen dem Konzentrationsgefälle. ATP liefert hierzu die nötige Energie.

Irritabilität Reizbarkeit des Organismus durch innere oder äußere Reize; Irritabilität ist ein wesentliches Kennzeichen des Lebens überhaupt.

Johnston'sches Organ Bei den meisten Insekten findet sich zwischen dem 2. und 3. Antennenglied ein Sinnesorgan aus Zellen, die stiftförmige Fortsätze tragen. Durch Wind, Wasserwellen, zum Teil auch durch Schallwellen erfährt die Antennengeißel eine Auslenkung, wodurch diese Stiftchen abgebogen werden, was wiederum eine Erregung auslöst.

Kleptoparasitismus Ein Parasitismus, der sich auf den Raub von Beutetieren spezialisiert, die eigentlich von anderen Tieren bereits in Besitz genommen wurden. Beispiel: viele Raubspinnen, die aus einem fremden Netz die gefangenen Beutetiere stehlen.

Kommensalen Harmlose Mitbewohner oder Gäste, die sich als Artfremde in eine Gemeinschaft, z. B. in ein Ameisenvolk, einschleichen und, ohne merklichen Schaden zuzufügen, für sich selbst Nutzen ziehen, z. B. aus den Abfallstoffen, den Wohnmöglichkeiten, der Nesttemperatur usw.

Konditionieren Im Zuge eines Lernprozesses werden neutrale Zeichen mit einem wichtigen Umweltereignis assoziiert, d. h. konditioniert. Die Zeichen werden dabei zu einem Signal.

Konfigurationsänderung Innermolekulare Umlagerung; dadurch entstehen Isomeren.

Kronismus Ein seltener Fall im Tierreich, wo die Eltern ihre eigenen Nachkommen auffressen; dies ist besonders dann der Fall, wenn dem Territorium eine Übervölkerung droht.

Läsion Operative Entfernung bestimmter Hirnbezirke.

Metamorphose Umwandlung einer Larve in das geschlechtsreife Tier; allgemein bei Insekten verwirklicht: »hemimetabole« Insekten: stufenweise Umwandlung, z. B. bei Heuschrecken; »holometabole« Insekten: vollkommene Umwandlung, z. B. bei Bienen.

monogam Paarbildung mit einem einzigen Geschlechtspartner; dazu als Gegensatz »polygam«: mehrfache geschlechtliche Partnerschaft.

MSH Melanocyten-stimulierendes-Hormon der Hypophyse.

Neuroendokrinologie Eine Wissenschaft, die Ursprung und Wirkung der Neurosekretion erforscht.

Neuroethologie Ein modernes Wissensgebiet, das versucht, Verhalten durch die Informationsverarbeitung im Zentralnervensystem zu analysieren.

Neurosekret Hormonartige Substanz (»Neurohormon«), die von bestimmten Nervenzellen, z. B. im Hypothalamus, in die Blutbahn bzw. an andere Drüsen abgegeben wird. Dadurch ist eine Koordination rein nervöser Aktivität mit der üblichen hormonalen Steuerung möglich.

Ökologische Nische Jeder Biotop bietet den in ihm lebenden Arten, gemäß ihrer besonderen Anforderungen, eine eigene Nische als Lebensraum.

Ökosystem Biozönose als Lebensgemeinschaft steht in der Zusammensetzung und der Siedlungsdichte ihrer Arten mit den Energiequellen des Biotopes im Gleichgewicht.

Osmolalität Der osmotische Wert, d. h. Salzgehalt der Gewebsflüssigkeit.

Osmo-Rheotaxis Orientierungseinstellung eines Tieres auf einen durch Luft- oder Wasserströmung herbeigeführten Duft.

Overshoot Das Aktionspotential depolarisiert zunächst die Zellmembran; d. h. die negative Ladung des Zellinneren wird durch den Einstrom von Natrium-Ionen neutralisiert; kurzzeitig wird dann die Membran positiv geladen; es ist ein »Überschießen« des Aktionspotentials auf ca. + 40 mV.

Pheromon Chemischer Botenstoff, den ein Sozialpartner – meist als Duftstoff – von einem anderen Artgenossen wahrnimmt und der bei ihm entsprechendes Verhalten auslöst. Beispiel: Sexuallockstoff.

Polarisationsmuster Das vom blauen Himmel reflektierte Sonnenlicht ist teilweise polarisiert und ergibt entsprechend seiner Schwingungsrichtung – E-Vektor – ein typisches Polarisationsmuster, das gesetzmäßig um die Sonne angeordnet ist. Da es mit der Sonne mitwandert, kann man zu jeder Tageszeit aus jedem freigebliebenen blauen Himmelsfleck den Sonnenstand errechnen.

Population Fortpflanzungsgemeinschaft von Artgenossen in einem Biotop.

Populationsdynamik Wachstum und Entwicklung einer Population unter dem Einfluß der Umwelt. Man versucht sie unter Zuhilfenahme mathematischer Modelle im voraus zu berechnen.

Präadaptation Ein im Erbgut bereitgestelltes Reaktionsmuster, das auf einen evtl. Auslösemechanismus der Umwelt oder des Artgenossen eingestellt ist.

Progesteron Vorstufe der »Androgene«.

Propriorezeption Sinneszellen in den Gelenken und in den Muskelfasern; als Mechanorezeptoren dienen sie der Wahrnehmung der Stellung der Körperglieder zueinander, sowie der Wahrnehmung der Muskelspannung.

Ranvier'sche Schnürringe Einschnürungen in der markhaltigen Nervenfaser der Wirbeltiere. Die Erregung springt von Schnürring zu Schnürring weiter; man spricht von »saltatorischer Erregungsleitung«.

Redundanz Weitschweifigkeit einer Nachricht. Nur ein Teil der in der Nachricht enthaltenen Informationsmenge ist echte, neuartige Information; alles übrige ist »Geschwätz«.

Rezeptives Feld Verschaltung begrenzter Neuronenpopulationen zu funktionellen Einheiten. Ihnen kommt entscheidende Bedeutung beim Mustererkennen zu, sowie beim Erkennen von Bewegung, von Richtung usw.

Ruhepotential Auch Membranpotential genannt; da die Membran einer Sinneszelle für Na^+-, K^+-, Cl^--Ionen sowie für die großen organischen Eiweißionen unterschiedlich durchlässig ist, da ferner zwischen dem Zellinneren und dem Außenmedium die genannten Ionen verschiedene Konzentration aufweisen, ergibt sich im Ruhezustand der Sinneszelle eine Potentialdifferenz von ca. 80 mV zwischen innen und außen. Innen finden sich überwiegend negative, außen positive Ladungsträger.

Spermatophore Samenbehälter, der bei der Kopula vom Männchen auf das Weibchen übertragen wird.

Spike Das Spitzenpotential einer Sinnes- und Nervenzelle; es stellt die fortgeleitete Erregungswelle dar.

Subgenualorgan Ein hochempfindliches Sinnesorgan im Unterschenkel der meisten Insekten, mit dem Vibrationen des festen Untergrundes oder einer Wasserfläche registriert werden.

Territorium Lebensraum, Revier, in dem ein Tier wohnt, sich bewegt, nach Nahrung sucht, ausruht, balzt, Brut pflegt.

Transducer Wandler, der eine bestimmte Energieform in eine andere umwandelt. Beispiel: eine Sinneszelle im Auge wandelt einen einfallenden Lichtstrahl in elektrische Energie als Aktionspotential um.

Transmitter Überträgersubstanz, z. B. Azetylcholin Noradrenalin, die eine Überleitung einer Erregung von einer Nervenzelle auf eine andere oder von einer Nervenzelle auf eine Muskelzelle ermöglicht.

Trigger Ein adäquater Reiz, der den Rezeptor trifft, löst als Trigger das Aktionspotential aus, indem die Zellmembran depolarisiert wird.

Vasomotorenzentrum Kreislaufzentrum in der Medulla oblongata, dem Hinterstrang vom verlängerten Mark.

Weißer Lärm Summe aller aus der Umwelt angebotenen Sinnesreize; das Zentralnervensystem filtert davon die bedeutsamen und neuartigen Informationen heraus (Informationsselektion).

Literatur

Aus dem mächtig angewachsenen Angebot seien in Auswahl einige wenige Bücher und Übersichtsartikel angeführt, die einer weiteren Vertiefung auf dem Gebiet der Biokommunikation dienen mögen.

Altmann, S. A. (1967): Social communication among primates. Univ. Chicago Press

Barth, F. G. (1986): Vibrationssinn und vibratorische Umwelt von Spinnen. Naturwiss. *73*

Eckert, R. (1986): Tierphysiologie. Thieme

Eibl-Eibesfeldt, J. (1987): Grundriß der vergleichenden Verhaltensforschung. Piper, 7. Auflage

Elsner, N. (1983): A neuroethological Approach to the Phylogeny of Leg Stridulation in Gomphoccrine Grasshoppers.
In: Neuroethology and Behavioral Physiology/Springer

Ewert, J. P. (1987): Neuroethology of relasing mechanisms: Prey catching in toals. Cambridge Univ. Press

v. Frisch, K. (1964): Aus dem Leben der Bienen. Berlin, Göttingen, Heidelberg: Springer

v. Frisch, K. (1965): Tanzsprache und Orientierung der Bienen. Berlin, Heidelberg: Springer

v. Frisch, K. (1988): Du und das Leben. Ullstein, 20. Auflage

Gardener, R. A., Gardener, B. T. (1969): Teaching sign language to a chimpanzee. Science *165*, 664–672

Griffin, D. R. (1981): The Question of Animal Awareness. 2nd ed. New York. The Rockefeller Univ. Press

Hölldobler, B. (1986): Konkurrenzverhalten und Territorialität in Ameisenpopulationen. Information Processing in Animals 3, Fischer

Hölldobler, B., Wilson, E. O. (1990): The Ants. Springer

v. Holst, D. (1973): Sozialverhalten und sozialer Streß bei Tupajas. Umschau 73, 8–12

Huber, F. (1983): Der Weg vom Verhalten zur einzelnen Nervenzelle. Abh. Akad. d. Wiss. und Lit., Mainz

Levis, Tr., ed. (1984): Insect Communication. Academic Press

Lindauer, M. (1975): Verständigung im Bienenstaat. Fischer

Marler, P. R. (1967): Animal communication signals. Science 157

Ploog, D. (1968): Kommunikationsprozesse bei Affen. Homo *19*

Ploog, D. (1981): Neurobiology of Primate Audio-Vocal Behavior. Braun Research Rev. 3

Premack, D. (1976): Intelligence in Ape and Man. Wiley, N. Y.
Priesner, E. (1973): Artspezifität und Funktion einiger Insektenpheromone. Fortschr. Zool. 22
Roelofs, W. L. and Comeau, A. (1969): Sex pheromone specificity: taxonomic and evolutionary aspects in Lepidoptera. Science 165
Schultze-Westrum, T. (1965): Innerartliche Verständigung durch Düfte beim Gleitbeutler Petaurus breviceps papuanus. Z. vergl. Physiol. 50
Shannon, C. E. and Weaver, W. (1949): The Mathematical Theory of Communication. Urbana (USA)
Tinbergen, N. (1972): Instinktlehre. Berlin, Hamburg: Parey
Wilson, E. O. (1975): Sociobiology. The new synthesis. The Belknap Press of Harvard University Press

Bildnachweis

(Soweit nur der Autorenname genannt ist, ist der Nachweis in der entsprechenden Literaturangabe zu finden.)
Bild 4: E. O. Wilson; *Bild 5:* P. R. Marler; *Bild 6:* N. Elsner; *Bild 13:* T. Schultze-Westrum; *Bild 14:* B. Hölldobler, E. O. Wilson; *Bild 16 + 17:* K. v. Frisch (1988); *Bild 21, 22, 29, 30, 31:* R. Eckert; *Bild 27:* W. D. Keidel: Kurzgefaßtes Lehrbuch der Physiologie. Thieme, 1967; *Bild 26:* Kandel, E. R.: Science 218 (1982); *Bild 32:* N. Elsner, Ronacher, Stumper, Göttingen; *Bild 33:* J. J. Wine, F. B. Krasne: The Biology of Crustacea. Academic Press, 1982; *Bild 34, 35, 36:* F. Huber; *Bild 37:* K. v. Frisch, 1988; *Bild 38:* D. v. Holst; *Bild 43:* E. O. Wilson; *Bild 48, 51, 59:* Eibl-Eibesfeldt; *Bild 50:* F. Walther: Mit Horn und Huf, 1966. Parey; *Bild 52:* H. B. Cott: Adaptive Coloration in Animals. Methuen, 1957; *Bild 53:* Linsenmair: Z. vergl. Physiol., 1972; *Bild 54:* J. F. Case: Vision in Mating Behavior of Fireflies. Academic Press, 1984; *Bild 55:* J. P. Ewert; *Bild 56:* K. v. Frisch, 1965; *Bild 58:* E. O. Wilson

Namenregister

Sachregister